历史风貌欠完整传统村镇的原真性存续研究

颜政纲　著

中国建筑工业出版社

图书在版编目（CIP）数据

历史风貌欠完整传统村镇的原真性存续研究／颜政纲著．—北京：中国建筑工业出版社，2023.8

ISBN 978-7-112-28934-9

Ⅰ.①历… Ⅱ.①颜… Ⅲ.①乡村规划—空间规划—文化遗产—保护—中国②乡镇—文化遗产—保护—研究—中国 Ⅳ.①TU982.29②K203

中国国家版本馆CIP数据核字（2023）第130889号

本书借助建筑学、城乡规划学、风景园林学、人类学等跨学科交叉研究的视野与方法，以历史风貌欠完整的沙湾古镇为例，基于沙湾古镇的形成背景、发展演变进程、个性特征等因素的综合理解，深入考证与分析了对沙湾古镇原真历史环境存续具有重要意义的多层级空间格局的具体历史状况与现状问题，借鉴中国围棋原理中“格局”“星位”“气”“弃子”等思想，从多层级空间格局的系统层面分别分析、提取保护与控制要素，并进一步采用地图叠加法统一整合绘制出沙湾古镇原真历史环境保护与控制要素综合图，基于此图探索构建了历史风貌欠完整传统村镇的保护范围划分方法、适宜发展建设空间的梳理方法以及保护发展实施步骤的基本推进方法等。本书旨在针对性地探讨历史风貌欠完整传统村镇及类似历史环境的原真性存续之道，即一种心存过往，又不断具有新认知、良性的动态发展模式。

本书读者对象为建筑学、城乡规划学等相关学科的高校师生及从业人员，也可供广大中国传统建筑文化爱好者购买阅读。

责任编辑：唐　旭
文字编辑：陈　畅
书籍设计：锋尚设计
责任校对：王　烨

历史风貌欠完整传统村镇的原真性存续研究
颜政纲　著

*

中国建筑工业出版社出版、发行（北京海淀三里河路9号）
各地新华书店、建筑书店经销
北京锋尚制版有限公司制版
建工社（河北）印刷有限公司印刷

*

开本：787毫米×1092毫米　1/16　印张：13¼　字数：269千字
2023年8月第一版　　2023年8月第一次印刷
定价：**59.00**元
ISBN 978-7-112-28934-9
（40997）

前言

中国有着历史悠久的农耕文明，广袤的国土上形成了众多极具历史价值、科学价值、艺术价值的传统村镇，它们特征各异，作为民间历史、传统文化及风俗传承的重要载体，是中国乃至世界历史文化遗产不可或缺的重要组成部分。然而，在近几十年我国城镇化的快速发展过程中，大量传统村镇快速消亡，现存大多数传统村镇呈现历史风貌欠完整的状态。

最迟于20世纪80年代初，国内学术界已开始关注传统村镇整体性保护与发展这一重要研究课题，但过去国内传统村镇的保护发展研究却主要在传统格局与历史风貌较完整的传统村镇中展开，以此为主构建的保护规划理论体系及方法不能完全适用于历史风貌欠完整的传统村镇，在编制历史风貌欠完整传统村镇的保护规划时，主要反映出“圈层”式保护范围划分方法的局限性、适宜发展建设的空间欠缺梳理、保护发展实施步骤欠缺整体性与不够明晰等突出问题。

依据《历史文化名城名镇名村保护条例》《历史文化名城名镇名村保护规划编制要求》及《传统村落保护发展规划编制基本要求》等，我国众多传统村镇在确立保护范围时，通常将“传统格局和历史风貌较完整、历史建筑和传统风貌建筑集中成片的地区划定为核心保护范围，在核心保护范围之外划定建设控制地带”，有些甚至还会划定更大范围的环境协调区，从内至外依次为核心保护范围、建设控制地带及环境协调区，大多数像摊大饼一样形成了层层外扩的“圈层”式保护范围划分。在传统格局和历史风貌较完整、历史建筑和传统风貌建筑集中成片的传统村镇划定各级保护与建设控制范围时，“圈层”式保护范围划分方法一般能良好适用，并对其整体性保护发挥较好的作用；而面对历史风貌欠完整、历史遗存大体已呈零散状分布且兼有局部集中的传统村镇，“圈层”式保护范围划分方法的应用则存在一定的局限性。历史风貌欠完整传统村镇采用“圈层”式保护范围划分方法的主要问题在于：首先，依据历史遗存的多寡及集中状况，通常不会将传统村镇的整体传统格局划入核心保护范围，一般仅笼统地划定小范围的核心保护范围与建设控制地带等，这往往会进一步破坏与割裂传统村镇多层次的、复杂的、整体的传统格局，尤其在现实操作中容易因人为因素导致不同级别的各“圈层”范围在保护方法与措施、保护力度等方面存在明显差距，久而久之各“圈层”区域间的环境特征逐渐产生差异，甚至出现“紫线”内外两重天的现象，形成“紫线”划分的新村镇格局；其次，历史风貌欠完整传统村镇各级“圈层”范围之间“一刀切”式的边界难以界定，存在一定的不确定性。

过去许多历史风貌欠完整传统村镇在编制保护规划时，通常与历史风貌较完整的传统村镇一样，都采用惯用的“圈层”式保护范围划分方法，偏重于成片地、笼统地保护，而未充分重视其零散的历史遗存与大量被破坏的历史空间肌理交织混杂在一起的复杂状况，内部哪些空间适宜合理的发展建设普遍欠缺梳理，仅仅在保护范围外建立起一道封闭的“防护墙”。历史风貌欠完整传统村镇的原居民往往对残缺历史环境保护价值的认同感相对较低，保护意识相对薄弱，又由于未协调与平衡好保护与原居民合理发展建设各自所需的空间，从而一方面导致大量原居民外迁，众多古建筑“老龄化”“空心化”“异质化”等现象严重，另一方面导致许多原居民十分对抗保护，进而使得大量古建筑被拆旧建新，最终造成无可挽回的严重局面。

过去许多传统村镇在制定分期保护发展实施计划时，除优先抢救濒危的文化遗产与治理各种威胁外，通常都是基于核心保护范围、建设控制地带及环境协调区各“圈层”范围的重要性依次展开。然而，面对历史风貌欠完整传统村镇，这种保护发展实施步骤的主要问题在于：一是欠缺整体性，历史风貌欠完整传统村镇通常划定的核心保护范围不会涵盖传统格局的整体，而依据各级“圈层”范围的重要性依次开展保护发展工作，常出现保护发展工作过于集中在核心保护范围内，未能兼顾与统筹好建设控制地带及环境协调区的共同保护发展，不利于历史风貌欠完整传统村镇的整体性保护与发展；二是不够明晰，除依据各级“圈层”范围的重要性较宏观地依次开展保护发展计划外，过去各级“圈层”范围内较缺乏相对具体的、明晰的保护发展实施步骤，面对零散的历史遗存、大量被破坏的历史空间肌理等复杂状况，在现实操作过程中易出现“东一榔头、西一棒槌”的无序现象。

本人2012年有幸师从华南理工大学历史环境保护与更新研究所所长郭谦教授，在导师的引导下开启了传统村镇保护发展的研究工作，毕业工作后也持续关注该研究方向，通过对广府地区、贵州等地大量历史风貌欠完整的传统村镇展开调查，发现现有保护规划理论体系及方法不能完全适用于历史风貌欠完整的传统村镇。编制本书，旨在针对性地探讨这类传统村镇及类似历史环境的原真性存续之道，意在抛砖引玉，呼吁学术界同仁更多地关注并参与到这类传统村镇及类似历史环境的原真性存续研究中来。

目 录

第一章 绪论

第一节 国内外传统村镇保护研究状况

一、国内传统村镇保护研究的状况

（一）国内传统村镇保护研究的发展进程

国内传统村镇保护研究的发展进程大致可以分为三个阶段：20世纪30～70年代为传统村镇民居建筑价值的初探阶段，20世纪80年代至20世纪末为传统村镇保护研究的形成阶段，21世纪初开始步入传统村镇保护研究的全面发展阶段。

1．传统村镇民居建筑价值的初探阶段（20世纪30～70年代）

最迟至20世纪30、40年代，国内一些著名建筑学家就已经意识到了传统村镇民居建筑的价值，并对其中一些具有特色的民居建筑开展研究。20世纪30年代，龙庆忠教授就对陕西、山西、河南等省的窑洞民居进行了调查，并撰写了论文《穴居杂考》；20世纪40年代，刘敦桢教授对我国西南部大量的传统民居进行了调查，并撰写了论文《西南古建筑调查概况》，刘致平教授对云南、四川等地进行了传统民居调查，并撰写论文《云南一颗印》《四川住宅建筑》等①。20世纪50年代至60年代中期，传统村镇民居建筑的调查研究在全国各地得到了较为广泛的开展，在此期间积累了一批珍贵的传统村镇民居建筑调研资料，内容包括较详细的建筑测绘图纸、类型、特征、结构、构造和材料、内外空间、造型和装饰、历史年代等，其中具有代表性的学术成果主要有1957年刘敦桢教授撰写完成的著作《中国住宅概况》、20世纪60年代中国建筑科学研究院编写的著作《浙江民居调查》等②。然而，受“文化大革命”影响，20世纪60年代后期至70年代中期国内传统村镇的研究几乎停滞不前，众多传统村镇宝贵的历史文化遗产遭受了较为严重的破坏。

本阶段研究主要是建筑学范围内针对传统村镇民居建筑单纯的测绘调查，研究的对象主要集中在个体或小片历史区域，整体性研究较缺乏，研究的内容主要集中在造型手法、技术与经验等方面的分析归纳总结上，研究的目的主要是为了指导建筑设计实践。虽本阶段在学术界的一定范围内已意识到了传统村镇民居建筑的部分价值，但受历史、社会经济条件、主观意识等多方面条件制约，传统村镇民居建筑的保护意识还相对薄弱。

2．传统村镇保护研究的形成阶段（20世纪80年代至20世纪末）

“文化大革命”结束后不久，国内学术界有关传统村镇的保护研究开始积极复苏。早在20世纪80年代初，城市规划学科领域学者阮仪三教授等就开始对一些江南古镇展开

---

① 陆元鼎．中国民居研究五十年[J]．建筑学报，2007（11）：66-69.

② 同①。

调查，并积极探索编制相关历史保护规划，拉开了我国传统村镇整体保护研究的序幕，为将来各学科开展相关方面的研究提供了宝贵的经验[①]，在此期间他们的学术成果主要有：1987年《周庄市河街区保护规划》、1988年《苏南名镇——甪直》、1989年《江南水乡城镇特色环境及保护》与《永葆水乡古镇的风采——苏南古镇甪直保护规划》、1996年《江南水乡古镇的特色与保护》与《江南水乡古镇保护与规划（摘登）》、1999年《精益求精返璞归真——周庄古镇保护规划》等学术论文。

几乎与此同时，建筑学界也逐渐从传统村镇单体民居建筑、历史街区或古建筑群逐渐过渡到古村、古镇或聚落的整体层面上进行研究，并日益注重传统村镇整体性的保护与更新研究。1989年，吴良镛教授撰写完成的《广义建筑学》一书中已明确指出："单体房屋只是人类聚居的一个要素。由房屋所组成聚落，才是房屋营建艺术的前提"，并倡导"建筑学首先要研究聚落和聚落的发展进程、聚落的结构与形态的发展规律"，这些思想都反映了建筑学界开始从聚落甚至更宽泛的层面综合性地探索建筑的本真[②]。1989年，陈志华、楼庆西及李秋香等教授一起合作投入中国乡土建筑研究，研究的视野大多都基于传统村镇或传统聚落的整体层面展开，20世纪90年代合著有《楠溪江中游乡土建筑》《诸葛村乡土建筑》《新叶村乡土建筑》《婺源乡土建筑》等著作[③]。1990年，陆元鼎教授等撰写完成的《广东民居》一书，从习俗相同、方言相通、生活方式接近的地域与民系的宏观层面，对广东省大量的传统村镇、传统民居等内容展开了较为全面、系统的研究[④]。1992年彭一刚教授撰写完成的《传统村镇聚落景观分析》一书，从传统村镇的整体层面展开研究，不局限于过去建筑学界仅注重归纳提取传统村镇民居建筑的手法、技术与经验等，开始关注自然因素及宗法伦理、血缘关系、宗教信仰、风水观念、习俗等复杂的社会因素对传统村镇聚落形态的整体影响，分析归纳了传统村镇中几种基本的聚落形态或聚落类型，并对乡土建筑文化的延续与再生展开了深入探讨[⑤]。1992至1993年期间，单德启教授撰写了学术论文《论中国传统民居村寨集落的改造》[⑥]与《欠发达地区传统民居集落改造的求索——广西融水苗寨木楼改建的实践和理论探讨》[⑦]，探讨了新时代社会经济条件、生活方式的变化给传统村寨带来的影响与问题，并分析了相关村寨民居的改造经验；之后1996至1997年期间，单德启教授又撰写了学术论文《绍兴东浦水街的保护与更新》[⑧]《再现辉煌·柯桥古镇沧桑——绍兴柯桥水乡古镇旅游开发规划

① 赵勇．中国历史文化名镇名村保护理论与方法[M]．北京：中国建筑工业出版社，2008：9.

② 吴良镛．广义建筑学[M]．北京：清华大学出版社，1989：13.

③ 陈志华．楠溪江中游古村落[M]．北京：生活·读书·新知三联书店，1999.

④ 陆元鼎，魏彦钧．广东民居[M]．北京：中国建筑工业出版社，1990.

⑤ 彭一刚．传统村镇聚落景观分析[M]．北京：中国建筑工业出版社，1992.

⑥ 单德启．论中国传统民居村寨集落的改造[J]．建筑学报，1992（04）：8-11.

⑦ 单德启．欠发达地区传统民居集落改造的求索——广西融水苗寨木楼改建的实践和理论探讨[J]．建筑学报，1993（04）：15-19.

⑧ 单德启，姚红梅．绍兴东浦水街的保护与更新[J]．小城镇建设，1996（03）：12-15.

设计介绍》[①]，进一步探讨了历史街区、古村镇整体层面上的保护规划思路。在国家层面上，1986年国务院在公布第二批38个国家级历史文化名城时，首次正式提出："对文物古迹比较集中，或能较完整地体现出某一历史时期传统风貌和民族地方特色的街区、建筑群、小镇、村落等予以保护，可以根据它们的历史、科学、艺术价值，核定公布为地方各级'历史文化保护区'"[②]；且在1988年我国公布的第三批全国重点文物保护单位时，已开始将一些传统村镇的古建筑纳入其中，如贵州省毕节市七星关区（原毕节县）大屯村土司庄园、安徽省黄山市徽州区（原属歙县）潜口村潜口民宅、山西省临汾市襄汾县丁村民宅、山东省栖霞市城北古镇都村牟氏庄园等。

本阶段传统村镇的保护研究，在研究对象与内容方面，已形成从村镇整体的形态、结构、格局等风貌特点展开，但大多停留在较为宏观的定性分析层面上，缺乏系统的、深入的多元背景与类型特征分析及结合上层区域的统筹研究，其中虽已进行了传统村镇保护规划编制的初探，然而保护规划的思路与方法大多是借鉴历史文化名城、历史文化街区的思路与方法，尚未形成反映传统村镇特性的保护规划编制体系及相关方法，保护内容多集中在现存的物质文化遗产方面，而非物质文化遗产的保护研究相对不足，且保护工作偏重于"保"，之后长期的"护"不足，较缺乏可持续地保护与利用研究；在研究方法与理论运用方面，对国外先进经验与理论的借鉴还较为欠缺，研究工作多集中在单一的学科领域内，面对传统村镇丰富的内涵，研究手段与方法往往具有局限性。因而，本阶段我国传统村镇的整体性保护研究正处于形成阶段。

3. 传统村镇保护研究的全面发展阶段（21世纪以来）

进入21世纪以来，国内建筑学、城市规划学、风景园林学、历史学、社会学、人文地理学等诸多学科领域的大量学者纷纷加入传统村镇保护研究的队伍中，同时国内与国外关于传统村镇保护研究的学术互动变得日益密切频繁，极大地丰富了国内传统村镇的研究内容，相关著作、学术论文及研究课题骤增，此外各级政府部门、各种社会组织团体等也纷纷加入传统村镇的保护发展工作。在此期间，我国传统村镇保护的制度体系得到了初步的确立，并不断发展完善。2002年，修订的《中华人民共和国文物保护法》第十四条明确要求保护历史文化村镇；2008年，国务院正式公布了《历史文化名城名镇名村保护条例》；2012年至2013年期间，住房和城乡建设部先后公布了《历史文化名城名镇名村保护规划编制要求》（试行）及《传统村落保护发展规划编制基本要求》（试行）；截至2015年，我国已先后公布了六批国家级"历史文化名镇（村）"名单，从第一批的

---

① 单德启，芮文宣．再现辉煌·柯桥古镇沧桑——绍兴柯桥水乡古镇旅游开发规划设计介绍[J]．规划师，1997（01）：22-25.

② 赵勇．中国历史文化名镇名村保护理论与方法[M]．北京：中国建筑工业出版社，2008：9.

22个逐渐扩大到第六批的178个，现共计528个（表1-1、图1-1）[①]；近年来，国家与地方有关部门更广泛地将一些具有较高价值的"传统村落"正式纳入了保护名单[②]。从上述分析看，无疑标志着我国传统村镇的保护研究进入了全面发展阶段，日益呈现出多元化、整体化、系统化、法制化等特点。

国家级历史文化名镇（村）数量与公布日期[③]　　表1-1

批次（公布日期）	类型	数量（个）
第一批（2003.10.8）	中国历史文化名镇	10
	中国历史文化名村	12
第二批（2005.9.16）	中国历史文化名镇	34
	中国历史文化名村	24
第三批（2007.5.31）	中国历史文化名镇	41
	中国历史文化名村	36
第四批（2008.10.14）	中国历史文化名镇	58
	中国历史文化名村	36
第五批（2010.7.22）	中国历史文化名镇	38
	中国历史文化名村	61
第六批（2014.3.7）	中国历史文化名镇	71
	中国历史文化名村	107

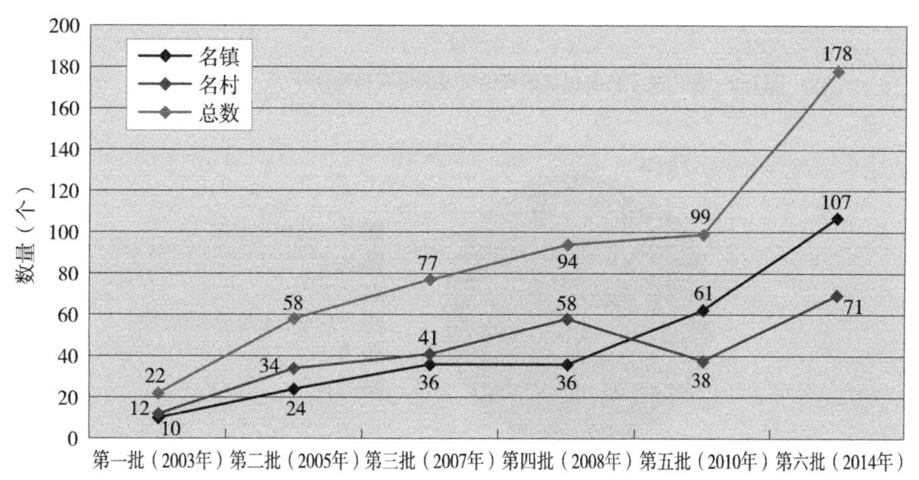

图1-1　中国历史文化名镇名村公布数量变化图

① 中华人民共和国国家文物局．资料信息：历史文化名镇（村）[EB/OL]．http://www.sach.gov.cn/col/col1622/index.html，2014-05-29.

② 中华人民共和国住房和城乡建设部．为传统村落建档案禁大拆大建[EB/OL]．http://www.mohurd.gov.cn/zxydt/201310/t20131018_215916.html，2014-05-29.

③ 同①。

（二）国内传统村镇保护研究的新动向

基于“中国知网”的“中国学术期刊网络出版总库”“中国博士学位论文全文数据库”“中国优秀硕士学位论文全文数据库”等数据平台，以“古村”“古镇”“历史文化名村”“历史文化名镇”“传统村落”等篇名进行精确索引，可发现：20世纪80年代以前相关学术论文发表甚少；从20世纪80年代开始，相关学术论文开始陆续发表，但总量并不大，相关研究成果比较零星；进入21世纪，相关学术论文发表数量开始骤增，并一直快速稳步增长，研究内容逐渐丰富，但研究主要集中在高校与科研单位等。按中国知网学科分类，相关研究内容“建筑科学与工程”涉及最多，其余依次为“旅游”“地理”“文化学、社会学及统计学”“考古”及其他（图1–2、图1–3）。回顾近年来国内有关传统村镇保护研究学术成果的主要内容，现阶段相关研究的新动向主要集中在：可持续地保护与发展利用研究、结合上层城市建设进行研究、跨学科交叉研究、借助新技术或借鉴国外相关理论开展研究、结合物质文化遗产与非物质文化遗产共同研究等方面。

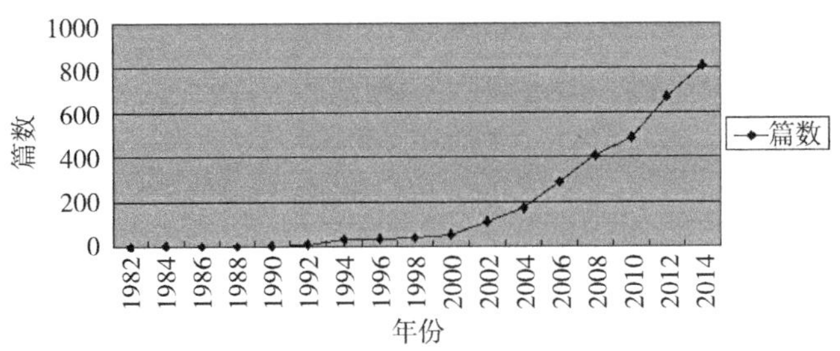

图1–2　国内关于传统村镇研究论文发表情况粗略统计

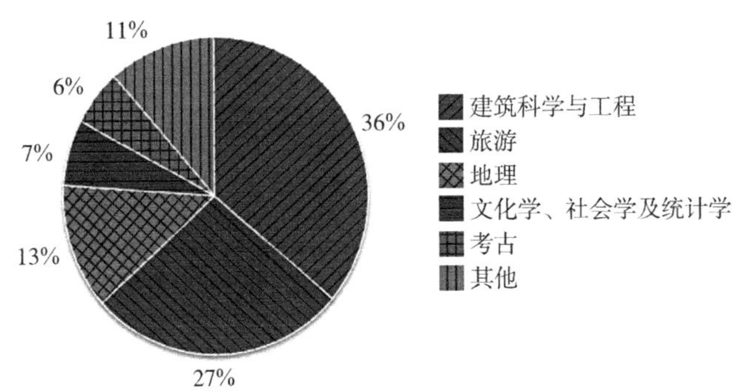

图1–3　国内关于传统村镇研究论文涉及学科比重粗略分析

1．可持续地保护与发展利用研究

早期传统村镇的保护研究主要集中在物质实体的保存与修复方面，许多传统村镇虽有幸保存下来，部分得到了一定的修复，但之后传统村镇的长期养护考虑不足，空心化、异质化、老龄化等问题层出不穷。此外，保护的范围与对象的确立常过于片面、机

械，除笼统地划定保护、控制及环境协调区外，对传统村镇合理更新与发展建设所需的空间往往缺乏详细梳理，忽视了当地居民对传统空间合理发展的需求，从而使保护工作得不到当地人的支持，最终导致保护工作履步维艰。现阶段学术界正日益注重传统村镇可持续保护与发展利用方面的研究。

郭谦、林冬娜（2002年）提出传统村落的保护开发应以生态可持续发展为条件、以经济的可持续发展为基础、以社会和文化的可持续发展为最终目的，务实而全面的保护发展理念[①]。李艳英（2004年）在福建南靖县石桥古村落保护和发展策略的研究中，指出古村落可持续地保护与发展需要居民自助、参与及合作，旅游开发与未来的发展应能统一社会、经济、环境和城市文化等利益的一种整体的、自发的、延续的发展模式[②]。罗德启（2006年）在回顾与总结贵州青岩古镇保护规划实施的五年历程时，提出“合理利用就是保护”的观点，首先肯定了合理利用对保护事业可持续发展的重要性，并进一步指出古镇的保护与发展应防止过度的旅游与商业开发，不能离开本地居民的积极参与，以及探讨了为未来基础设施的发展留有余地等可持续发展方面的问题[③]。车震宇、保继刚（2006年）以黄山市、大理州和丽江市为例，研究了市县级政策与管理在传统村落可持续保护和旅游开发利用中的重要作用[④]。樊海强（2010年）在福建省建宁县上坪村的研究中，基于可持续发展的理念，提出了传统村镇可持续保护与发展的三位一体模式（图1-4），即保护是可持续发展的基点、经营是可持续发展的动力、监管是可持续发展的保障，并深入探讨了该模式的具体框架与内容[⑤]。罗瑜斌（2010年）在深入分析珠三角历史文化村镇保护现实困境的基础下，研究了融入现代生活、有机更新的、可持续的保护与发展模式[⑥]。阮仪三、袁菲（2011年）在回顾与总结了江南水乡古镇保护实践的基础上，指出传统村镇的保护不是要封存历史环境，而应热衷于融入与反映当代人们的生活，要从过去政府或设计单位主导的自上而下的模式转变为居民参与共建，从目标蓝图转变为过程引导，从旅游开发转变为注重营建社区生活，通过完善基本服务功能来改变传统村镇普遍呈现的空心化、老龄化、异质化等趋向，传统村镇的可持续发展离不开历史文化遗产资源的合理利用[⑦]。陈喆、周涵滔（2012年）分析比对了传统村落自下而上的自组织传统空间特性与新民居建设中由政府或设计单位主导的自上而下的组织规划空间特性，基于上述两种特性的辩证关系视野，探究了在新的发展形势下传统村落

① 郭谦，林冬娜．全方位参与和可持续发展的传统村落保护开发[J]．华南理工大学学报（自然科学版），2002（10）：39-42.

② 李艳英．福建南靖县石桥古村落保护和发展策略研究[J]．建筑学报，2004（12）：54-56.

③ 罗德启．青岩古镇的保护与实践[J]．建筑学报，2006（05）：28-33.

④ 车震宇，保继刚．市县级政策与管理在古村落保护和旅游中的重要性——以黄山市、大理州和丽江市为例[J]．建筑学报，2006（12）：45-47.

⑤ 樊海强．古村落可持续发展的“三位一体”模式探讨——以建宁县上坪村为例[J]．城市规划，2010（12）：93-96.

⑥ 罗瑜斌．珠三角历史文化村镇保护的现实困境与对策[D]．广州：华南理工大学，2010.

⑦ 阮仪三，袁菲．再论江南水乡古镇的保护与合理发展[J]．城市规划学刊，2011（05）：95-101.

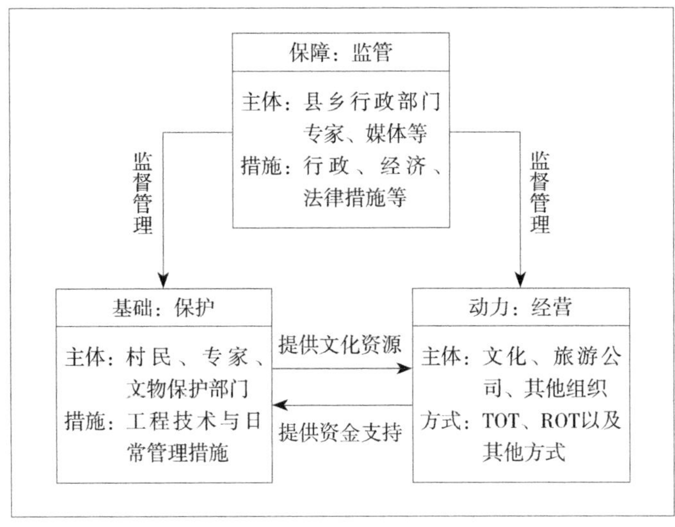

图1-4 古村落三位一体发展模式结构[①]

的可持续发展策略[②]。谭金花（2015年）在广东省开平市仓东村的研究中，分析比较了国际上对于“文化遗产的保育与发展”的概念与国内现行的“文物的保护与利用”概念的差异，并详细阐述了乡村文化长期保育过程中公众参与的重要性[③]。

2．结合上层城市建设进行研究

早期传统村镇的保护研究多局限于圈定的保护与控制区域内，常忽视了周边大环境的社会、经济、文化、地理等重要因素，从而导致传统村镇的保护与发展容易脱离实际，在实践中陷入重重困难。针对这状况，现今学术界正积极开展相关方面的研究。

林琳、陈洋等（2001年）基于中山市古镇村镇规划实践，研究了城镇与乡村有机复合式发展的三种规划理念，即线型更新、双轴拓展和交互发展，提出城乡发展形态大致有乡村消化型与城乡复合型两种类型（图1-5、图1-6），并对城乡融合的形态特征进行了概括总结[④]。黎小容（2006年）基于美英两国在古迹保育的成就，反思中国台湾地区古迹保护所遭受的困境，指出古迹应结合都市发展的历史环境进行保育，必须结合规划体系而成为城乡统筹协调发展的一个环节，并以台北市与宜兰县为例，介绍了中国台湾相关政策的修正与初步的尝试[⑤]。汤蕾、陈沧杰、姜劲松（2009年）在苏州西山镇三个传统村落的保护规划及实践中，突破了过去仅对单个传统村落进行物质空间保护的思路，而基于各传统村落的区位联系与产业特色，以“在保护中求发展，在发展中实现更好的保护”

① 樊海强．古村落可持续发展的“三位一体”模式探讨——以建宁县上坪村为例[J]．城市规划，2010（12）：93-96.
② 陈喆，周涵滔．基于自组织理论的传统村落更新与新民居建设研究[J]．建筑学报，2012（04）：109-114.
③ 谭金花．乡村文化遗产保育与发展的研究及实践探索——以广东开平仓东村为例[J]．南方建筑，2015（01）：18-23.
④ 林琳，陈洋，余炜楷．城乡有机复合的规划理念——中山市古镇村镇规划实践[J]．建筑学报，2001（09）：4-7.
⑤ 黎小容．古迹保护新趋势——结合都市发展的历史环境保育[J]．建筑史，2006（00）：188-196.

为目标，提出了传统村落的区域整体保护策略[①]。阮仪三、袁菲（2010年）论述了江南市镇的繁荣与周边水乡整体环境的紧密关系，指出古镇的保护发展不能就古镇论古镇，需要综合考虑整个城镇的社会经济、地域交通等，古镇的保护发展应融入城乡一体化的综合建设中，并纳入各层次的城市规划与管理计划[②]。李箭飞、肖翊、陈翀（2010年）在广州市小洲村历史文化保护区的研究中，针对其现实发展的问题，提出了传统村镇的保护应建立多层级的保护体系与城市规划链接，并展开了积极有益的探讨[③]。汪长根、周苏宁（2014年）基于党的十八大提出新型城镇化的建设目标背景下，指出传统村镇的保护与我国新型城镇化建设是一个既矛盾又统一的重要问题，认为传统村镇的保护与发展既要考虑所处大环境的空间大局与共性，又要体现自身的独特性[④]。

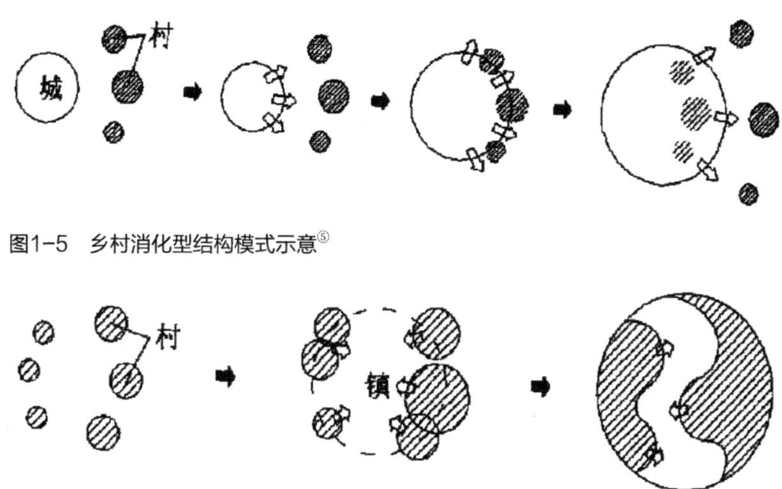

图1-5　乡村消化型结构模式示意[⑤]

图1-6　城乡复合型结构模式示意[⑥]

3．跨学科交叉研究

传统村镇的保护与发展研究与当地的社会、经济、政治、文化等诸多方面息息相关，现今学术界越发认识到从单一学科视野开展传统村镇保护发展研究的局限性，并正积极开展跨学科交叉研究，寻求新的研究突破口。

李晓峰（2005年）指出跨学科交叉研究正在成为乡土建筑的主要研究手段，详细阐述了整合人文地理学、社会学、生态学、传播学等学科知识构建乡土建筑跨学科交

---

① 汤蕾，陈沧杰，姜劲松．苏州西山三个古村落特色空间格局保护与产业发展研究[J]．国际城市规划，2009（02）：112-116.

② 阮仪三，袁菲．迈向新江南水乡时代——江南水乡古镇的保护与合理发展[J]．城市规划学刊，2010（02）：35-40.

③ 李箭飞，肖翊，陈翀．城区内古村落的保护对象、保护方法与发展对策——以广州市小洲村历史文化保护区保护规划为例[J]．规划师，2010（S2）：214-219.

④ 汪长根，周苏宁．关于新型城镇化进程中古镇古村落保护若干问题的思考[J]．中国文物科学研究，2014（04）：13-17.

⑤ 林琳，陈洋，余炜楷．城乡有机复合的规划理念——中山市古镇村镇规划实践[J]．建筑学报，2001（09）：4-7.

⑥ 同⑤。

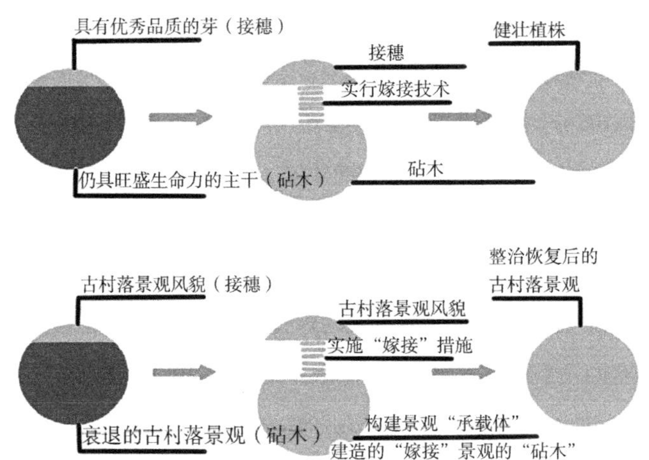

图1-7　由植物嫁接引申为“嫁接”规划理念[1]

叉研究的理论框架[2]。李春涛、汪兴毅（2007年）在安徽省绩溪县仁里古村景观整治规划的研究中，借鉴生物学“嫁接”理念及运用现代工程技术材料，对整治与恢复古村落景观、适应现代生活生产的需要、保留传统村落的文化底蕴等方面展开了应用研究（图1-7）[3]。张鹰、申绍杰、陈小辉（2008年）在福建省级历史文化名村浦源的研究中，将医学“愈合”概念引入历史村镇的修复与更新机制中，提出了浦源古村人居环境的“愈合”原则与“愈合”的技术方法[4]。张杰、庞骏（2008年）运用城市规划学、社会学、管理学、制度学的相关理论与方法对浙江省一批传统村落进行社会调查及开展历史保护规划研究，从中对传统村落历史建筑产权悖论的主要原因作出了多维解析[5]。戴彦（2008年）在巴蜀古镇历史文化遗产适应性保护的研究中，指出传统村镇的研究涉及社会经济、历史文化、生态环境、技术方法及制度规范等众多领域，因此“融贯学科”应用理论体系是传统村镇研究的必然选择；在发现问题、分析问题、解决问题的三个主要研究阶段，需要融贯建筑学、城市规划学、社会学、考古学、地理学、文化学、经济学、系统学、法学及行政学等众多学科知识（图1-8）[6]。何依、邓巍（2011年）在山西省苏庄国家级历史文化名村的研究中，基于建筑学、城市规划学专业领域背景下，借鉴了社会学的理论与方法对“家族”与村落空间结构展开研究，从“家族”视角探究传统村落保护与整合的新途径[7]。刘沛林（2011年）基于地理学专业背景下，引入类型学

---

① 李春涛，汪兴毅．基于“嫁接”理念的皖南古村落景观整治规划研究——以绩溪县仁里村新农村建设景观整治规划为例[J]．城市规划，2007（10）：93-96.

② 李晓峰．乡土建筑：跨学科研究理论与方法[M]．北京：中国建筑工业出版社，2005：72.

③ 同①。

④ 张鹰，申绍杰，陈小辉．基于愈合概念的浦源古村落保护与人居环境改善[J]．建筑学报，2008（12）：46-49.

⑤ 张杰，庞骏．古村落历史建筑产权悖论的多维解析——以浙江省古村落保护规划为例[J]．规划师，2008（05）：56-60.

⑥ 戴彦．巴蜀古镇历史文化遗产适应性保护研究[D]．重庆：重庆大学，2008.

⑦ 何依，邓巍．基于主姓家族的村落空间研究——以山西省苏庄国家历史文化名村为例[J]．建筑学报，2011（11）:11-15.

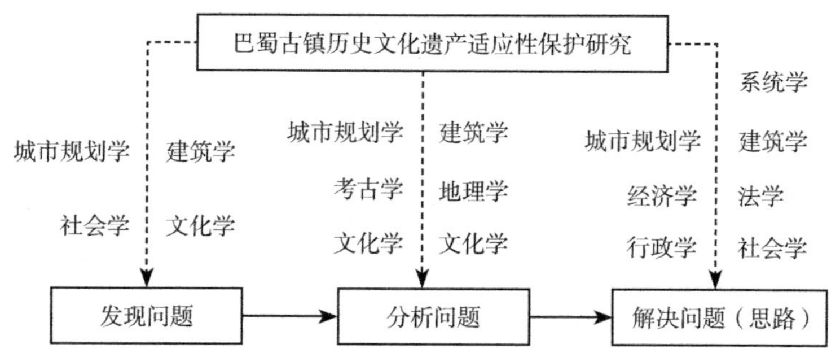

图1-8　巴蜀古镇历史文化遗产适应性保护研究方法体系[①]

与生物学"基因"等主要概念，探究了不同区域传统聚落的景观基因及其图谱，进一步划分了传统聚落文化景观区系，相关研究成果为传统文化聚落的保护与发展研究提供了新的途径与方法[②]。杨豪中、韩怡（2011年）基于文化学视野下，研究了陕北传统村镇乡土文化与乡土建筑环境的整体性保护方法[③]。张杰、庞骏（2012年）在福建省晋江福全国家级历史文化名村的研究中，基于建筑学、人类学、地理学、历史学、文献学等诸多学科理论与方法的大整合基础下，构建了系统协同的综合研究方法，借此深入探究了历史村落福全的演变历程与规律，并为福全古村的历史保护规划提供了切实依据[④]。张家瞳、沈晨（2015年）采用语义符号学与建筑符号学相结合的研究方法，从类比型设计、实效型设计、法则型设计及象形型设计四个方面对历史村镇"文化景观"的概念进行了符号学解析，并以此进一步展开历史村镇文化景观保护与设计的研究[⑤]。

4．借助新技术或借鉴国外相关理论开展研究

随着现代科学技术的发展与国内外学术界交流的日益频繁，现今国内传统村镇的保护研究日益注重运用新技术与借鉴国外相关的理论。在运用新技术方面，胡明星、董卫（2002年）探究了应用GIS分别建立历史街区、传统村落的保护管理信息系统，主要目的在于提供准确、及时、丰富的信息，实现文化遗产区域的动态管理[⑥]。高云飞、程建军、王珍吾（2007年）在理想风水格局村落的研究中，运用计算流体力学理论与计算机技术，对其夏、冬两季的生态物理环境进行模拟计算分析，其结果论证了理想风水格局村落的环境品质确实优良[⑦]。赵勇、刘泽华、张捷（2008年）在历史文化村镇保护预警及方法的研究中，运用SPSS软件建立时间序列曲线预测模型，为一种综合了线

① 戴彦．巴蜀古镇历史文化遗产适应性保护研究[D]．重庆：重庆大学，2008.
② 刘沛林．中国传统聚落景观基因图谱的构建与应用研究[D]．北京：北京大学，2011.
③ 杨豪中，韩怡．陕北乡村传统建筑环境与乡土文化的整体性保护研究[J]．中国园林，2011（10）：85-88.
④ 张杰，庞骏．系统协同下的闽南古村落空间演变解读——以福建晋江历史文化名村福全为例[J]．建筑学报，2012（04）：103-108.
⑤ 张家瞳，沈晨．符号学视野下历史村镇文化景观设计研究[J]．华中建筑，2015（02）：173-176.
⑥ 胡明星，董卫．基于GIS的镇江西津渡历史街区保护管理信息系统[J]．规划师，2002（03）：71-73.
⑦ 高云飞，程建军，王珍吾．理想风水格局村落的生态物理环境计算机分析[J]．建筑科学，2007（06）：19-23.

性与非线性的预测方法，旨在对历史文化村镇未来的保护与发展进行预测与预警[①]。袁媛、肖大威、傅娟（2015年）探究了在历史文化村镇保护中引入数字信息技术，借此为历史文化村镇的保护提供先进的技术支持与相应的技术平台，利于历史文化村镇在空间更新、信息采集、群众参与、技术推进、媒介传播等诸多方面展现出更加直观和多样的延续[②]。阴劼、杨雯、孔中华（2015年）在广东省开平碉楼与村落的研究中，探究了应用ArcGIS软件、网络分析工具等提取古村落最佳观景线路的方法，主要可分为三步：第一，根据要素提取与对象特征的分析，建立相应的要素数据库与界定景观的观赏效果，将量多质优的景观点作为最佳观景点；第二，综合运用ArcGIS软件三维、表面、缓冲分析工具，分析生活性与生产道路上各观景点的数与量及进一步评价最佳观景点；最后，借助网络分析工具提取出观景的最佳线路[③]。

在借鉴国外先进理论方面，段进等（2006、2009年）基于多年从事国内外城市形态学理论研究的基础上，较早尝试运用相关理论开展我国传统村落的空间形态研究，分别于2006年、2009年出版著作《世界文化遗产西递古村落空间解析》《世界文化遗产宏村古村落空间解析》。祝佳杰、宋峰、包立奎（2009年）在浙江省江郎山风景名胜区的村落整治与保护研究中，借鉴（美）萨蒂（T. L. Saaty）20世纪70年代提出的层次分析法（Analytic Hierarchy Process，简称AHP），通过构建历史悠久性、发展可持续性、格局完整性、环境协调性及民居特有性5个指标体系，来全面综合评估传统村落的价值及开展相应的整治与保护工作[④]。陈一、王霞、周波、陈春华（2009年）借鉴（美）凯文林奇（Kevin Lynch）关于城市意象提出的物质形态"五要素"（道路、边界、区域、中心节点和标志物），对四川省成都市平乐古镇的景观意象开展空间的特色与可识别性研究[⑤]。田银生、谷凯、陶伟（2010年）介绍了（英）康泽恩（M. R. G. Conzen）的城市形态学派和（意）卡尼吉亚（Gianfranco Caniggia）的建筑类型学派的理论核心，并探讨了"城市形态单元"（morphological unit）和"建筑类型过程"（architectural type process）在我国城市历史保护规划中的现实应用途径[⑥]。姚圣、田银生、陈锦棠（2013年）阐述了康泽恩学派的城市形态区域化理论在城市历史保护规划的作用与价值，并以北京市陟山门区域的城镇景观单元为例，初步探索了城市形态区域化理论在我国城镇景观保护的具体应

① 赵勇，刘泽华，张捷．历史文化村镇保护预警及方法研究——以周庄历史文化名镇为例[J]．建筑学报，2008（12）：24-28.

② 袁媛，肖大威，傅娟．数字信息技术与历史文化村镇保护[J]．华中建筑，2015（01）：7-10.

③ 阴劼，杨雯，孔中华．基于ArcGIS的传统村落最佳观景路线提取方法——以世界文化遗产：开平碉楼与村落为例[J]．规划师，2015（01）：90-94.

④ 祝佳杰，宋峰，包立奎．基于综合价值评判的风景区村落整治与保护研究：以浙江江郎山风景名胜区为例[J]．中国园林，2009（06）：30-33.

⑤ 陈一，王霞，周波，等．从城市意象的角度对成都平乐古镇景观意象的解析[J]．Journal of Landscape Research，2009（11）：27-32.

⑥ 田银生，谷凯，陶伟．城市形态研究与城市历史保护规划[J]．城市规划，2010（04）：21-26.

用方法[①]。车震宇、张熹、孙志方（2014年）借鉴（英）比尔·希列尔（Bill Hillier）20世纪70年代首次提出的"空间句法"及其发展理论，对云南省丽江束河古镇的空间节点特征展开分析，并提出了古镇在保护与开发中有关空间节点的处理建议[②]。

5．结合物质文化遗产与非物质文化遗产共同研究

早期，传统村镇的保护研究多集中在现存的物质文化遗产，而对非物质文化遗产的保护研究往往不够注重，在这种状况下，一些传统村镇从表面看其物质实体似乎得到了保存，而场所内人们原真的、传统的生活方式却被过度的旅游开发与肆意的外来商业活动取代，场所精神的"魂"几乎被掏空，同时也威胁到物质文化遗产的原真性保护。针对上述问题，现阶段学术界正日益深入传统村镇非物质文化遗产的保护研究，并积极将物质文化遗产与非物质文化遗产相结合进行共同研究。

符霞（2007年）以浙江省嘉善县西塘古镇为例，探究了西塘古镇非物质文化遗产概况与发展变迁，调查分析了旅游活动对非物质文化遗产的正反双方面影响，最后提出了在非物质文化遗产保护背景下调控旅游的四点建议：政府发挥正确"领航"功能、引导游客"冲击力"、增强本土居民"抵抗力"、调节旅游企业"加速器"[③]。单霁翔（2008年）阐述了国内外文化遗产保护的发展趋势，即从"文物保护"走向"文化遗产保护"，其中反映了将物质文化遗产与非物质文化遗产进行共同保护的思想[④]。王海宁（2008年）以贵州省青岩古镇为例，指出在古镇的形成与长期的发展过程中文化基因一直以来是维持其传统风貌的关键因素，并基于古镇崇儒尚礼、军事文化、石文化及包容开放的文化心态等文化基因的理解下，探讨了古镇保护与发展的策略与方法[⑤]。钮卫东、许业和、吴佳斐（2010年）在苏州市东山镇陆巷历史文化名村的保护规划研究中，通过深入剖析陆巷古村的"南渡文化"与乡土价值，进而构建乡土遗产保护与地域文化保护之间的互动，并基于文化线路的考量提出古村历史保护规划的四个要点[⑥]。季诚迁（2011年）指出传统村落是以村民共同的生产活动为基础而又相互联系的一个功能复合的多元文化空间，并以贵州省黎平县肇兴侗寨为例，从侗寨文化生态、侗寨文化生态与非物质文化遗产、侗寨文化空间与非物质文化遗产、侗寨非物质文化遗产的整体性保护等方面展开了深入研究[⑦]。刘艺兰（2011年）从物质文化遗产、非物质文化遗产及本土村民的三个构成主体展开少数民族村落文化景观遗产的保护研究，并以贵州省宰荡侗寨为例，进一步探讨了少数民

---

① 姚圣，田银生，陈锦棠．城市形态区域化理论及其在遗产保护中的作用[J]．城市规划，2013（11）：47-53.

② 车震宇，张熹，孙志方．基于空间句法的乡村地区旅游小城镇节点空间研究——以丽江束河古镇为例[J]．华中建筑，2014（11）：76-80.

③ 符霞．旅游对非物质文化遗产的影响研究[D]．北京：北京林业大学，2007.

④ 单霁翔．从"文物保护"走向"文化遗产保护"[M]．天津：天津大学出版社，2008.

⑤ 王海宁．聚落形态的文化基因解析——以贵州省青岩镇为例[J]．规划师，2008（05）：61-65.

⑥ 钮卫东，许业和，吴佳斐．基于文化线路考量的乡土遗产保护——以苏州东山陆巷历史文化名村保护规划为例[J]．规划师，2010（S2）：220-223.

⑦ 季诚迁．古村落非物质文化遗产保护研究[D]．北京：中央民族大学，2011.

族村落的文化景观现状、保护实践中存在的主要问题、文化景观保护的理念及策略①。王梦娜（2014年）以山西省运城市光村、阎景村、西厢村等传统村落为例，对传统村落非物质文化遗产的类型与现状、保护评价体系等内容展开研究②。

（三）国内传统村镇保护研究发展进程总览

见图1-9。

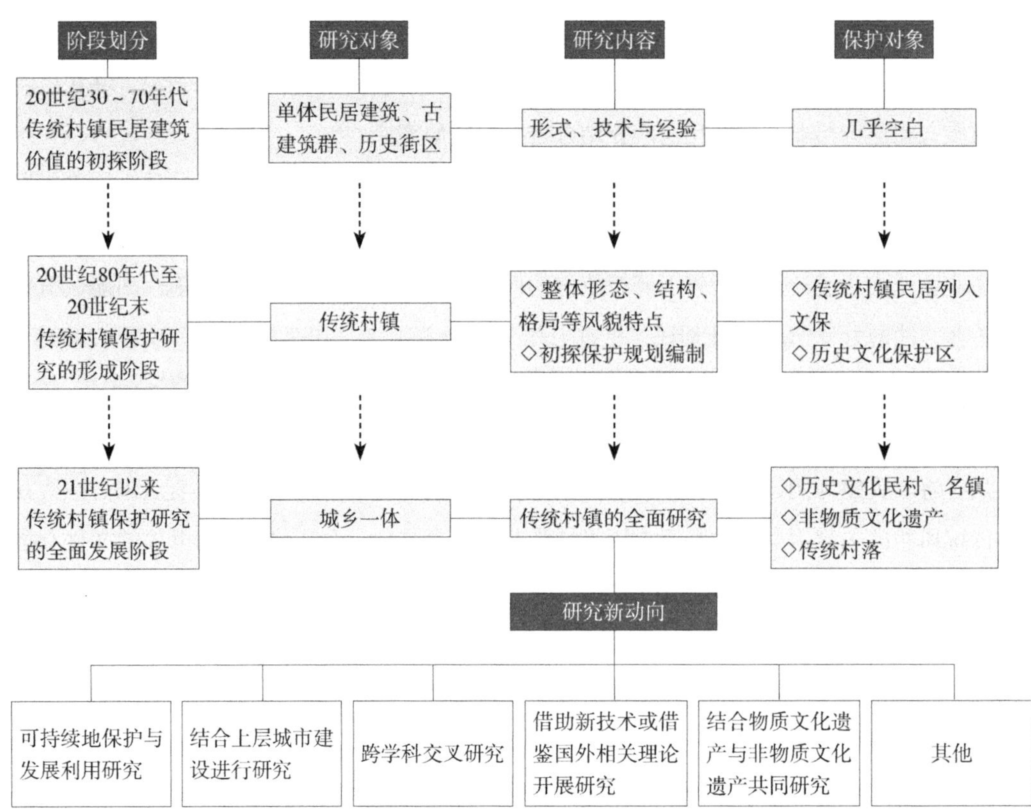

图1-9　国内传统村镇保护研究发展进程总览图

二、国外传统村镇保护研究的状况

（一）国外传统村镇保护研究的整体发展进程

1. 兴起

国外文化遗产保护历史十分悠久，最早甚至可以追溯到15～16世纪意大利对古罗马古典建筑遗迹的保护行动，大约20世纪30年代在欧洲一些发达国家的文化遗产保护中已

① 刘艺兰. 少数民族村落文化景观遗产保护研究[D]. 北京：中央民族大学，2011.

② 王梦娜. 传统村落非物质文化遗产保护研究[D]. 长沙：湖南师范大学，2014.

略有涉及传统村镇保护。正如法国1930年颁布《风景名胜地保护法》时，将天然纪念物和富有艺术、历史、科学、传奇及画境特色的地点列为保护对象，其中包含了自然保护区、风景区、公园、小城镇、村落以及巴黎的部分老城区等，这很可能是世界上最早将村落、城镇等列入保护对象的国家立法①。1931年，第一届历史古迹建筑师及技师国际会议正式出台《有关历史性纪念物修复的雅典宪章》，呼吁所有国家都要通过国家立法来解决历史古迹的保存问题，并注意对历史古迹周边地区的保护，这是第一份关于文化遗产保护的国际文件，标志着保护文化遗产已在国际上初步达成共识，但之后一段时期内文化遗产的保护还是以文物古迹、单体历史建筑的修复性保护为主。1964年5月第二届历史古迹建筑师及技师国际会议通过的《国际古迹保护与修复宪章》②（《威尼斯宪章》）中明确指出："历史古迹的概念不仅包括单体建筑，也包括能从中找出一种独特的文明、一种有意义的发展或一个历史事件见证的城市或乡村环境。"可以说明进入20世纪60年代，国际上已开始将传统村镇纳入了保护研究范围，传统村镇的保护正在一些西方国家逐渐兴起。

2．确立与发展

20世纪70～80年代期间，国际上多份重要文件一再明确指出历史村镇为世界文化遗产的重要组成部分，并多次对历史村镇的保护进行了专门的阐述。1975年"欧洲建筑遗产大会"宣布的《阿姆斯特丹宣言》及被欧洲理事会各成员国采纳的《建筑遗产欧洲宪章》，均强调欧洲建筑遗产不仅包括最重要的纪念性建筑及其周边环境，还包括那些位于古镇和特色村落中的次要建筑群及其自然环境和人工环境，并进一步阐述了关于历史地区的"整体性保护"（Integrated Conservation）思想等③；此外，1975年国际古迹遗址理事会通过的《关于保护历史小城镇的决议》、1976年联合国教科文组织在内罗毕通过的《关于历史地区的保护及其当代作用的建议》④（"内罗毕建议"）、1982年国际古迹遗址理事会通过的《关于小聚落再生的特拉斯卡宣言》，都各自对历史村镇的保护进行了一系列阐述；直至1987年，国际古迹遗址理事会基于各国多年来历史环境保护与实践的经验总结通过了《保护历史城镇与城区宪章》（"华盛顿宪章"），文件对历史城镇与城区的保护原则和目标、方法与手段等进行了较为全面综合的概述，标志着国际上关于历史村镇的保护研究已基本确立并处于快速发展阶段。

进入20世纪90年代后，随着1994年世界遗产委员会通过的《关于原真性的奈良文件》（基于世界各国多样性的文化及文脉关系下重新审视文化遗产"原真性"的定义与

① 张松．历史城市保护学导论[M]．上海：同济大学出版社，2008（02）：80.

② International Charter for the Conservation and Restoration of Monuments and Sites (The Venice Charter) [Z]. 1964.

③ 张松．城市文化遗产保护国际宪章与国内法规选编[M]．上海：同济大学出版社，2007（01）：80.

④ UNESCO. Recommendation Concerning the Safeguarding and Contemporary Role of Historic Areas[Z]. 1976.

评估）、1999年国际古迹遗址理事会通过的《关于乡土建筑遗产的宪章》（建立管理与保护乡土建筑、建筑群及村落遗产的原则与实践指导方针）、2003年联合国教科文组织通过的《保护无形文化遗产公约》等一系列重要的国际文化遗产保护文件的相继出台，促使国际上历史村镇的保护理念不断地发展完善，从而历史村镇的保护工作也进入了相对成熟的阶段。

（二）国外传统村镇保护的经验与特点

国外传统村镇保护较为先进的国家主要集中在一些历史文化悠久、民众环保意识普遍良好、传统村镇环境优美、社会经济发达且已进入后工业时代的发达国家。其中法国、英国、意大利、日本等最具代表性。

1. 法国

（1）融入“建筑、城市和风景遗产保护区”的整体性保护

虽然早在1962年法国颁布《马尔罗法》（Malraux Act）时，就开始建立“保护区”（Secteur Sauvegardé，简称：SS）对历史环境进行保护，至2013年法国已正式建立103个“保护区”[①]，但“保护区”大多数建立在大中城市，其中小于5000人的市镇（法国在行政体制上没有城、镇、村的区别，最低一级地方政体为市镇，但可依据人口数量进行区分）在2007年时仅占总“保护区”比例的9%[②]。因此，可认为“保护区”成立后较少涉及传统村镇保护。法国传统村镇保护的大力开展主要依赖于1983年依法设立的“建筑和城市遗产保护区”（Zone de Protection du Patrimoine Architectural，Urbain；简称：ZPPAU）及之后1993年在此基础上补充完善的“建筑、城市和风景遗产保护区”（Zone de Protection du Patrimoine Architectural，Urbain et Paysager；简称：ZPPAUP），法国人借助ZPPAUP将他们认为具有价值及需要保护的众多传统村镇、特色村镇等纳入了保护范畴。据有关数据表明，2009年底“建筑、城市和风景遗产保护区”大多数都建立在人口规模较小的地方：人口小于2000人的市镇占45%，人口在2000～5000人的市镇占23%，人口在10000～50000人的市镇占13%，100000人以上的市镇仅占3%；因此，可认为法国传统村镇的保护主要依赖于ZPPAUP制度，虽然ZPPAUP的建立并不仅是为了传统村镇（图1-10）[③]。

---

① Associatio Nationale des Villes et Pays d'art et d'histoire et des Villes à secteurs sauvegardés et protégés. Liste des secteurs sauvegardés 2013[EB/OL]. http://www.an-patrimoine.org/Secteur-sauvegarde, 2015-04-27.

② Juliette Degorce.Les Secteurs Sauvegardé，Bilan et perspectives de cet outil d'urbanisme et de protection patrimonal[R]. 2007. 转引自：邵甬. 法国建筑·城市·景观遗产保护与价值重现[M]. 上海：同济大学出版社，2010（01）：71-72.

③ 邵甬，阿兰·马利诺斯. 法国“建筑、城市和景观遗产保护区”的特征与保护方法——兼论对中国历史文化名镇名村保护的借鉴[J]. 国际城市规划，2011（05）：78-84.

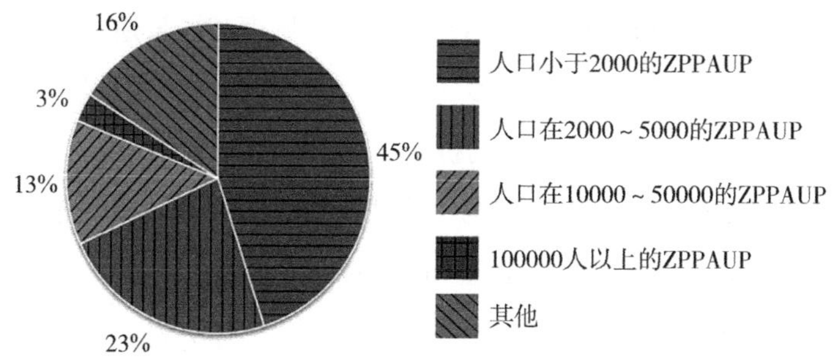

图1-10　ZPPAUP人口比重分析图

法国传统村镇保护的一大特点就在于融入于“建筑、城市和风景遗产保护区”的整体性保护之中，并没有把传统村镇的保护刻意地、孤立地抽离出来，ZPPAUP的范围依据区域情况，可以是跨区域的，可以由几个村镇、村镇与城市共同组成一个或几个ZPPAUP，突破了从单一村镇视角、忽视区域联系进行保护的局限性。

（2）“保护与价值重现规划”与可持续发展理念

法国在文化遗产的保护及利用发展方面开展较早，早在20世纪60年代法国设立“保护区”时，就明确要求制订长期的“保护与价值重现规划”（Plan de Sauvegarde et de Mise en Valeur，简称：PSMV），强调保护要从城市形态与城市功能的角度出发，要求遗产保护要与经济发展、社会就业、文化及旅游紧密结合，通过保护与合理适当地利用为历史“保护区”焕发生机提供多种可行性途径，使文化遗产成为人们现代生活不可或缺的一部分，促进“保护区”合理的新陈代谢，同时进一步带动城市的发展，这种理念日后也自然而然地扩展到ZPPAUP①。随着法国于2000年颁布的《社会团结与城市更新法》（简称：SRU）要求从根本上转变规划的目标，贯彻可持续发展理念及响应2005年在巴黎举行的联合国教科文组织大会通过的《保护和促进文化表达多样性公约》（*Convention on the Protection and Promotion of the Diversity of Cultural Expressions*），法国文化遗产的保护已迈入生态环境与社会文化的可持续发展道路，之后2010年法国决定将ZPPAUP的名称改为AVAP（AVAP：Aire de mise en valeur de l'architecture et du patrimoine），目的是从理念上体现出从“保护”到“价值重现”的转变，AVAP旨在从可持续发展的角度促进对建成遗产和空间的价值重现②。

（3）全民参与

法国的文化遗产保护建立在国家、地方政府、社会组织及个人等的全民参与政策下。国家牢牢掌控“历史纪念物”“风景名胜地”“保护区”等国家最精华的文化遗产保

① 张松. 历史城市保护学导论[M]. 上海：同济大学出版社，2008（02）：87-88.

② 邵甬，阿兰·马利诺斯. 法国“建筑、城市和景观遗产保护区”的特征与保护方法——兼论对中国历史文化名镇名村保护的借鉴[J]. 国际城市规划，2011（05）：78-84.

护与管理。国家与地方政府共同保护与管理“建筑、城市和风景遗产保护区”，充分发挥地方政府的作用，对具有地方价值的乡土遗产进行保护。社会组织机构搭建起国家、地方政府与个人在文化遗产保护中沟通的桥梁，并发挥积极地宣传与推广作用。个人则在国家与地方政府的扶助下积极配合参与文化遗产的保护工作。在文化遗产的保护中，各方面各司其职，最大限度地调动文化遗产保护的可持续活力。

（4）政府大力扶助与鼓励私人出资

除法国政府划拨专项资金给予精华部分的文化遗产保护外，针对ZPPAUP等所涉及传统村镇中众多的历史建筑，主要受益于“建筑修缮范围”（Périmètre de Restauration Immobilière，简称：PRI）制度、“住房改善计划”（Opération Programmées d'Amélioration de l'Habitat，简称：OPAH）及“保护手工业和小商业基金”（Fonds d'Intervention pour les Services，l'Artisant et le commerce，简称：FISAC）等的优惠与补助。ZPPAUP建立过程中，政府经过详细调查研究后，将具有遗产价值及“公共利益”性质的建筑、建筑群或历史街区划定为“建筑修缮范围”，该范围内的建筑必须在规定的时限内实施具有“公用声明”（Déclaration d'Utilité Publique，简称：DUP）性质的修缮，否则政府将启动“征收”程序，当然建筑修缮工程可得到一定比例的资金补助，若修缮后的房屋用于出租六年以上，还可以享受税收优惠政策；此外，ZPPAUP内具有文化遗产价值及社会利益的建筑改善项目，还可以从中央政府、地方政府和国家住房改善署共同实施的“住房改善计划”中获得一定比例的资金补助与税收优惠政策；为避免ZPPAUP内功能单一化发展趋势及保障ZPPAUP多样性的商业与文化活动的活力，法国还依法建立了“保护手工业和小商业基金”，主要用于支持与促进传统手工业、小商业发展，作为ZPPAUP内经济发展的重要干预手段[①]。法国通过政府多渠道的资金扶持与鼓励私人出资参与文化遗产保护的政策，成功地保护与复兴了ZPPAUP内的众多传统村镇。

（5）以“国家建筑师”为保护管理核心

在法国ZPPAUP的保护中，“国家建筑师”扮演着重要的作用，他们的管辖权非常大，几乎ZPPAUP内的所有实施事项都必须征求“国家建筑师”的指导意见，如“建筑修缮范围”划定、具体历史建筑的鉴定、建设、修缮、拆除、外立面整治等无一例外，确保ZPPAUP的整个保护实施过程始终处于高专业化水平的控制与引导下进行。

2．英国

在英国的传统村镇保护中，最显著的特点莫过于非政府保护因素，各种民间保护组织机构贡献巨大，具有代表性及影响力的民间保护组织主要有：“英格兰乡村保护委员会”（Council for the Protection of Rural England，简称：CPRE）与“国民信托”（National

---

① 邵甬．法国建筑·城市·景观遗产保护与价值重现[M]．上海：同济大学出版社，2010（01）：178-183.

Trust）等。

（1）“英格兰乡村保护委员会”

19世纪末至20世纪初，面对英国大量农村环境遭受城市无限制扩张与挤压，1926年帕特里克·艾伯克隆比（Patrick Abercrombie）出版了专著《英格兰乡村的保护》（*The Preservation of Rural England*）[①]，在此呼吁与号召下同年成立了“英格兰乡村保护运动”（Campaign to Protect Rural England，简称：CPRE）民间环保组织，1969年改名为“英格兰乡村保护委员会”，在该组织的努力下，积极促成了《1947年城乡规划法》（*Town and Country Planning Act 1947*）《1949年国家公园与接近乡村法》（*National Parks and Access to the Countryside Act 1949*）《1955年大城镇绿带建设政策》（*Green Belts for Largest Towns and Cities 1955*）等众多涉及乡村保护与发展的法案与政策[②]。至今，“英格兰乡村保护委员会”仍在英国传统、特色村镇等的保护中扮演着十分重要的角色，积极组织与发挥民间保护力量从多渠道参与传统村镇的保护过程中，特别是借助民间的保护力量与智慧为相关政府部门建言献策，推动相关政府部门积极开展保护工作及监督保护工作有效实施。

（2）“国民信托”

早在1895年“国民信托”民间环保公益组织就已成立，从成立至今一直致力于保护国家遗产与具有历史意义的地点与空间，经历120多年的发展已成为全球最大的民间环保组织之一；至2015年年初，已拥有和管理杰出自然美景地（land of outstanding natural beauty）250000多公顷（含众多传统、特色村镇、庄园及园林等）、海岸线775多英里及众多历史建筑与古迹遗址等[③]。作为一个非政府的、独立运营的民间环保组织，“国民信托”采用类似一般信托公司的管理与运营模式，借助大众的捐款与会员的会费等，组织购置对国家具有重要意义的杰出自然美景地、历史空间环境及地方特色空间等，并接收大众的文化遗产捐赠及大量发展热心于环保事业的会员、志愿者，对拥有的财产展开持续的、安全的、针对性的保护工作，同时将其中大部分的历史文化遗产与杰出自然美景地向公众定期开放，通过积极合理发展旅游休闲产业等方式共同促进国家遗产保护的可持续发展，保护成果十分显著，现这种基于“国民信托”的遗产保护成功模式已在全球得到了一定的推广，像日本、美国、荷兰等地[④]。

3. 意大利

意大利历史文化悠久，国内丰富的文化遗产享誉世界，正因此意大利人历来重视

① Sir Patrick Abercrombie, The Preservation of Rural England, Hodder and Stoughton Ltd, London, 1926.

② Campaign for the Preservation of Rural England (CPRE). Over 80 years of achievements in protecting the countryside[EB/OL]. http://www.cpre.org.uk/about-us/achievements, 2015-04-28.

③ National Trust.What we do[EB/OL]. http://www.nationaltrust.org.uk/what-we-do/who-we-are, 2015-04-29.

④ 朱晓明. 当代英国建筑遗产保护[M]. 上海：同济大学出版社，2007：159-160.

文化遗产的保护工作，早在15世纪文艺复兴时期就已对古罗马时期众多的历史遗迹进行保护与修复，在长期的文化遗产保护发展过程中积累了许多成功的经验与方法。意大利在传统城镇、村镇的保护中同样起步较早，其中尤以20世纪60年代完成的博洛尼亚（Bologna）历史城镇保护规划最为显著，相关保护理念与方法对欧洲乃至整个世界的传统城镇、村镇保护影响深远，在此以博洛尼亚历史城镇保护为例，简要论述意大利传统城镇、村镇保护的经验与特点。

（1）“反发展”保护

从第二次世界大战结束后至20世纪60年代，整个欧洲的大部分地区基本都处于高速发展时期，战后城市重建的迫切任务与旧房更新的急切需求，使欧洲许多历史城镇在快速城镇化发展中惨遭破坏。面对这种情况下，拥有丰富文化遗产的博洛尼亚执政当局为避免同样的命运，毅然摈弃了城市由资本市场主导的大发展模式，进而选择了以保护与再生为中心的“反发展”模式：第一，强调对已建成环境的改善利用优先于新的开发建设；第二，优先考虑低收入阶层的集合住宅规划；第三，保护历史遗产与自然环境①。这种“反发展”模式，体现了当时历史城镇保护与发展新的价值观，之后一直引领着欧美历史城镇保护规划的新方向。

（2）整体性

在博洛尼亚历史城镇的保护规划中，首次提出了“把人和房子一起保护”的口号，即关于“文化遗产的整体性保护”理念，不仅要保护历史建筑，更要保护居住在其中的原居民的生活形态；为了实现历史街区“原来的住户住原来的房”的规划目标，要求在改善环境之后，必须确保留下90%的原住居民，低收入者租住的租金不能超过其家庭收入的12% ~18%；1974年在博洛尼亚召开的欧洲会议上，整体性保护原则得到了正式的认可，并成为了今后历史城镇保护更新的唯一有效准则②。博洛尼亚的整体性保护能取得巨大成功的核心在于营建了历史风貌与传统生活气息相得益彰的、适宜大众居住的历史城镇环境（图1-11）。

（3）分类保护与利用

博洛尼亚历史城镇在保护的前提下，十分重视人们现代生活的需求，通过分析历史建筑的特征与再利用的可能性，划分出4种建筑类型分别进行保护与利用，并依据技术性的法规明确规定不同建筑类型具体的改造与使用要求（表1-2）。

---

① 阮仪三，袁菲．迈向新江南水乡时代——江南水乡古镇的保护与合理发展[J]．城市规划学刊，2010（02）：35-40.

② 张松．历史城市保护学导论[M]．上海：同济大学出版社，2008（02）：98.

图1-11　意大利博洛尼亚历史城镇中心区鸟瞰[①]

意大利博洛尼亚历史建筑分类保护与利用[②]　　表1-2

<table>
<tr><th>类型代号</th><th>类型划分</th><th>空间属性特征</th><th colspan="2">改造与利用</th></tr>
<tr><td>类型A</td><td>教堂、修道院、宫殿、大学等</td><td>用途改变较容易的大型公共建筑空间</td><td rowspan="4">修复、再生的6级标准：①严格按规定修复；②部分按规定修复；③保护性再生；④有限制条件的重建；⑤拆除重建；⑥拆除不重建</td><td>可作为地域或邻里服务的教育、文化设施使用</td></tr>
<tr><td>类型B</td><td>带中庭的贵族及上流阶层住宅</td><td>结构受限制的私人空间，尤其是底层平面不允许与原有功能有太大的不同</td><td>只可改为公共或私人文化活动场所</td></tr>
<tr><td>类型C</td><td>16～18世纪建成的劳动者、工匠住宅</td><td>开间小、进深大的私人空间</td><td>改造为学生、单身者或年轻夫妇使用的低租金平民住宅</td></tr>
<tr><td>类型D</td><td>带小院子的中产阶级住宅</td><td>具有局限性的私人空间</td><td>作为居住及其他与建筑结构不矛盾的类似功能使用</td></tr>
</table>

4．日本

（1）自下而上的保护机制

20世纪60年代，日本产业经济急速发展，大规模的城市开发建设与旧城改造，导致大量的传统村镇、历史街区及历史建筑快速消亡，民众日益认识到历史环境破坏的严重性，并将开发建设对历史环境和乡土文化的破坏视作“第三公害”。从20世纪60年代中后期开始，日本全国各地的地方居民广泛开展了自发性的历史环境保护运动，并在一些

① WikimediCommons. [EB/OL]. http://commons.wikimedia.org/wiki/File%3AEmilia_Bologna1_tango7174.jpg, 2015-04-29.

② 张松. 历史城市保护学导论[M]. 上海：同济大学出版社，2008：101.

城镇先后推动了由地方自治体制定的一系列保护条例，最初的有1968年《金泽市传统环境保存条例》与《仓敷市传统美观保存条例》等，随后促使1975年日本修订《文化财保护法》时，设立了“传统建筑物群保存地区制度”，其范围选定、保护条例等是以市町村为主体展开，国家只是在市町村申报的基础上，选定“传统建筑物群保存地区”的全部或部分作为全国“重要传统建筑物群保存地区”；从此，日本继1966年针对过去主要大都市颁布的《古都保护法》后，又具有了专门针对历史村镇、历史街区等国家立法的整体性保护制度①。

从上述内容可以看出，日本传统村镇保护的形成过程体现了一种自下而上的保护机制，即由地方居民发动的历史环境保护运动与地方自治体的各项活动推动着国家相关保护法规与政策的最终形成，这种保护机制充分体现了国家、地方及民间团体在传统村镇保护中各司其职、紧密配合，为日本传统村镇保护取得巨大成功的主要因素之一。

（2）保护与利用贴近居民生活

日本传统村镇的保护源于各地居民发动的历史环境保护运动，同时促使其保护与利用十分贴近居民生活。至迟20世纪50年代，日本已从“崇古求美”的单纯保护迈向保护与利用的新阶段②，现今已将传统村镇的保护普遍纳入居民社区发展，注重当地居民的生活与感受，通过保护与再生地方特色来改善当地民居的生活环境，同时致力打造供大众寓教于乐的传统文化休闲场所。例如，位于日本长野县的重要传统建筑物群保存地区妻笼（图1-12、图1-13），作为日本依靠当地居民力量保护的标志性事件，早在1965年当地一些有识之士就成

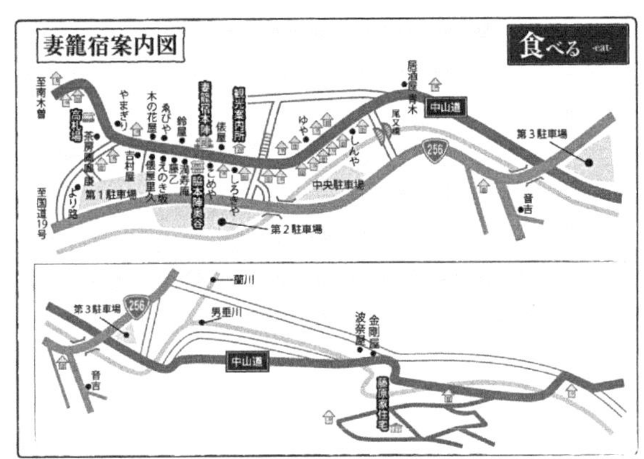

图1-12 日本妻笼景区地图③

图1-13 日本妻笼街道景观④

① 张松. 日本历史环境保护的理论与实践[J]. 清华大学学报（自然科学版），2000（S1）：44-48.

② 王军. 日本的文化财保护[M]. 北京：文物出版社，1997：11.

③ 妻笼观光协会. [EB/OL]. http://tumago.jp/eat/index.html，2015-05-03.

④ 妻笼观光协会. [EB/OL]. http://tumago.jp/blog/new-photo/post-891.htm，2015-05-03.

立了进行乡土资料保护研究的“妻笼宿场资料保存会”，1969年全体村民又共同组织了“热爱妻笼会”保护组织，并于1971年制定了《保护妻笼宿的住民宪章》，宪章明确要求对传统建筑“不卖、不租、不拆”三原则，防止外来资本的不良介入，有力地保障了当地居民的传统生活场景[①]；之后1973年出台的《妻笼宿整体保护条例》《妻笼宿整体保护地区保护条例》，都充分体现了本地居民的意愿与生活需求，始终将“改善本地居民的生活条件”作为基本方针之一，现今大约有2/3的当地居民从事旅游业并从中受益，但却严格限定所有旅游产业必须反映当地的风土人情，旅游业者须签订“热爱妻笼会”的公约，如“餐馆里不能出售与妻笼宿无关的菜单”等[②]。

（3）注重非物质文化遗产保护利用

日本是较早注重非物质文化遗产保护的国家之一。第二次世界大战后不久，日本《文化财保护法》便将一些国粹级的戏曲、音乐、传统工艺技术等“无形文化财”列为保护对象，之后更广泛地将传统衣食住行、传统职业、信仰、传统节庆相关的风俗习惯、民俗民艺等“无形民俗文化财”正式纳入保护对象，并针对文化财保护所需要的材料制作、维修、修复等技术专门设立了“文化财保护技术”制度[③]。日本传统村镇承载着丰富的“无形民俗文化财”，在非物质文化遗产保护利用方面尤为突出。例如，1995年被列为世界文化遗产的日本岐阜县白川乡（图1-14），就十分注重挖掘与保护利用当地传统的乡土文化，如当地历史悠久的“米酒节”（图1-15），整个仪式从祝词到乐器

图1-14　日本白川乡景观[④]

图1-15　日本白川乡“米酒节”场景[⑤]

① 胡澎．日本“社区营造”论——从“市民参与”到“市民主体”[J]．日本学刊，2013（03）：119-134.

② 宋昕．新型城镇化发展机遇下的旅游城镇化与历史文化名镇遗产保护策略——以日本长野县妻笼宿古镇保护复兴为例：中国风景园林学会2014年会，中国辽宁沈阳，2014[C].

③ 张松．历史城市保护学导论[M]．上海：同济大学出版社，2008：134.

④ Vinss See. [EB/OL]. http://www.vinsss.com/?p=764, 2015-05-05.

⑤ Sina Blog. [EB/OL]. http://blog.sina.com.cn/s/blog_5ef23ca40101mcq8.html, 2015-05-05.

演奏、化妆游行、假面歌舞以及服装道具等各个环节现今都保存得十分完善，这种大众参与的乡土特色活动既利于当地村民的团结，又为当地的旅游事业做出了积极贡献[①]。此外，由于日本传统村镇的建筑多为易损坏的木结构，导致日本传统村镇的保护并不着重于建筑物本身，而更注重法式的延续，即强调保护传统建造技术这一重要的非物质文化遗产和使用传统建筑材料等。

三、国内外传统村镇保护发展研究的总结与对比

纵观国内外传统村镇保护与发展相关方面的研究，在研究的对象与范围上，已从单体的文物建筑、历史建筑群、历史街区过渡到古村、古镇、聚落乃至更大区域层面上进行整体性研究；在研究的内容上，已从物质文化遗产的保护研究，过渡到结合物质文化遗产与非物质文化遗产进行共同保护研究；在保护与发展利用方面的认识上，强调保护与发展利用应相结合，普遍认识到保护是为了更好的发展，合理地利用与发展又能促进可持续的保护，以及注重保护区内民众的生活发展需求与原真生活形态。

对比我国与国外一些文化遗产保护较为先进的国家，在传统村镇保护与发展的形成机制与管理执行上，我国主要体现的是一种自上而下的保护管理机制，主要由政府部门主导与承担主要责任，专业学者配合参与，民众及各种社会组织团体参与度普遍较低；国外一些文化遗产保护较为先进的国家则大多是一种自下而上的保护管理机制，民众及各种社会组织团体发挥主导作用，推动政府部门制定与改进保护相关的法律法规，在具体的保护工作上政府主要配合民众及各种社会组织团体展开，并提供相应的政策与资金支持，专业学者一般受政府与民众的邀请参与其中，并具有相当大的话语权与决策权。

四、沙湾古镇研究的现状与不足

（一）研究现状

通过收集、分析整理沙湾古镇以往研究的主要学术成果，可大致将其分为三个方面：保护与发展、空间形态、社会文化。

1. 保护与发展

2002年，朱光文发表了学术论文《珠江三角洲乡镇聚落的兴衰与重振——番禺沙湾古镇的历史文化遗存与保护开发刍议》[②]《浅谈沙湾古镇的历史文化资源特色与保护开

① 顾小玲．农村生态建筑与自然环境的保护与利用——以日本岐阜县白川乡合掌村的景观开发为例[J]．建筑与文化，2013（03）：91-92．

② 朱光文．珠江三角洲乡镇聚落的兴衰与重振——番禺沙湾古镇的历史文化遗存与保护开发刍议[J]．广州大学学报（社会科学版），2002（11）：29-33．

发》[①]，简要论述了沙湾古镇宗族聚落的形成与发展，分析了部分保存下来的历史文化遗存，并提出了空间视廊保护、划定古镇历史文化保护区及旅游开发等建议，为较早探索沙湾古镇文化遗产和保护策略的基础性研究资料。2004年，林冬娜撰写完成了硕士学位论文《岭南历史村镇的特色与保护》，文中专辟一个章节从较宏观的角度探讨了沙湾古镇的保护规划编制，为较早探索沙湾古镇整体性历史保护规划的基础性研究资料[②]。2007年，尹向东发表了学术论文《历史文化名镇保护思路的探索——以广州市沙湾镇为例》，在分析了沙湾古镇历史文化内涵后，通过提取沙湾古镇的保护内容或保护对象，即"一山、二街、三馆、四祠堂"，从而确定古镇的空间保护格局[③]；但这种保护方法最大的风险就在于提取的保护对象是否全面、准确，很显然仅以"一山、二街、三馆、四祠堂"构成沙湾古镇的空间保护格局，未达到古镇整体性保护的基本要求。2008年，缪莉撰写完成了硕士学位论文《非物质文化遗产的传承保护及开发利用问题探讨——以沙湾的非物质文化遗产传承保护及开发为例》，文章主要针对沙湾古镇的非物质文化遗产展开分析探讨，以公共管理学科的视角提出非物质文化遗产传承保护及开发利用的若干建议[④]。2009年，赵红红等发表了学术论文《沙湾古镇·风韵传承——广州市番禺区沙湾镇村庄规划层面的古镇保护探析》，对村庄规划与历史文化名镇保护规划之间的有机结合进行了有益探讨[⑤]。2012年，洪屿撰写完成的硕士学位论文《番禺沙湾古镇的历史原真性保护》，文章主要围绕沙湾古镇一期工程中着重打造的历史街区展开了探讨，指出与强调原真性是历史街区保护与更新的核心宗旨，但文章对当地已消失、破坏或模糊的原真历史环境的探究还较为欠缺，导致提出的保护规划方法过于集中在现有的历史遗存层面，对原真历史环境与历史文化意义的整体性保护还较为欠缺[⑥]。2012年，朱丹撰写完成的硕士学位论文《沙湾古镇文化遗产的保护与传承研究》，文章主要从物质文化遗产与非物质文化遗产两方面的要素展开了探讨，但探讨内容：一方面，要素分析显得较为孤立，欠缺整体历史信息系统层面下的关联性分析；另一方面，原真历史环境的探究较为不足；此外，提出的保护规划建议较缺乏针对性，未充分重视沙湾古镇历史风貌欠缺完整这一重要个性特性[⑦]。2013年，徐粤撰写完成的硕士学位论文《沙湾古镇公共空间保护与更新研究》，文章对沙湾古镇户外公共活动空间展开了专项的保护更新研究，指出公共空间要素包括节点性空间与线性空间两大类，并从公共空间的意义变化、形态

---

① 朱光文．浅谈沙湾古镇的历史文化资源特色与保护开发[J]．岭南文史，2002（02）：33-37.

② 林冬娜．岭南历史村镇的特色与保护[D]．华南理工大学硕士学位论文，2004.

③ 尹向东．历史文化名镇保护思路的探索——以广州市沙湾镇为例[J]．小城镇建设，2007（01）：77-80.

④ 缪莉．非物质文化遗产的传承保护及开发利用问题探讨——以沙湾的非物质文化遗产传承保护及开发为例[D]．西安：西北大学硕士学位论文，2008.

⑤ 赵红红，阎瑾，张万胜．沙湾古镇·风韵传承——广州市番禺区沙湾镇村庄规划层面的古镇保护探析[J]．南方建筑，2009（04）：7-11.

⑥ 洪屿．番禺沙湾古镇的历史原真性保护[D]．广州：华南理工大学，2012.

⑦ 朱丹．沙湾古镇文化遗产的保护与传承研究[D]．广州：华南理工大学, 2012.

变化、建筑界面变化等方面展开了探讨，但文章对于公共空间的研究较欠缺整体历史信息系统层面下的关联性分析，一些已消失、破坏或模糊的原真户外公共活动空间的探究还较为欠缺[①]。2014年，郭谦、颜政纲发表了学术论文《番禺沙湾古镇保护与更新的实践与思考》，文章分析总结了过去十年华南理工大学历史环境保护与更新研究所主持开展沙湾古镇保护与更新工作的思想、经验及主要问题等[②]。

2．空间形态

2005年，张海撰写完成了硕士学位论文《沙湾古镇形态研究》，文章围绕珠江三角洲冲积成陆与沙田开发、宗族关系、市墟发展等展开，探讨了沙湾古镇空间的形成与发展，并提取了影响沙湾古镇空间形态的部分具体要素，且进一步对沙湾古镇的部分建筑实例和部分街巷空间的空间结构、空间界面、空间尺度、空间节点等方面进行了分析，但是文章对当地已消失、破坏或模糊的原真历史环境等方面的探究还较为欠缺[③]。2006年，朱文亮、产斯友发表了学术论文《广州番禺沙湾民居庭园简析》，详细分析了民居庭园的整体布局、建筑空间、园内交通、庭园围墙、植物栽植、地面铺装、装饰、景观小品等方面内容，充实了沙湾古镇空间形态研究的基础资料[④]。2007年，麦丽君撰写完成了硕士学位论文《番禺沙湾城镇形态演变研究》，文章梳理了沙湾城镇的历史发展脉络，并较简单地探讨了不同历史时期沙湾城镇的形态，但是文章对当地已消失、破坏或模糊的原真历史环境等方面的探究还较为欠缺[⑤]。此外，还有一些研究成果涉及了沙湾古镇空间形态的部分内容，主要有2010年冯江撰写完成的博士学位论文《明清广州府的开垦、聚族而居与宗族祠堂的衍变研究》、2010年赖瑛撰写完成的博士学位论文《珠江三角洲广府民系祠堂建筑研究》等。

3．社会文化

1992年，刘志伟先后发表了学术论文《宗族与沙田开发——番禺沙湾何族的个案研究》[⑥]《祖先谱系的重构及其意义——珠江三角洲一个宗族的个案分析》[⑦]，文章深入探讨了沙湾古镇宗族的社会功能、组织形式以及文化内涵，提出宗族是沙田开发和经营的组织形式，并认为宗族具有一定的政治权利和社会权利，从而根本上保障了宗族的沙田控制权与开发权。1999年，刘志伟又发表了学术论文《地域空间中的国家秩序——珠江三角洲“沙田-民田”格局的形成》，文章认为在珠江三角洲地区的发展过程中，受政治、经济、文化、地域环境等因素的影响，当地形成了一种界限分明的“沙田-民田”格

① 徐粤．沙湾古镇公共空间保护与更新研[D]．2013．广州：华南理工大学，2013．

② 郭谦，颜政纲．番禺沙湾古镇保护与更新的实践与思考[J]．南方建筑，2014（02）：37-43．

③ 张海．沙湾古镇形态研究[D]．广州：华南理工大学，2005．

④ 朱文亮，产斯友．广州番禺沙湾民居庭园简析[J]．广东园林，2006（04）：1-3．

⑤ 麦丽君．番禺沙湾城镇形态演变研究[D]．广州：华南理工大学，2007．

⑥ 刘志伟．宗族与沙田开发——番禺沙湾何族的个案研究[J]．中国农史，1992（04）：34-41．

⑦ 刘志伟．祖先谱系的重构及其意义——珠江三角洲一个宗族的个案分析[J]．中国社会经济史研究，1992（04）：18-30．

局，沙田区与民田区在社会文化、经济、政治地位等方面都存在着巨大差异①。2007年龚浩群撰写了博士后研究工作报告《空间、历史与权力——1949年以来沙湾的社会与文化变迁》，主要基于人类学、社会学视野，在空间、历史与社会三重辩证的研究框架下，详细论述1949年以前沙湾古镇的空间格局、1949～1979年间沙湾古镇空间的社会主义改造及之后现代城镇空间的塑造，研究内容侧重于解读与论述当地社会与文化的变迁②。

（二）研究的不足之处

1．原真历史环境探究不足

在珠三角地区高速的城镇化发展过程中，沙湾古镇的原真历史环境破坏较为严重、现存历史风貌欠缺完整。然而，回顾过去有关沙湾古镇的学术研究成果，研究对象与内容却主要集中在文化遗产的现实遗存方面，对已消失、破坏的原真历史环境还鲜有涉及，较欠缺足够深入的调查研究，导致相关保护规划方法与策略的制定往往缺乏可靠的依据。现今，承载沙湾古镇原真历史环境的相关历史资料仍欠缺系统收集、整理保存，尤其是当地古稀长者对于沙湾古镇已消失、破坏的原真历史环境的集体历史记忆，随着时间的推移将来很可能彻底丧失，急待开展相关方面的研究。

2．保护规划方法欠缺针对性

过去，有关沙湾古镇保护规划方法的学术研究成果，几乎都未能充分注重沙湾古镇历史风貌欠缺完整这一重要个性特征，提出的相关保护规划方法欠缺针对性，整体表现出：普遍采用惯用的“圈层”式保护范围划分方法、对沙湾古镇内部适宜发展建设的空间欠缺梳理、制定的保护规划分期实施步骤或计划显得过于宏观及欠缺足够的指导意义等。

3．保护与发展研究缺乏持续跟踪及总结

过去，有关沙湾古镇保护与发展方面的学术研究成果，整体上看仍比较零散，相对沙湾古镇整个保护与发展的历史显得比较片面，缺乏持续性的跟踪、反思与总结。沙湾古镇的保护与更新历史悠久，在中华人民共和国成立前，主要依赖于当地居民自发组织修缮古镇中一些重要的公共建筑，其中不乏各历史时期的相关记载。在20世纪80年代，由当地各级政府出资对古镇中一些重要的历史建筑单体进行了保护与修缮。直至2003年年末，才由华南理工大学历史环境保护与更新研究所正式编制了沙湾古镇整体的、系统的历史保护规划，并陆续进行了保护规划的局部修编以及承担相关的保护与更新工作。传统村镇的保护与发展是一个长期、系统的工程，随着时代的发展将不断产生新的需求，保护与发展的研究工作需对其进行持续地跟踪、不断地反思与总结实践经验的得

① 刘志伟．地域空间中的国家秩序——珠江三角洲“沙田-民田”格局的形成[J]．清史研究，1999（02）：14-24.

② 龚浩群．空间、历史与权力——1949年以来沙湾的社会与文化变迁[D]．广州：中山大学，2007.

失，并不断地提出具有时效性的保护与更新策略。

4．研究的方法与手段较为单一

回顾过去有关沙湾古镇的学术研究成果，虽有从不同学科角度开展多方面的分析研究，但跨学科交叉研究及多学科之间的协同合作还略显不足，研究的方法与手段大多数较为单一。沙湾古镇作为广东省为数不多列入“中国历史文化名镇”名录的对象之一，历史文化悠久，物质文化遗产与非物质文化遗产都十分丰富，不仅是重要的历史文化遗产，同时至今仍是当地人重要的生活性社区，其保护与发展研究必然离不开多学科知识与方法的综合应用。

第二节 研究内容与方法

一、研究内容框架

见图1-16。

二、研究方法

传统村镇，作为一个复杂的综合体，其保护发展研究涉及社会、经济、文化、政治及历史等诸多复杂因素，仅从单一学科知识进行研究是难以理清其中的复杂关系。因此，跨学科研究方法的综合运用理应成为传统村镇保护发展研究的基本方法之一，但具体学科方法的选择、整合及展开的步骤与流程，需根据实际情况作出针对性的、精心的设计。本课题研究主要借助了文献学、人类学田野调查、风景园林学、建筑学、城市规划学、社会学、历史学、经济学、地理学等学科的知识与方法，以及借鉴了中国围棋布局思想等。

其一，采用文献学方法，主要是查阅、分析比较大量历史文献、村志族谱及相关研究成果，优点是能够发现历史久远的相关信息及借鉴评价前人的研究成果，不足是沙湾古镇的相关历史记载甚缺，记录一般比较笼统抽象，且相关研究成果也比较零星。

其二，借助人类学田野调查的研究方法，“主要通过参与观察、深度访谈、直接体验三种实践活动方式获取，人类学家称为‘田野三角’”[①]；田野调查周期宜为完整的一年以上时间，完整观察、体验沙湾古镇整年周期的社会生活状况与变化，重点在于可在实地进一步获取、比较相关历史信息，弥补古籍、村志族谱等记载的不足。

① 朱炳祥，崔应令．人类学基础[M]．武汉：武汉大学出版社，2005：92.

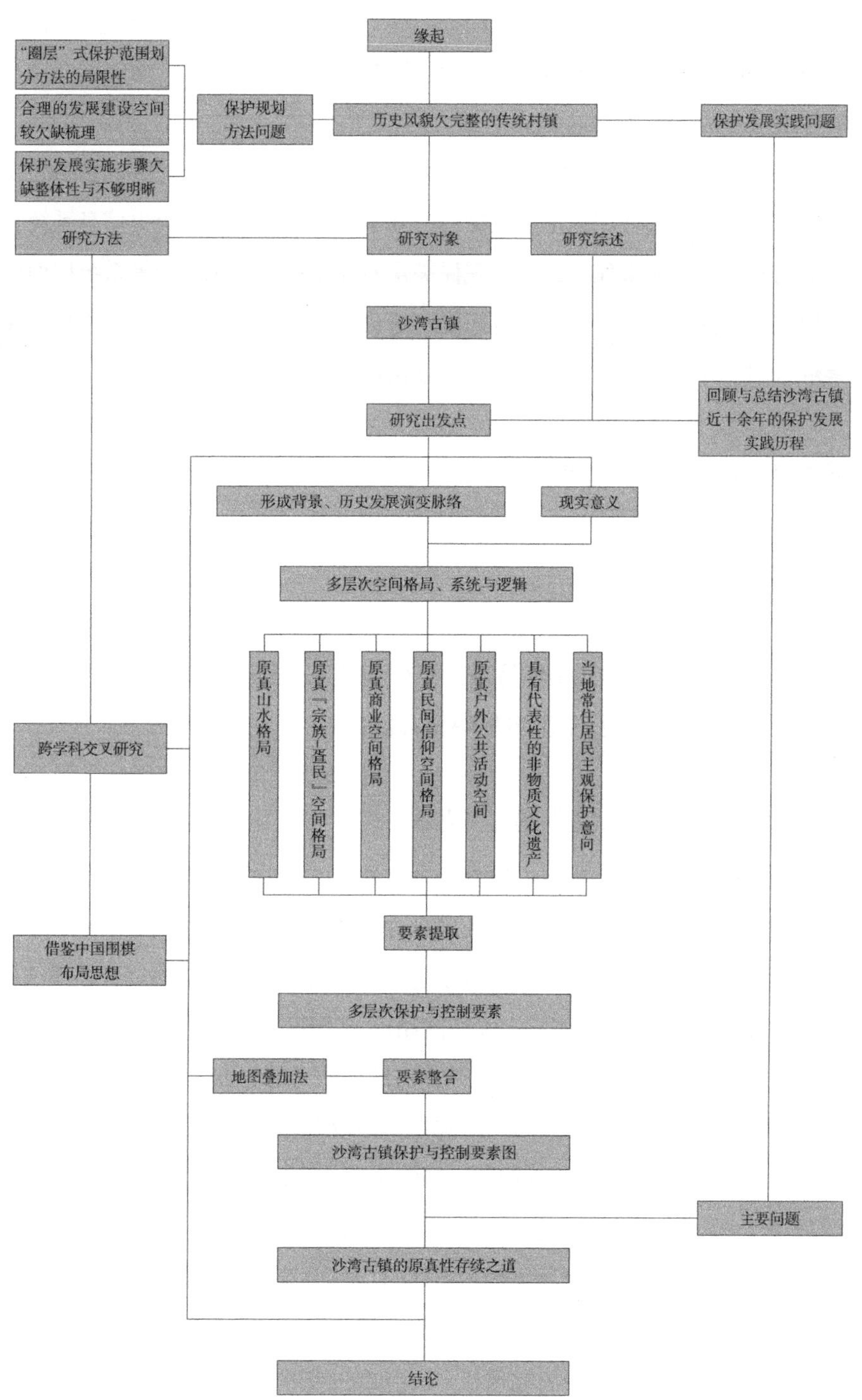
缘起
"圈层"式保护范围划分方法的局限性
合理的发展建设空间较欠缺梳理
保护发展实施步骤欠缺整体性与不够明晰
保护规划方法问题
历史风貌欠完整的传统村镇
保护发展实践问题
研究方法
研究对象
研究综述
沙湾古镇
研究出发点
回顾与总结沙湾古镇近十余年的保护发展实践历程
形成背景、历史发展演变脉络
现实意义
多层次空间格局、系统与逻辑
原真山水格局
原真「宗族-疍民」空间格局
原真商业空间格局
原真民间信仰空间格局
原真户外公共活动空间
具有代表性的非物质文化遗产
当地常住居民主观保护意向
跨学科交叉研究
要素提取
借鉴中国围棋布局思想
多层次保护与控制要素
地图叠加法
要素整合
沙湾古镇保护与控制要素图
主要问题
沙湾古镇的原真性存续之道
结论
图1-16　研究内容框架

其三，多学科知识与方法综合应用，其中着重以风景园林学、建筑学、城市规划学、地理学等学科的知识与方法对沙湾古镇区域场所、空间实体进行专项的形态分析研究，并结合社会学、历史学、人类学、经济学等学科的视角与方法，进一步解读当地空间场所、空间格局、空间实体等承载的社会、历史、文化、经济等方面的意义以及当地人原真的生活形态等。

此外，借鉴中国围棋布局原理中“格局”“星位”“气”“弃子”等重要思想及风景园林学、城市规划学中较常用的地图叠加法，基于沙湾古镇的整体历史信息系统，从多层级原真空间格局、当地常住居民的主观保护意向及非物质文化遗产等系统层面中分别分析、提取相应的保护与控制要素，进而统一整合绘制出沙湾古镇原真历史环境保护与控制要素综合图，并从中探究沙湾古镇原真性保护与发展的思路与方法。

第三节 相关概念的说明

一、“原真性”的概念

“原真性”不同语境下不同个体易对其存在认识上的分歧与偏差，故在此有必要将书中“原真性”泛指的概念进行适当的解释与说明。

（一）“原真性”与“真实性”的释义之争

在文化遗产保护语境中，界定“原真性”概念之前，首先需面对国内学术界现今存在这样一种争论：国内最常见将涉及文化遗产保护的英文文献当中的“Authenticity”释义为“原真性”或“真实性”这两种，对于这二者释义的优劣，不同学者各抒已见。赞成“原真性”释义的一方认为：“真实性”内涵过于泛化，“原真性”译法因兼顾了时间维属性而较“真实性”更加贴切[①]。赞成“真实性”释义的一方认为：“原真性”会让人以为是强调原初，有可能引起误解，“真实性”即没有强调原初，也没有强调全过程，更接近专业上的含义[②]。然而，正如国际上1994年对文化遗产的“原真性”或“真实性”概念及其应用作出重要阐述的《关于原真性的奈良文件》[③]（或译为：《关于真实性的奈良文件》）中就明确指出：在世界上的一些语言中，并无可以精确传达“Authenticity”概念的词汇。因此，我们可以不必过于纠结文化遗产保护语境中“Authenticity”的中文字面翻译及二者在文章撰写时的表述选择，而应更注重理解与认知上的准确一致。

① 张成渝．“真实性”和“原真性”辨析补遗[J]．建筑学报，2012（S1）：96-100.

② 王景慧．“真实性”和“原真性”[J]．城市规划，2009（11）：87.

③ The Nara Conference on Authenticity, held from 1-6 November 1994, Nara Document on Authenticity[EB/OL]. http://whc.unesco.org/archive/nara94.htm[2015-05-28].

（二）国际上关于历史文化遗产“原真性”的阐述

1964年5月《国际古迹保护与修复宪章》（亦称：《威尼斯宪章》）奠定了原真性对国际现代遗产保护的意义，其中明确指出：“人们日益意识到人类价值的统一性，并把古代遗迹看作人们共同的遗产，认识到为后代保护这些古迹的共同责任；传递其原真性的全部信息是我们的职责；各个时代为古迹所做的正当贡献必须予以尊重。”但参与通过《威尼斯宪章》这次会议的代表中没有一位来自东亚国家，该宪章中达成文化遗产原真性原则的共识仅限于西方砖石建筑的保护与修复，并指出：“任何不可避免的添加都必须与该建筑的构成有所区别，并且必须要能识别是当代的，防止添加部分使原有的艺术与历史见证失去原真性”，事实证明有些规定与要求并不适用于东方传统木结构体系的建筑。

直至1994年世界遗产委员会第十八次会议上，来自世界各地众多的国际专家在日本奈良对文化遗产的原真性问题开展了广泛、详细的讨论，最终通过了关于原真性问题最重要的国际文件《关于原真性的奈良文件》，文件明确指出原真性是定义、评估、监控世界文化遗产的基本因素，强调文化遗产的原真性的观念及其应用扎根于各自文化的文脉关系之中，将文化遗产的价值与原真性置于固定的评价标准之中评判是不可能的，应充分尊重文化多样性与文化遗产多样性；又强调文化遗产的原真性要基于文化遗产价值保护的各种形式和各历史时期的文化遗产，而对文化遗产价值的理解依赖与这些价值有关的信息源是真实的、可信的，原真性的判别会与各种大量信息源中有价值的部分有关联，包括形式与设计、材料与物质、使用与功能、传统与技术、位置与环境、精神与感受以及其他内在的或外部的因素，可利用这些信息源检验文化遗产在艺术、历史、社会和科学等维度的详尽状况。

在2004年世界遗产委员会颁布的《实施世界遗产公约的操作指南》①中，再次明确指出原真性是检验文化遗产的基本因素与重要原则之一，要求《世界遗产名录》中每个被提名的文化遗产都必须经过设计、材料、工艺及环境的原真性检测。

（三）我国关于历史文化遗产“原真性”的阐述

在中国“原真性”思想存在于文化遗产的保护与修复中早已有之。1935年梁思成先生在《曲阜孔庙之建筑及其修葺计划》中否定了传统“拆旧建新”的修葺方法，提出了修复历史建筑的重点是保存或恢复历史建筑的原状②。1961年国务院颁布《文物保护管理暂行条例》明确提出：“一切核定为文物保护单位的纪念建筑物、古建筑、石窟寺、

① 张松. 城市文化遗产保护国际宪章与国内法规选编[M]. 上海：同济大学出版社，2007（01）：96-115.

② 吴铮争，赵荣. 关于历史建筑的“修旧如旧”——兼论陕北明长城保护中的“修旧如旧”[J]. 城市问题，2014（02）：36-40.

石刻、雕塑等包括建筑物的附属物，在进行修缮、保养的时候，必须严格遵守恢复原状或者保存现状的原则”。“恢复原状或者保持现状”作为文物建筑的两种保护原则在法规层面得以初步确立。1963年梁思成先生在其发表的《闲话文物建筑的重修与维护》一文中指出，在重修具有历史、艺术价值的文物建筑中，一般应以“整旧如旧”为原则，并借以山东柳埠唐代观音寺（九塔寺）塔的重修为例，倡导文物建筑修缮时做到尽可能不改，也不换料，以此保持其真实的“品格”和“个性”①。由此可见梁思成先生倡导的“整旧如旧”原则，强调文物建筑保护修缮时应尽可能地采用原材料、原形制等，已部分反映了原真性的保护思想。之后几十年，由梁先生首提的“整旧如旧”原则长期指导我国文化遗产保护的实践工作。

1982年第五届全国人大常委会审议通过了《中华人民共和国文物保护法》（以下简称：《文物保护法》），其中第十四条明确规定：“核定为文物保护单位的革命遗址、纪念建筑物、古墓葬、古建筑、石窟寺、石刻等包括建筑的附属物，在进行修缮、保养、迁移的时候，必须遵守不改变文物原状的原则”。从此，“不改变文物原状”取代了之前“恢复原状或者保持现状”的表述，并作为中国文物建筑保护的最基本原则在法律层面上被确立了下来。至于这种表述的变化，参与1982年《文物保护法》起草工作的李晓东先生曾提到：“保护现状或者恢复原状，可解读为保持现状应是保持建筑物的健康的符合法式规定的现状，不是其他状况，恢复原状应是历史形成的合理的状况，如果可以这样理解，那么它们的实质是一样的，现状和原状是联系的统一的，不是截然分开的，因此，后来制定的文物保护法律只提原状”。②从“恢复原状或者保持现状”到“不改变文物原状”表述的变化可看出，不仅体现了表述语言的准确提炼，更反映了原真性的保护思想在我国不断深入地发展。

进入21世纪，在总结我国大约从20世纪30年代以来文化遗产保护的工作经验，以及参照1964年《威尼斯宪章》等国际文化遗产保护的重要文件，于2000年制定了基于《文物保护法》体系之下的《中国文物古迹保护准则》，其中详细阐述了“不改变文物原状”原则的原真性保护思想，指出“保护的目的是真实、全面地保存并延续其历史信息及全部价值；所有保护措施都必须遵守不改变文物原状的原则；必须原址保护；尽可能减少干预；保护现存实物原状与历史信息；按照保护要求使用保护技术，独特的传统工艺技术必须保留”等；并进一步在《关于〈中国文物古迹保护准则〉若干重要问题的阐述》中对文物古迹的原状作出全面解释，包括：实施保护工程以前的状态；历史上经过修缮、改建、重建后留存的有价值的状态，以及能够体现重要历史因素的残毁状态；局部

① 梁思成. 闲话文物建筑的重修与维护[J]. 文物，1963（07）：5-10.

② 李晓东. 文物工作历史概念辨析[N]. 中国文物报，2007-10-19[03]. 转引自：高天. 中国“不改变文物原状”理论与实践初探[J]. 建筑史，2012（01）：177-184.

坍塌、掩埋、变形、错置、支撑，但仍保留原构件和原有结构形制，经过修整后恢复的状态；文物古迹价值中所包含的原有环境状态。

2005年，在曲阜召开了当代古建学人第八届兰亭叙谈会和《古建园林技术》杂志第五届二次会议，最终以罗哲文先生为代表的国内知名文化遗产保护专家们共同发表了《关于中国特色文物古建筑保护维修理论与实践的共识》（亦称：《曲阜宣言》），其中再次明确了“不改变原状”的原则是文物古迹保护与修缮的根本原则，对文物保护修缮中“整旧如旧”“修旧如旧”提法的准确性提出了质疑，倡导学术界用法律界定的规范、准确、科学的“不改变原状”词汇来表述文物古建筑修缮的原则；面对学术界仍广泛存在界定“原状”的困扰下，明确指出“‘原状’应是文物建筑健康的状况，而不是被破坏的、被歪曲和破旧衰败的现象，衰败破旧不是原状，是现状，现状不等于原状，不改变原状不等于不改变现状，对于改变了原状的文物建筑，在条件具备的情况下要尽早恢复原状”，并进一步指出“对于损坏了的文物古建筑，只要按照原型制、原材料、原结构、原工艺进行认真修复，科学复原，依然具有科学价值、艺术价值和历史价值，按照‘不改变原状’的原则科学修复的古建筑不能被视为‘假古董’。”[①]《曲阜宣言》的主要贡献体现在：进一步理清学术界对于文物建筑“原状”界定的混乱状况，并积极提出了“不改变原状”的“四原”基本原则。

通过上述分析不难发现，在文化遗产的保护中，我国遵循的“不改变原状”原则与国际上普遍遵循的“原真性”原则其实在内涵与本质上大体相同，只是“不改变原状”主要是国内惯用的一种提法，“原真性”的提法则更趋国际性，且国内“不改变原状”内涵的发展过程中诚然也深受国际上“原真性”相关阐述的影响。

（四）本书对历史文化遗产“原真性”的理解

本书基于国内外学术界关于历史文化遗产“原真性”的重要阐述，认为在历史文化遗产保护体系内“原真性”的概念至少涵盖以下内容：1）包括历史文化遗产原初的与后续的各个历史时期合理的、适当的变化与叠加；2）反映历史文化遗产可信的、真实的信息源；3）“原真性”是历史文化遗产保护与修复规划、评估等的基本因素与重要原则之一；4）“原真性”要基于各自文化的文脉关系之中理解，应尊重与强调文化多样性与文化遗产多样性；5）包括历史文化遗产承载的客观空间实体和使用者的生活形态等，即包含物质与非物质两方面的内容。

① 关于中国特色文物古建筑保护维修理论与实践的共识——曲阜宣言[J]. 古建园林技术，2005（04）：4-5.

二、“历史风貌欠完整传统村镇”的概念

为清晰约定与明确本书“历史风貌欠完整传统村镇”的概念，在此有必要将文中“历史风貌欠完整传统村镇”的主要特征进行适当的解释与说明：一是整体传统格局遭受破坏；二是历史遗存大体已呈零散状分布且兼有局部集中；三是这类传统村镇当地居民的历史环境保护意识相对较弱等。

第二章 沙湾古镇的形成背景与发展演变概述

第一节 沙湾古镇的形成背景

一、地理背景

沙湾古镇地处今广东省广州市番禺区中西部，即珠江三角洲偏南端，毗邻珠江入海口。据唐代李吉甫《元和郡县图志》中关于广州“八到”的记载：“正南至大海七十里。”①唐代里的计算方式一般分大里与小里两种，大里一里约531米，小里一里约442.5米②。按唐制里程推算，广州正南七十里大约在今沙湾至顺德大良一带，故可推断唐代以前沙湾古镇所在地很可能是以青萝嶂为中心的一个孤僻海岛（图2-1）。据宋代邓光荐《浮墟山记》中记载：“番禺以南，海浩无涯，岛屿洲潭，不可胜计”③。故可推断大约在宋代沙湾古镇以北已冲积成陆，从此孤岛与内陆板块连接起来，并形成了一块以青萝嶂及周边山岗围合的半月形台地（图2-2）。现今仍大体可见，沙湾古镇西北部紧临青萝嶂群山，大约由大小不一的99个山头组成，主峰鹰冠髻海拔高达198.2米，全镇地势西北高而东南低，四面环水，水网密集、纵横交错，区域内呈现出丘陵、平原以及水网地带的多种地貌特征④。得益于沙湾古镇天然良好的山水环境、周边不断冲积成陆的肥沃土地以及临海丰富的渔业资源等得天独厚的自然条件，促使沙湾古镇历史上成为了岭南沿海地区远近闻名的、富饶的山水村镇、鱼米之乡。然而，毗邻珠江口的沙湾古镇，所属地为亚热带海洋性季风气候，雨水十分充沛，因而主要受暴雨、上游洪水侵入

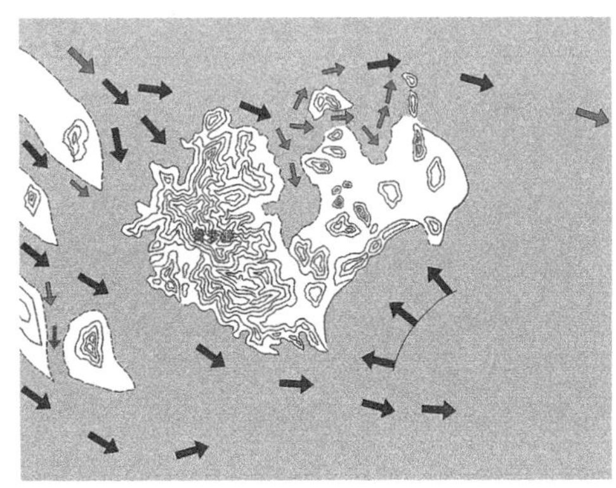
图2-1　唐代以前沙湾古镇地貌推测图⑤

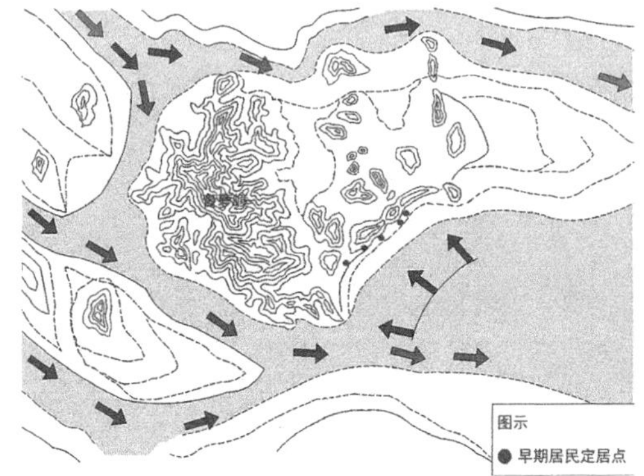

图2-2　宋代沙湾古镇地貌推测图⑥

---

① （唐）李吉甫. 元和郡县图志[M]. 贺次君，校. 北京：中华书局出版，1983：886.

② 胡戟. 唐代度量衡与亩里制度[J]. 西北大学学报（哲学社会科学版），1980（04）：39-40.

③ （清）康熙:《香山县志》卷八，（宋）邓光荐:《浮墟山记》. 转引自：吴建新. 珠江三角洲沙田史若干考察[J]. 农业考古，1987（01）：198-208.

④ 中国广州市番禺区沙湾镇委员会，广州市番禺区沙湾镇人民政府. 沙湾镇志[M]. 广州：广东人民出版社，2013：53-62.

⑤⑥ 由华南理工大学历史环境保护与更新研究所提供。

等自然灾害因素影响，历史上易造成古镇周边水灾频发，这曾对古镇长时期的演变与发展产生了较大影响，导致古镇早期的聚居区主要依附于山边较高的台地上。

二、社会政治背景

（一）封建土地私有制利于大宗族集中占有土地

早在春秋战国时期，秦国秦孝公继位，商鞅变法，实行“废井田、开阡陌”政策时，中国已正式拉开了私有土地合法化的序幕，从此土地私有制成了中国历史上最主要的土地所有权制度。在中国封建土地私有制的背景下，造成大量的土地集中到少数人手中，正如史学家常以“富者田连阡陌，贫者无立锥之地”来形容这一现象。著名经济史学家赵冈先生等在其所著的《中国土地制度史》一书中分析：土地私有制的租税制度是造成土地高度集中的主因，中国封建社会以农业经济为主，农业生产者税赋向来偏重，工商业者只承担些许杂税而以，中国封建社会历朝农业税大体沿袭“土地税”①与“人头税”②两套租税系统，在这些赋役的重压之下及历朝不时发生的社会动荡与自然灾害等不稳定因素，一般农民在很小一块田地上进行生产，每年的净所得难以稳定维持缴纳租税，有时土地已不是资产而是一种负债，农民或者小土地所有者在无法扩大其土地拥有量的情况下，只好放弃土地、逃避纳税，更多是将他们的土地献给富豪，以求荫庇，从富豪的立场看，田产愈大，缴税后的报偿也愈高，更何况在很多朝代，富豪因政治地位或官职还具有免除赋役的特权等③。

在沙湾古镇的传统社会中，封建土地私有制促成大宗族集中占有土地这一现象尤为明显。一方面，沙湾古镇五大官宦贵族世家凭借政治地位与社会地位足以牢牢控制着该区域周边的土地所有权。例如，获封“番禺开国男”的宋探花李昴英之子，宋进士李志道于南宋濒临灭亡之际，输粟益兵迎宋端宗，因忠而受赏番禺（包括沙湾）、南海等地各县田地共8000余顷，之后子孙“批耕”田产给佃农，以收租经营为主④。另一方面，珠江口附近沙田易受自然灾害等不利因素影响，一般农民难以在小块土地上进行稳定的农业生产及缴纳相应的税赋，进一步导致沙湾古镇五大宗族集中占有其周边大量区域的土地所有权。

（二）宗族制与里甲制下的地方基层自治

纵观沙湾古镇历史环境的主要形成时期，即大约从南宋末年开村至“土地改革”前

① 不论实际生产量，每亩课征定额税。

② 按劳动力为单位，即所谓“丁”者课征，或是按法定的标准户来课征。

③ 赵冈，陈钟毅. 中国土地制度史[M]. 北京：新星出版社，2006：15.

④ 中国广州市番禺区沙湾镇委员会，广州市番禺区沙湾镇人民政府. 沙湾镇志[M]. 广州：广东人民出版社，2013：177-178.

近800多年的时间内，正是中国广大农村逐渐推行实施宗族制度治理基层社会的时期。早在北宋中叶，张载、程颐等著名理学家就明确提出家族制度由三个方面构成：一是以血缘关系为纽带组织宗族，宗族内设“宗子”；二是立家庙，即后来家族制度中的宗祠；三是立家法[①]。明嘉靖十五年（1536年），礼部尚书夏言上书《令臣民得祭始祖立家庙疏》，之后全国各地宗祠兴建盛行[②]。之后，清康熙九年（1670年）十月颁布宣讲“圣（上）谕十六条”及清雍正二年（1724年）雍正帝对十六条详加解释形成的万言《圣谕广训》，基本正式确立了稳定广大农村社会秩序的宗族制度[③]。在沙湾古镇的传统社会中，宗族制一直起到至关重要的作用。在宗族制的强烈影响下，沙湾形成了以“何、李、黎、王、赵”五姓官宦贵族世家主导的主姓村镇，各自分别以族长（或称：族正）、宗祠、族谱、族田等方面构建成封建社会小团体，并于清嘉庆十四年（1809年）由这些封建社会小团体共同组成了封建统治阶级认可的村镇级地方行政自治机构“仁让公局”（图2-3），成为维持当地礼制伦常、治安等社会秩序的主要基础。据当时知县李福泰为“仁让公局”所撰碑文内容：“无事则型仁讲让，有事则同仇敌忾，扶名教，植纲常，守一隅，捍城邑”[④]，及立于“仁让公局”外的“四姓公禁碑”“禁赌白鸽票碑”“禁牧耕牛碑”之内容（表2-1、图2-4），均可证实沙湾古镇形成了由宗族制主导的村镇地方行政自治机构。

图2-3　沙湾古镇“仁让公局”现状

① 李秋香. 培田村宗祠等级与职能探究[R]. 杭州：新农村建设中乡土建筑保护暨永嘉楠溪江古村落保护利用学术研讨会，2007.

② 同①。

③ 常建华. 清代宗族“保甲乡约化”的开端——雍正朝族正制出现过程新考[J]. 河北学刊，2008（06）：65-71.

④ 中国广州市番禺区沙湾镇委员会，广州市番禺区沙湾镇人民政府. 沙湾镇志[M]. 广州：广东人民出版社，2013：84.

“仁让公局”东墙外碑文内容与说明[①] 表2-1

碑名	内容	说明
白鸽票、花会公禁碑	白鸽票、花会屡奉宪禁，乡内倘有胆敢故犯，及改换名目仍行开设等弊，除查封房屋变价充赏外，一并究办容留之人。有能拿获开字棍徒利到局者，赏花红银一百两，立将其人送官究治，决不姑宽。特此勒石永远为例。同治十年十二月廿二日　仁让局公禁	“白鸽票”和“花会”是清代在南方流行的赌博方式，为禁绝此种赌风，免致祸害乡民，作为清朝乡村级地方自治行政机构的“仁让公局”特立奖罚之例铭刻于碑，公示永禁
四姓公禁碑	我乡主仆之分最严，凡奴仆赎身者，例应远迁异地。如在本乡居住，其子孙冠婚、丧祭、屋制、服饰，仍要守奴仆之分，永远不得创立大小祠宇。倘不遵约束，我绅士切勿瞻徇容庇，并许乡人投首，即着更保驱逐，本局将其屋宇地段投价给回。现因办理王仆陈亚湛一款，特申明禁，用垂永久。光绪十一年五月中浣　仁让局何、王、黎、李四姓公禁	陈亚湛一事，民国前后的县志均无记载，而据老人回忆，陈亚湛等为乡中三槐里王氏之祠仆（即“祠堂介”，或称“家生娣”），因在乡中致富，赎身后便在今沙湾戏院的空地上建“陈氏宗祠”，正因碑中所说的“主仆之分最严”而引发乡中大姓出面干预，并拆去其所建祠堂。反映了沙湾古镇大宗族严控自身居住区
禁牧耕牛告示碑	向来各围口耕牛不准搬回村内牧养，以免残害山坟路坐，兹申明禁。嗣后倘仍然故违，任人拏获带示本局，每只赏给花红银八大元，其银即出在该牛只身上，永远作为定例。光绪六年□月□日　仁让局禁	对沙湾古镇违反耕牛牧养者施以惩罚，以及给予举报者赏银

注：□表示未能识别的文字。

图2-4 “禁牧耕牛”（左）、“四姓公禁”（中）、“白鸽票、花会公禁”（右）碑

在沙湾古镇的传统社会中，还有另一种社会制度长期维持并发挥重要作用，即明朝初期明太祖朱元璋为规范地方基层社会的权利结构开始在全国范围推行的里甲制。据《明史》中记载：“（明太祖）以一百十户为一里，推丁粮多者十户为长，余百户为甲，甲凡十人，岁役里长一人，甲首一人，董一里一甲之事，先后以丁粮多寡为序，凡十年

① （清）张廷玉，等. 明史[M]. 北京：中华书局出版，1878：483-484.

一周，曰排年”[①]。这套制度，要求以“户”为单位，以里甲为地方基层组织为国家征收田赋、应充正役及各种杂役等。随着明朝中后期，商品经济的繁荣发展，土地买卖活动不断加剧，史学界不少学者认为，里甲制度到清代已瓦解与废弛[②]。但亦有学者指出，在珠江三角洲及其他许多地区，里甲制（清代文献一般称为图甲制）不但保留下来，而且还是一种比保甲制更为重要的地方制度，只是里甲制本身表现出变质，随着明中期以后“摊丁入地”等一系列的赋役改革及宗族组织职能的强化，构成里甲基本单位的“户”的性质发生了衍变，“户”从起初主要指一户家庭衍变为包括两个以上的家庭乃至整个家族，里甲形式并不一定意味着取消[③]。在沙湾古镇，里甲制甚至一直沿用至民国年间。据《沙湾镇志》中记载：“民国8年（1919年）曾公布过保甲制，但沙湾与邻近几个乡村，仍以族正和前清时期坊里制（当地人惯用“坊里制”或“里坊制”代称“里甲制”）中的‘里正’（亦称：里长）为有效统治者”[④]。

沙湾古镇宗族势力十分发达，里甲制的职能又较易于以血缘关系为纽带的宗族组织下统筹协调。因此，古镇的里甲制深受宗族制影响，其基本以宗族组织编成，多由一个宗族及其支派成员共同使用与支配里甲户籍，里甲户籍俨然已成为宗族组织的代名词，甚至大到一里范围都基本为同一血缘的宗族成员所独占，而小到一甲则体现出同一宗族内血缘亲疏关系的进一步空间划分。可以说在沙湾古镇的传统社会中宗族制与里甲制为主导其历史环境形成的关键因素之一。

三、经济背景

（一）宗族集团式土地经营主导下的农业经济

沙湾古镇几大宗族主要在宗族组织下进行集团式土地经营，即以一个宗族或一个纳税户承耕、管理大量土地以及围垦造田的经营模式，正如沙湾古镇何氏宗族直至民国期间都是以“留耕堂”一个纳税户承包全族田赋[⑤]。沙湾古镇集团式土地经营模式的普遍形成，究其原因主要有以下三种：第一，因沙湾古镇毗邻珠江口，周边不断形成可供耕种开发的大量沙田，在沙田等资源的争夺中，显然以强大宗族为组织的集团式土地经营更具实力与优势；第二，因大宗族政治地位、社会地位相对显赫，且历史上族群中不断涌现出众多当朝官员，促使以大宗族为一个纳税户，具有免除、减轻部分赋役的特权；第三，在具体的农业生产时，几大宗族成员整体上主要为负责经营管理的地主阶级，不

---

① （清）张廷玉，等. 明史[M]. 北京：中华书局出版，1878：77.
② 孙海泉. 论清代从里甲到保甲的演变[J]. 中国史研究，1994（02）：59-68.
③ 刘志伟. 明清珠江三角洲地区里甲制中“户”的衍变[J]. 中山大学学报（哲学社会科学版），1988（03）：64-73.
④ 中国广州市番禺区沙湾镇委员会，广州市番禺区沙湾镇人民政府. 沙湾镇志[M]. 广州：广东人民出版社，2013：85.
⑤ 中国广州市番禺区沙湾镇委员会，广州市番禺区沙湾镇人民政府. 沙湾镇志[M]. 广州：广东人民出版社，2013：173.

直接从事具体的农耕工作，大多将土地租佃给佃农（当地人惯称“疍民”）而收取高昂的地租，集团式土地经营更利于整体上的管理与协调，同时也利于降低经营成本。

在封建社会体制的大背景下，沙湾古镇几大宗族集团式土地经营模式下主导的农业经济，促使几大宗族垄断式地积聚了大量土地，在给他们带来巨大财富的同时，也成就他们成为了岭南沿海地区的名门望族，其中尤以何族为首。在对沙湾古镇当地长者的调研访谈中，他们常得意地述说着先辈们富裕的生活条件，大致内容为：“沙湾何氏宗族成员即使一年足不出户进行农业生产，生活也不用发愁，凭借太公‘分荫’，沙湾何，有仔唔忧无老婆等”。据《沙湾镇志》记载，至民国时期何氏留耕堂宗族拥有族田面积高达56476亩，此外何氏各小宗祠还拥有族田约30000亩[①]。又据原番禺区文化馆馆长、当地著名民俗学者梁谋先生访谈回忆，沙湾何氏大宗族留耕堂历史上曾给予族内每位男丁每年一份丰厚的“分荫”（每份“分荫”为7亩田租的价值，约合125两白银），族内60岁长者可获两份“分荫”，80岁长者更可获四份“分荫”，以此成倍递增，族内成员一旦考取功名后，“分荫”也成倍往上翻，秀才可获得两份“分荫”，举人可获得四份“分荫”，晋升为进士更可获得高达八份“分荫”之多[②]。（图2-5）

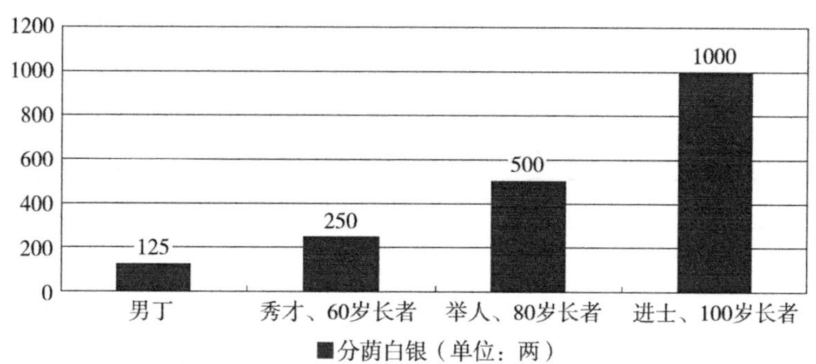

图2-5　沙湾何氏留耕堂“分荫”状况

另据1946年沙湾乡人口统计情况所示男性共计5497人，[③]除去其他几大宗族男性成员，何氏留耕堂高达56476亩的族田，足以支撑族内每位男丁每年所获约合7亩田租价值的“分荫”及其他额外的“分荫”。因此，梁谋先生所述的沙湾何氏留耕堂“分荫”法，经推敲还是具有较高的可信性。沙湾古镇大宗族集团式土地经营主导下的农业经济，不仅仅给宗族成员带来了巨大的财富，同时在此基础上也建立起了强大的宗族制度、宗族文化及耕读入仕文化等。

① 中国广州市番禺区沙湾镇委员会，广州市番禺区沙湾镇人民政府．沙湾镇志[M]．广州：广东人民出版社，2013：174-176.

② 凤凰卫视．凤眼睇中华·走进沙湾古镇[DB/OL]．http://v.ifeng.com/history/wenhuashidian/201301/ac590a34-c573-4e27-9a4e-9f9fd9a5d398.shtml，2013-01-25.

③ 中国广州市番禺区沙湾镇委员会，广州市番禺区沙湾镇人民政府．沙湾镇志[M]．广州：广东人民出版社，2013：76.

（二）发达的小商品经济

图2-6 沙湾"砌市街石碑记"

沙湾古镇几大宗族成员生活普遍富裕，促使当地的小商品经济十分发达。据《沙湾镇志》记载，早在宋元期间沙湾古镇内已有墟场，即各方商品集中在镇内固定场所自由买卖；明弘治年间（1488～1505年）已铺石建立真正的传统街市，既有商号，亦有固定摊贩，长期开设；清乾隆56年（1791年）乡众集资大规模重修了历百年有余的安宁市街，并立有《砌市街石碑记》石碑（图2-6、附录1），现仍存于沙湾古镇安宁东街"武帝古庙"东侧墙壁上；中华人民共和国成立前，沙湾古镇曾形成安宁市、永安市、云桥市、三槐市、萝山市、第一里市六大传统街市及部分墟场①。仅从沙湾古镇六市之首安宁市30年代品种繁多的店铺记载情况看（表2-2），便可想象当时镇内日夜繁华的街头景象，及足以证实在传统社会中沙湾古镇的小商品经济确实发达。

30年代沙湾安宁市店档简况表② 表2-2

行业		商号	备注
饮食业	茶楼	冠南楼、富贵楼、汇源楼、白云、意合、三兴、汉记、大南、金龙	其中"大南"沦陷时毁于火，"金龙"建于沦陷时
	饼铺	鸿昌、富昌、源昌、均昌、源聚、南昌、其昌、信昌	大多前店铺后作坊，每日午间出炉新鲜饼食。兼制作中秋月饼、婚嫁礼饼
	甜品店	全记、琛记、同记、珠记、彬记、章记、波记、锦记	主营鲜水牛奶制品，后两店专营绿豆沙、杏仁茶、芝麻糊
	粥粉店	吉记、生记、利威、康记、兴记、文园、广州、窝记、柏记	
	面店	威记、忠记、但记、照记	专营云吞全蛋面、鱼皮角、鸭腿面、礼云子面、牛腩面等
	餐馆	渠记、三记、威记、生记、吉记	早、午、晚开市
粮油	米铺	信兴、福成、义信、大卫、利记、合兴、阜恒、德兴、德泰、恒记、福和、同安、鸿合、顺成隆、恒丰、恩记、同昌、利丰隆、三阜	部分米铺经营酿酒，并设谷仓代存批量较大的稻谷，亦多兼营食油（花生油）

① 中国广州市番禺区沙湾镇委员会，广州市番禺区沙湾镇人民政府. 沙湾镇志[M]. 广州：广东人民出版社，2013（01）：215-221，448-451，479-480.

② 中国广州市番禺区沙湾镇委员会，广州市番禺区沙湾镇人民政府. 沙湾镇志[M]. 广州：广东人民出版社，2013（01）：218-219.

续表

行业		商号	备注
食品	海味杂货店	合益栈、信昌、海记、利益、和合、大昌、裕城、安发隆、源聚、德记、富昌、南昌、琪记、鸿昌、广安、公昌、晋隆	部分兼营饼食
	烧腊店	锡记、禧记、棠记、滋味阁	锡记兼营狗肉，禧记兼营卤水。铺后为作坊，自宰自卖
	肉店	顺安、大生、合隆、就合、昌隆、新记、稔记、友记合	以猪肉为主，兼营牛羊肉“烧肉”等，只开上、下午两市
	鱼档	约25档	以长期摊档为主
药店（馆）		太和堂、平安轩、仁和堂、延寿堂、悦来堂、采生堂、培元堂、永安堂、永生堂、仁寿堂、回春堂	个别药铺有中医生坐诊，大多数开夜市
百货业	布疋	华纶、丽华、纶兴	
	百货	大利纶、怡纶、永和昌	都开夜市
银信业	银号	阜隆、征信、广信、建安、同丰、裕诚、阜恒、兆安、鸿生、安兴	属银行性质
	当押	福安、德安、利生	福安当在20世纪30年代初遇洗劫，损失极大
	首饰	福安、德兴	经营金银首饰为主，兼营来料加工

注：表中只举其大略，诸如豆腐店、烟丝店、纸料店、绘画店等未有列入。

四、文化背景

（一）耕读入仕文化

在尤为重视农业生产的封建社会，沙湾古镇至南宋成村以来，耕读入仕文化就已蔚然成风，形成以耕促读、以读反耕、耕读传家的传统。沙湾古镇宗族以何氏为首，耕读入仕文化也最具代表性，象征着何氏宗族最高精神产物的大宗祠就取名为“留耕堂”，祠前原矗立着众多何氏族人考取功名的旗杆，现木质杆与旗帜已失，石制基础仍尚存（图2–7），祠内建有题表“诗书世泽”“三凤流芳”[①]的仪门（图2–8），原仪门两旁悬挂木刻对联：“阴德远从宗祖种，心田留与子孙耕”，现原物已失，重修时重刻此联悬挂于后殿，原处现已改挂它联，殿内中殿屋架下更挂满何氏族人历代考取功名的众多牌匾（图2–9），祠后文屋山上建有供宗族子弟免费学习的“何氏书院”，现今已改为“象贤中学”（图2–10），这无一不是体现何氏宗族崇尚耕读入仕文化的有力证据。在崇尚

① “三凤”指何氏得姓后第五十代的何棠（又名何集）、何栗、何椝兄弟三人，三人在北宋政和年间同中进士，题表“三凤流芳”，意在盼望后继族人以族内先贤为表率，奋发图强。

图2-7　沙湾“留耕堂”前旗杆夹

图2-8　沙湾“留耕堂”内仪门正面

图2-9　沙湾“留耕堂”中殿内景

图2-10　沙湾象贤中学（原为“何氏书院”）

耕读入仕文化的背景下，从南宋至清代，仅沙湾古镇何氏一族至少登科进士8人、省元1人、举人35人、副榜13人之多，这在中国传统社会的村镇中实属罕见（附录2）[1]。沙湾古镇其余几大宗族同样重视耕读入仕文化，如王氏一族，有乡人津津乐道的明代“父子进士”王渐逵与王原相，王渐逵还在西村筑室授徒，以供族人、子弟学习，位于镇内西村三槐里的“王氏大宗祠”内也建有题表“笃生名宦”“世毓乡贤”的仪门（图2-11、图2-12）；又如黎氏一族历代科第绵绵，历史上族内曾建有供族内子弟免费学习的“京兆书室”，位于镇内东村经术里的“黎氏大宗祠”内同样建有题表“文学流风”的仪门（图2-13）；从沙湾古镇几大宗族乐于在精神意义重大的大宗祠内兴建表彰宗族子弟考取科举功名的仪门及广泛兴办族内免费学堂、私塾（图2-14）等综合情况看，反映出传统社会中几大宗族对耕读入仕文化的推崇备至。

沙湾古镇耕读入仕文化之所以盛行，首先，固然是封建社会体制的大背景造成，众

① 中国广州市番禺区沙湾镇委员会，广州市番禺区沙湾镇人民政府．沙湾镇志[M]．广州：广东人民出版社，2013（01）：287.

图2-11　沙湾王氏大宗祠内仪门正面

图2-12　沙湾王氏大宗祠内仪门背面

图2-13　沙湾黎氏大宗祠内仪门正面

图2-14　沙湾传统私塾复原内景

多史学家早已论述颇多，在此不再赘述；其次，沙湾古镇自身具有良好的经济基础，促使历史上多数宗族子弟基本都能够免费享受族内开设的公益学堂，且一旦考取功名后，还能获得比族内一般男丁更为优厚的“分荫”，尤其是何氏宗族子弟中考取功名者即使不入仕途，仅凭借族内提供的丰厚“分荫”，生活也能过得十分优越，这必然大力推动镇内耕读入仕文化蔚然成风；再次，几大宗族要保持长期兴旺发展，尤其在与外部势力竞争开发周边沙田等方面，离不开耕读入仕文化带来有力的社会政治地位保障，从而根本上导致几大宗族极其重视与推崇耕读入仕文化。

（二）宗族文化

在整个岭南沿海地区的传统村镇中，沙湾古镇强盛的宗族文化也可谓首屈一指，极具代表性。沙湾古镇不仅形成了以宗族制为主导的、强有力的地方自治行政机构“仁让公局”，还凭借祠堂、族谱、族约、族田、宗族“分荫”及其他各种宗族福利等创造出了强大的宗族文化。这可从历史上沙湾古镇兴建了众多集中反映宗族文化精神的、大大小小的精美宗族祠堂这一现象得以证实。据《沙湾镇各村的祠堂一览表》（表2-3）可知，历史上沙湾古镇所在地，即今沙湾东村、南村、西村、北村覆盖的大致范围内，共建有大小祠堂112座，除一座北帝祠为供奉北方真武玄天上帝的祠堂和一座忠烈祠为纪念沙湾抗日牺牲乡勇的祠堂外，其余110座均为宗祠，现今仍有56座存留[①]。

沙湾古镇东村、南村、西村、北村祠堂一览表[②] 表2-3

祠堂名称	坐落地点	备注	祠堂名称	坐落地点	备注
东村现存祠堂（共计：18座）					
黎湘泽祠	经术里上街	—	何氏十世祠畦乐堂	第一里大街	—
黎锡嘏堂	经术里上街	—	何运恒祠	江陵里大街	—
李久远堂	经术里上街	存头门	赵氏家祠	江陵里大街	—
黎直庵祠	经术里上街	—	何翰林祠	市东坊大街	—
何畿南世宦	市东坊大街	存后座	何存著堂	朱涌大街	—
何东溟祠	市东坊大街	—	何悠远堂	朱涌大街	—
何古轩祠	朱涌大街	—	何志腾祠	朱涌大街	—
黎临川祠	经术里下街	—	北帝祠	东安里	—
黎天海祠	第一里大街	—	何永祚堂	鸿溪里大街	—
东村已拆祠堂（共计：9座）					
黎永锡堂	经术里上街	—	何仰谷堂	朱涌大街	—
黎世德堂	经术里上街	—	何仰山祠	经术里上街	—
何绍山祠	市东坊大街	—	何超然祠	经术里上街	—
何通判祠	市东坊大街	—	何昌后堂	市东坊大街	—
李释庵祠	市东坊大街	—			
南村现存祠堂（共计：2座）					
何福荫堂	侍御坊下街	—	何振昌堂	亭涌里汇源街	—
南村已拆祠堂（共计：18座）					
何直云祖	亭涌里汇源街	—	何孝思堂	石狮里市场	—
何德作祖	亭涌里汇源街	—	何宜六堂	宜六巷	—
何氏祖祠	安宁中街	—	何健庵祖	石狮里大街	—
何锦屏祠	安宁中街	—	何翠岩祖	侍御坊下街	—
何肯构堂	侍御坊下街	—	何姑婆祠	石狮里大巷涌	—
何侯成祖	侍御坊下街	—	李纯庵祖	亭涌里下街	—
何成田祖	亭涌里逢源巷	—	何维则堂	石狮里清水井	—
何松香堂	亭涌里高第街	—	何宝藏祠	大巷涌	—
何北厅	亭涌里高第街	—	忠烈祠	大巷涌	—

①② 中国广州市番禺区沙湾镇委员会，广州市番禺区沙湾镇人民政府．沙湾镇志[M]．广州：广东人民出版社，2013（01）：566-568.

续表

祠堂名称	坐落地点	备注	祠堂名称	坐落地点	备注
西村现存祠堂（共计：12座）					
何节奇祖	三桂涌北	—	王乡贤祠	三槐里大街	—
何南川祠	三桂涌北	—	王锡类堂	三槐里上街	—
何贻燕堂 何燕翼堂	萝山里大街	存后座	王家大祠	三槐里下街	—
何孔安堂	萝山里大街	—	王绎思堂	文溪里大街	存中后座
何宗濂祠	萝山里大街善堂巷	—	李贻谷祠	文溪里大街	—
何志蕴祖	萝山里大街	—	李芳庵祠	文溪里大街	存头门
西村已拆祠堂（共计：15座）					
何追远堂	萝山里大街	—	王七世祖祠	文溪里大街	—
何流芳堂	萝山里大街	—	李维爱堂	文溪里大街	—
何崇敬堂	萝山里大街	—	李汇苍祠	文溪里大街	—
何积善堂	忠心里大街	—	王明禋堂	文溪里后街	—
王君吾祠	三槐里下街	—	王仰周堂	三槐里下街	—
王二宅祠	文溪里大街	—	王镇明祠	三槐里下街	—
王良叟祠	文溪里大街	—	何流光堂	三槐里下街	—
何庆泽堂	忠心里大街	—			
北村现存祠堂（共计：24座）					
何留耕堂	翠竹居庐江周道	—	何惠岩祖	车陂街	—
何申锡堂	翠竹居庐江周道	—	何志鹏祠	车陂街	—
何时思堂	翠竹居庐江周道	—	何炽昌堂（新）	车陂街	—
何怀德堂	承芳里下街	—	何念慈堂	西安里	—
何光裕堂	亚中坊大街	—	何永裕堂	承芳里大街	—
何宗浩祠	亚中坊大街	—	何街祠堂	承芳里大街	—
何志观祠	鹤鸣里大街	—	何永思堂	安宁西街	—
何珠海祠	鹤鸣里大街	—	何超美堂	鹤鸣里大街	—
何炽昌堂 （旧）	官巷里大街	—	何贻昌堂	鹤鸣里大街	—
何锡纯堂	官巷里大街	—	何黄皮厅	安宅里	—
何福堂祖	安宁西街	—	何仪存厅	庐江周道	—
何衍庆堂	安宁中街	存中后座	何南宅堂	公局巷	—
北村已拆祠堂（共计：14座）					
何顾言祠	官巷里大街	—	何礫昌堂	近如意巷	—
何郡侯祠	安宁中街	—	何斋愉堂	官巷里大街	—
何义山祖	承芳里大街	—	何学齐祠	官巷里大街	—
何广德堂	亚中坊	—	何种德堂	文峰巷口	—
何悦敢祖	凌云巷	—	何燠堂祖	槐花巷	—
何兆修堂	近凌云巷	—	何思成堂	亚中坊敦厚里	—
何锦泽堂	卖鱼巷	—	何叔浑祠	文林坊	—

（三）疍民文化

在沙湾古镇的文化背景研究中，较容易引起人们注意的是镇内强盛的宗族文化，而往往易忽略与宗族文化相伴的、"草根阶层"的疍民文化。何谓"疍民"，在封建社会中，主要指沿海地区水网密集地依水而居的贫困劳动阶层，他们没有土地与永久居住地，依靠佃租地主土地从事具体的农耕工作及部分渔猎工作，主要以出卖劳动力为生，且绝大多数的疍民为未经官方登记的"无籍之徒"，社会地位十分低下，更无参与政治的权利。在沙湾古镇，因其临海且周边水网密集的缘故，历史上几大宗族成员基本统称周边的佃农或农民为"疍民"，又因他们居无定所，又饮咸卤的河水，宗族成员还常带有贬义的称他们为"水流柴"。

封建土地私有制下大宗族集中占有土地及宗族集团式土地经营主导下的农业经济，离不开大量疍民佃租土地为其从事具体的农耕工作，几大宗族的繁荣昌盛离不开大量疍民的廉价劳动，二者之间存在主导与被主导、剥削与被剥削的紧密联系，相互依存。疍民文化，在封建社会中，体现了贫苦劳动阶层的文化与生活状况，或许不及宗族文化那么光彩夺目，但却为沙湾古镇中不可忽视的一股力量，是不能忽略的、真实存在的"草根文化"。

（四）民间信仰

相信游历过广东广府地区尤其是游历过沙湾古镇的人们，只要稍加留心，似乎可以在任何的空间场景中看见各式各样的"神位"供奉（图2-15、图2-16）。"神"是不存在的，"神"都是反映人们意愿的精神产物。黑格尔曾将东方与此类似的现象描述为"泛神论"、或"泛神主义"（英文：pantheism）[1]。在沙湾古镇的公共空间中，沙湾人不仅

图2-15　沙湾古镇巷边安置的众"神"像

图2-16　"门口土地财神"

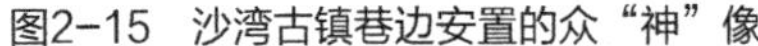

① 余锐. 黑格尔论东方艺术中的"泛神主义"[J]. 三峡大学学报（人文社会科学版），2010（03）：72-75.

按人与自然和谐思想形成了“五位四灵”的环境模式，又有保平安的“观音”、保风调雨顺与国泰民安的“北帝”、保获取功名的“魁星”与“文昌帝君”、保财禄的“财神爷”、保里坊的“社稷坛神位”，此外还有“关帝”“康公”“天后”“火神华光”“济公和尚”等庙宇。在私人住宅中，进门有门神，门前有土地神，门内有门官土地神，天井有天官神，井中有井泉龙神，灶台有灶君神，厅内有地主神，以至大床下还有亚婆神（床头神）等①；经调查发现大多数“神位”位置的具体选择都比较讲究，多依据人们意愿的功能安置于特定位置。沙湾古镇“神灵”众多，分析历史上“神位”的具体安置位置及其中反映出的人们的意愿，有助于解读沙湾古镇传统社会中人们对于自身空间的营建思想与潜在的空间格局秩序。

（五）外来文化

广州，古曾称番禺，自古以来就为我国对外贸易最重要的港口之一，清中后期清廷实行全国性禁海贸易政策，仅允许西洋人在广州“一口通商”，促使广州及周边地区成为当时最先、最易受外来文化影响的区域之一。沙湾古镇紧邻广州贸易口岸，尤其在清末民初期间，一些富裕的宗族成员在海外经商、游历、求学，促使古镇开始吸收西洋文化。如乡人黎敏伯在镇中开办名曰“敏伯英文”的英文教育班，何厚琏游历美国后在镇内研制西方火车工业技术等②。但直至中华人民共和国成立前，外来文化的影响主要表现在一段历史时期内镇内兴建了一批融合了西洋建筑风格的新建筑类型等（图2-17、图2-18），颇有研究意义。

图2-17　沙湾鹤鸣巷3号

图2-18　沙湾经术路9号东侧民居

① 中国广州市番禺区沙湾镇委员会，广州市番禺区沙湾镇人民政府．沙湾镇志[M]．广州：广东人民出版社，2013（01）：526.

② 中国广州市番禺区沙湾镇委员会，广州市番禺区沙湾镇人民政府．沙湾镇志[M]．广州：广东人民出版社，2013（01）：293.

第二节 沙湾古镇发展与演变的历史进程分析

一、孤岛时期

据前文分析可知，唐代以前沙湾古镇所在地还是以青萝嶂为中心的孤僻海岛。不难想象，因小海岛内面积狭小、物质相对匮乏，又与内陆交通不便，故唐代以前该地很可能人迹罕至，早期或许只有渔民在此地短暂停留从事渔猎工作。

二、迁入

大约在宋代沙湾古镇以北已冲积成陆，从此孤岛与内陆板块连接起来，并形成了一块以青萝嶂及周边山岗围合的半月形台地，为人们在此定居提供了有利条件。据《沙湾镇志》记载，起初有几户散姓在沙湾古镇所在地开辟村落，之后渐次湮灭或迁出，而具体何时迁入，去向如何，暂未见任何正式记载，亦无从考证[①]。故大胆推测可能是：较早触及与了解此地的部分渔民为率先迁入沙湾古镇的先民，但因各种原因他们未能向官方合法获得这片冲积成陆新土地的所有权，之后被迫迁出。直至南宋末年，中原南迁移民“何、李、黎、王、赵”五姓官宦贵族世家，多为避时局动荡，先后辗转迁入，并通过官方渠道相继取得了合法的土地。据《沙湾镇志》记载：“绍定六年（1233年），何德明（沙湾何姓之始祖）纳价入常平司，承买得番禺沙湾的官荒田地、园场等处，率其子孙于此定居；宝祐年间（1253～1258年），李守道（李昴英次子）置番禺沙湾山场田地等处，田租万余石，其子光文始迁居沙湾；咸淳四年（1268年），黎南珍初居紫坭，后分居沙湾东部，是沙湾黎姓定居始祖；咸淳七年（1271年）王元甲从黄旗角（今番禺黄阁镇）始迁沙湾西村，是沙湾王姓人的始祖。”[②]另据，沙湾民众口耳相传，沙湾赵姓始祖为南宋王族后裔，南宋末年为躲避元兵的追杀隐居于此，这很可能是赵氏迁入此地却鲜有记载的原因。但仍可从明朝永历年间（1647～1661年）沙湾人士何如澄撰写的《原址考》中略知一二：“今（与何姓）同居此土者，有天潢世裔之赵，有忠简李公之华胄，有父子进士之王家，有科第绵绵之黎家。”[③]

---

① 中国广州市番禺区沙湾镇委员会，广州市番禺区沙湾镇人民政府．沙湾镇志[M]．广州：广东人民出版社，2013（01）：527.

② 中国广州市番禺区沙湾镇委员会，广州市番禺区沙湾镇人民政府．沙湾镇志[M]．广州：广东人民出版社，2013（01）：1-2.

③ 沙湾何氏宗谱编委．庐江沙湾何氏宗谱·居址考（打印本），由番禺沙湾文化站何润霖先生提供。

三、发展

基于中国历史发展大背景和《沙湾镇志》中“大事记”的记载等综合分析，沙湾古镇20世纪50年代前的发展可大致分为以下几个阶段：①元代时期。除至元十二年（1275年）何氏族人初建祖祠“留耕堂”（图2-19）外，沙湾古镇鲜有其他大型建设活动，很可能由于当时时局动荡，导致沙湾古镇整体发展相对缓慢，正如“大事记”记载留耕堂就于元季毁于兵燹。②明代早中期。社会经济得以恢复，时局相对稳定，且几大宗族子弟中又有多人考取功名，致使沙湾古镇步入第一次快速发展时期，期间几大宗族纷纷新建、重建或扩建祖祠；正如洪武二十六年（1393年）何氏“留耕堂”重修，嘉靖三年（1524年）黎氏子孙合力建“黎氏大宗祠”（图2-13），嘉靖三十六年（1557年）王氏族人始建祖祠“绎思堂”（图2-20），隆庆四年（1570年）李氏合族扩建祖祠“赐谥李忠简祠”（图2-21）等。③明末清初。沙湾古镇的发展曾一度变缓甚至倒退，是因为时局再次陷入动荡与社会经济下滑造成，尤其是期间发生的几次重大历史事件对其发展产生了极为严重的影响；正如顺治三年（1646年）沙湾古镇发生了严重的“奴变事件”，即各大宗族的奴仆联合反抗镇中富人，并展开杀戮、焚毁镇中祠堂等，五大宗族人员纷纷外逃，至次年冬几大宗族托请官兵镇压成功后才得以返乡；又如康熙三年（1664年）沙湾古镇经历了“迁海事件”，即清廷“令滨海民悉徙内地五十里，以绝接济台湾之患，于是麾兵折界，期三日尽夷其地，空其人民”[①]，古镇乡民流离失所，宋、元、明历代建筑古迹几乎被悉数焚毁殆尽，直至康熙八年（1668年）广东巡抚王来任上奏痛陈“迁界”之祸，获康熙帝恩准撤销，五年之后沙湾乡民才得以返乡重建家园。④清初以后。

图2-19 沙湾何氏大宗祠“留耕堂”现状

① 屈大均. 广东新语（上）[M]. 北京：中华书局，1985（01）：57.

图2-20　沙湾王氏“绎思堂”现状

图2-21　沙湾李氏“赐谥李忠简祠”1957年景象①

图2-22　沙湾绥靖炮台1947年景象②

图2-23　沙湾青萝大街25号“义庐”

沙湾古镇社会恢复平静，生产逐渐得到发展壮大，尤其以何氏为首的大宗族，从迅速扩增的族田及兴旺的建筑活动等方面看，可推断沙湾古镇步入了第二次快速发展时期；康熙六十年（1721年）已兴建了之后长期限定古镇外围的防御工事绥靖炮台（俗称：单炮眼营房）（图2-22），乾隆五十六年（1971年）商户集资重修了历经百余年几乎贯通镇内东西的安宁街路面，故可推断至迟于清中叶沙湾古镇的整体空间格局已基本发展成型，之后很长一段时间内主要处于相对稳定的完善发展阶段；清末民初受外来文化的影响，沙湾古镇的建筑风貌也融入了部分西洋式风格，正如青萝大街秘鲁归侨黎礼绵兴建的“义庐”（图2-23）等。

纵观20世纪50年代以前沙湾古镇的发展进程，虽几经波折，甚至于清初因“迁海事

① 中国广州市番禺区沙湾镇委员会，广州市番禺区沙湾镇人民政府．沙湾镇志[M]．广州：广东人民出版社，2013（01）：（图）06.

② 中国广州市番禺区沙湾镇委员会，广州市番禺区沙湾镇人民政府．沙湾镇志[M]．广州：广东人民出版社，2013（01）：（图）07.

件”等几乎造成了古镇“毁灭性”的破坏，及在清末西方文化强势输入珠江三角洲地区的背景下，沙湾古镇传统格局与建筑风貌的发展大体上仍为一脉相承，仍能坚持自我文化特色为主，又能将外来文化融入本土环境特色共同和谐发展。

四、裂变

在沙湾古镇“土地改革”之初，当地传统建筑的形制与技术体系变化不大，可从同时期沙湾古镇东边附近新建沙坑村的一批民居中看出（图2-24）。而最为突出的影响是：彻底结束了由原五大宗族长期以来控制古镇发展的局面，同时古镇传统的空间格局被打破。在20世纪50年代末，沙湾古镇南面的许多青砖大屋被夷为平地，腾地支持“生产大发展”[①]。到了60年代后期至70年代中期，古镇众多工艺精湛的砖雕、灰塑及壁画（其中不少为当地壁画名师黎文源、杨瑞石、黎浦生等的杰作）等艺术作品惨遭破坏（图2-25、图2-26）[②]。尽管如此，20世纪70年代以前由于社会经济发展水平有限、人们生活水平普遍较低等因素，产生的不良影响主要停留在有限的“拆、破”传统风貌环境阶段，少有新兴建筑活动。而改革开放后，沙湾古镇所处的珠江三角洲地区进入快速城镇化发展阶段，人们生活水平显著提高，古镇内外开始随意地兴建大量的现代建筑，这些现代建筑大多数与传统风貌环境格格不入，沙湾古镇传统空间格局与建筑风貌开始出现严重的裂变。

图2-24　沙坑村横街10号

图2-25　沙湾安宁西街12号被破坏的墙楣砖雕

图2-26　沙湾元善街7号被破坏的墀头

① 何星耀. 番禺县沙湾镇（本善乡）建设志　1930—1988（手抄本），由番禺沙湾文化站何润霖先生提供。

② 中国广州市番禺区沙湾镇委员会，广州市番禺区沙湾镇人民政府. 沙湾镇志[M]. 广州：广东人民出版社，2013（01）：98.

五、重生

20世纪80年代末，当地政府与村民就自发地对沙湾古镇当地一些重要的历史建筑展开保护，但古镇真正意义上的整体性保护最早大约从2000年前后开始。2003年末，华南理工大学历史环境保护与更新研究所率先开展了沙湾古镇整体性的历史保护规划编制工作。2005年，沙湾古镇被住建部和国家文物局评为“中国历史文化名镇”，又于2011年，被国家文化部评为2011—2013年度“中国民间文化艺术之乡——飘色之乡、广东音乐之乡”。总之，进入21世纪以来，当地各级政府、居民、学者及各种社会组织日益关注与投入到沙湾古镇的保护与发展事业，沙湾古镇在经历了一系列的破坏之后，正逐步走向整体性保护与重生的新阶段。

六、沙湾古镇发展与演变的历史进程总览

见图2-27、图2-28。

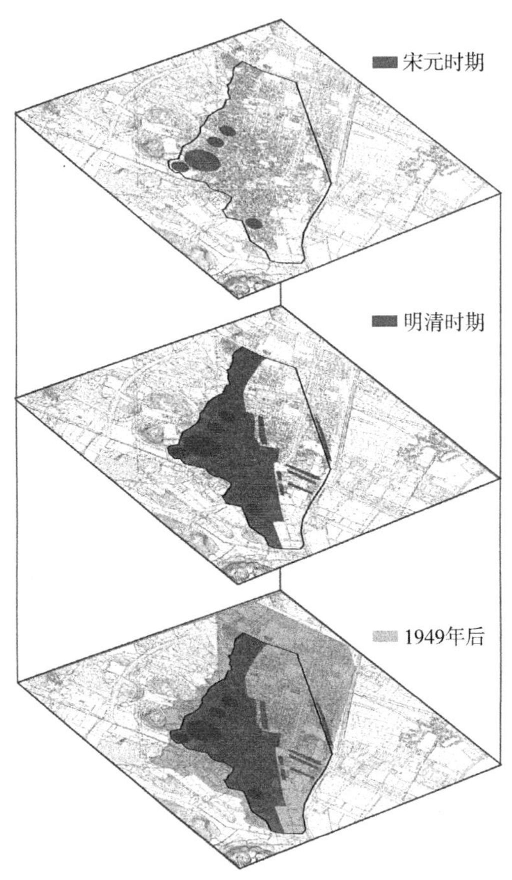

图2-27　沙湾古镇发展与演变的历史空间范围示意

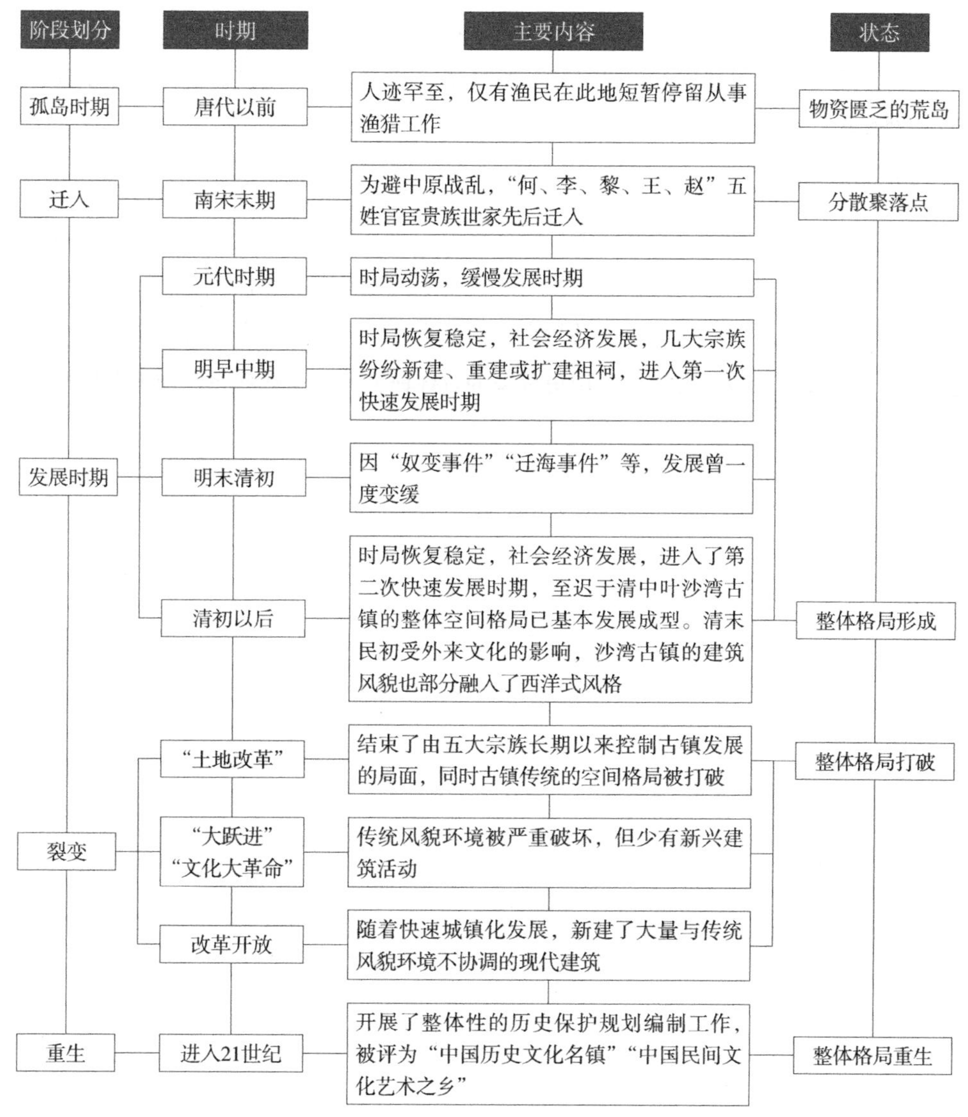

图2-28　沙湾古镇发展与演变的历史进程总览

本章小结

沙湾古镇位于珠江三角洲腹地偏南，毗邻珠江口，历史上因自然冲积现象导致该地由岛成陆，并于周边不断形成可供农耕开发的大量肥沃沙田，为定居于此的人们提供了良好的自然生存条件。在独特的地理、社会历史等背景条件下，沙湾古镇大约从南宋末年起，逐渐形成了以"何、李、黎、王、赵"五大传统官宦贵族世家主导的主姓村镇。直至"土地改革"前，五大宗族成员都一直维系着当地的社会秩序、礼制伦常及牢牢控制着古镇空间格局的发展方向，并几乎垄断式地占有了周边绝大多数的土地，以宗族血缘为纽带组织集团式的土地经营，历史上曾为几大宗族成员带来了巨大的财富，同时也建立起了强盛的宗族文化、耕读入仕文化，以及随着强盛宗族文化应运而生的疍民文化。此外，在沙湾古镇特殊的地域环境、社会历史背景下，当地在一定程度上受到了西洋文化的影响。

纵观沙湾古镇从南宋末开村至今800多年的发展历史，大致可分为孤岛时期、迁入、发展、裂变以及重生等几个重要的历史发展阶段。通过分析沙湾古镇这几个重要的历史发展阶段可知：在社会历史转折的重要时刻及一系列重要历史事件的发生时刻，通常为沙湾古镇各个历史发展阶段的重要转折点。通过本章对沙湾古镇形成背景与发展演变进程的分析，为接下来沙湾古镇原真历史环境的具体研究适宜从哪些系统层面开展指明了方向。

第二章 沙湾古镇原真历史环境分析

原真历史环境从时间维度上看，包括各个历史时期合理的、正当的叠加；从内容组成上看，不仅包括现存的、已消失与破坏的物质文化遗产，也包括非物质文化遗产及当地原真的生活形态等。沙湾古镇历史发展悠久、文化遗产丰富，其原真历史环境涉及的内容必然十分广泛，尤其是现今沙湾古镇历史遗存大体已呈零散分布。因而，从对沙湾古镇原真历史环境存续具有重要意义的、集中反映沙湾古镇传统风貌特色与文化、传统社会秩序与原真生活形态的多层级空间格局等系统层面开展研究，有利于把握与解读沙湾古镇原真历史环境的整体历史信息系统，具有较强的可行性。

基于沙湾古镇的形成背景、发展演变进程、个性特征等因素的综合理解下，沙湾古镇原真历史环境的分析研究可以主要从：反映岭南沿海地区传统水乡特征的原真山水格局、反映不同社会文化属性与不同空间形态的原真"宗族–疍民"空间格局、反映发达小商品经济的原真商业空间格局、反映人们意愿的原真民间信仰空间格局、反映社区交流的原真户外公共活动空间格局以及具有代表性的非物质文化遗产等系统层面展开。

第一节　原真山水格局

中国农耕文明历史悠久，广袤的国土上遍布着众多依赖自然山水进行繁衍、庇护的传统山水村镇，在人们长期的改造协调下，大多数山水村镇都逐渐形成了系统的、完整的山水格局，对维持其自身的完整性至关重要。正如沙湾古镇，起初山水格局的整体感与围合感并不强烈，人居山水环境还是以未经人工改造的自然形态为主，居民定居点分散处于山边地势较高的台地上，在之后很长一段时期的发展过程中，当地人十分注重融合周边山水环境共同协调发展，并积极地进行适当改造，逐渐形成了北、东、西三面群山环抱、南面以两重护镇河为主的系统、完整的山水格局，成为历史上岭南沿海地区远近闻名的山水村镇之一。

一、原真山水格局的考证过程与方法

（一）文献学

采用文献学方法，主要是查阅、分析比较历史文献、村志族谱及相关研究成果，优点是能够发现历史久远的相关信息，不足是相关记载甚缺，且记录一般较笼统抽象。据《庐江沙湾何氏宗谱》[①]中《居址考》记载："番禺之青萝乡，前踞虎门之巨川，后扆青萝之峻岭，玄峤山辅其左，九牛石拥其右，山明水媚而一地纡回，坦夷其中"；又结

① 沙湾何氏宗谱编委会编，由番禺沙湾文化站何润霖先生提供。

合《沙湾镇志》中对古镇周边山体分布与水系情况的相关记载（表3–1、表3–2），经详细梳理分析，前踞虎门之巨川，指由西面南牌岗上白虎庙前流入至镇前纵横交错的水涌，包括大巷涌（图3–1）、三桂涌、大祠涌、亭涌、基围垦涌（图3–2）、朱涌、麦涌、润水涌、南牌涌等，其中又设有北村斜埗头、东村麦埗头、西村凌江小埗、观澜门埗头等及多处水闸门，大多数水涌都经过了人工改造协调，并于镇前形成了两重护镇河，外护镇河旁的堡墙正中设有“单炮眼”和“双炮眼”的防护工事，内护镇河外还人工开挖了多处水塘；后扆青萝之峻岭，指由青萝嶂绵延下来的文屋山、土地岗、蟠蝶岗、桃园岗、细泽岗等；左玄峤山，今称岐山，位于古镇东端；右九牛石，指古镇西端南牌岗下的九块入水礁石，因它们利于缓冲西边水患，且形状奇特怪异如水牛俯水，故得名“九牛石”。得益于沙湾古镇系统、完整的山水格局，其南面可利用之前密集的水系（含两重护镇河）及堡墙等形成庇护，东、西、北三面主要依赖群山形成天然庇护，其中一些低矮山岗则多植满茂密的簕竹丛作屏障，此外山岗之间也兴建了部分堡墙及碉楼等防卫工事。

历史上沙湾古镇周边主要山岗分布情况[①]　　表3–1

沙湾古镇北村附近群山（岗）		
编号	名称	详情
1	**文屋山**	又名二中岗，为象贤中学所在之山
2	**土地岗**	位于沙湾西北闸口“北屏”之北、野狸岗之南。有白石建成的小石屋，供土地神一尊（已拆毁），故名土地岗。原有榕树林等，都已被毁去
3	**蟠蝶岗**	即今敬老院中心位置，南面为桃源岗
4	**桃源岗**	位于蟠蝶岗之西，宋末时为宋室支裔赵朝天养马之地，明代建有成趣园
5	**细泽岗**	位于文屋山以西，两山中隔润水
6	细岗	桃源岗以西，高约20米
7	打银岗	此岗比较小，位于金星岗之西南
8	金星岗	仅次于打银岗之东，野狸岗之西
9	甘竹岗	位于青萝嶂之东南山麓，高约165米
10	老鹰岗	位于风柜口西南面，高约155米
11	野狸岗	位于土地岗东北
12	小坑岗	位于鲤鱼岗之西，高约20米
13	碌步岗	位于风柜口之北，高约85米
14	风柜口	仅次于碌步岗之南，高约140米
15	大泽岗	位于细泽岗以北

① 中国广州市番禺区沙湾镇委员会，广州市番禺区沙湾镇人民政府．沙湾镇志[M]．广州：广东人民出版社，2013（01）：57–58.

沙湾古镇西村附近群山（岗）		
编号	**名称**	**详情**
16	**逍遥台岗**	位于街边岗之东南，高约60米。为沙湾明代八景之一，名“逍遥晚望”。岗的东面之下原有小径，可抵西角庙。再东，古名南牌头，曾有古渡口，又为沙湾一景“凌江小步”
17	**南牌岗**	又称南屏山，位于逍遥台岗之西
18	第六岗	在青峰农场北面，高约50米
19	黄龙岗	位于唐岗之西，高约135米
20	唐岗	在象拔岗之西，高约135米
21	第二岗	位于大贞岗之南，高约75米
22	九子岗	在北山之南，高约20米
23	凤岗	位于番禺磷肥厂后之东、南牌岗之西北、街边岗之西，高约65米
24	梁相岗	在滴水岩口之南，有明代大学士梁储祖墓群
25	象拔岗	在唐岗之东
26	黄茅岗	位于逍遥台西南面，高约40米
27	蚬岗	在第二岗西北，高约40米
28	林头岗	位于沙湾砖厂之北，高约20米
29	街边岗	位于逍遥台之西，凤岗之东
30	北山岗	位于九子岗之北，高约20米
31	瓦公岗	位于青萝嶂西南，高约80米。山旁有一小道，名“瓦公落斜”，向南直下磷肥厂宿舍区
32	官井岗	位于瓦公岗之西，高约65米
沙湾东村及沙坑附近群山（岗）		
编号	**名称**	**详情**
33	**崩岗（岐山）**	原名员峤山，位于现精神病院之西、龙岐村沙园之南，高约60米。原有员峤古寺及青龙庙，被毁于沦陷时期。该岗于20世纪90年代开始，因沙坑村卖泥而削去大部分，只剩沙湾象达中学所在地的小块高地
34	王地岗	位于曾地园以南
35	松毛岗	位于北山尾之东南、野狸岗之东
36	牌坊岗	位于崩岗之西，高约15米
37	曾地园	在王地岗之东北
38	白仙尾	位于曾地园之南，高约15米
39	游鱼岗	在王地岗之北

注：表3-1根据《沙湾镇志》相关记载绘制，字体加粗山岗名称为紧邻沙湾古镇的山岗。

历史上沙湾古镇周边主要水系分布情况[①] 表3-2

所属区域	水系名称
沙湾古镇南村	**亭涌、大巷涌、基围垦涌**、虾埠涌、秋林涌
沙湾古镇西村	**三桂涌、南牌涌、大祠涌**、大基尾涌、新埗头涌
沙湾古镇东村	**朱涌、麦涌**、大肚凼涌、沙横尾涌
沙湾古镇北村	**寺前坑、润水二涌**
周边其他	沙湾水道、市桥水道、紫坭河等

注：表3-2根据《沙湾镇志》相关记载绘制，字体加粗水道名称为紧邻沙湾古镇的水道。

① 中国广州市番禺区沙湾镇委员会，广州市番禺区沙湾镇人民政府．沙湾镇志[M]．广州：广东人民出版社，2013（01）：62.

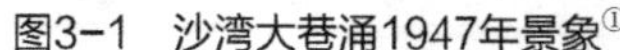
图3-1　沙湾大巷涌1947年景象[①]

图3-2　沙湾-文渡南基围垦涌1947年景象[②]

（二）人类学田野调查

借助人类学田野调查，可在实地进一步获取、比较相关历史信息，其中着重厘清消失与变化的山体、水系的位置及特征等，弥补古籍、村志族谱记载的不足。田野调查主要有三种方式：①对象访谈。因沙湾古镇的原真山水格局主要在1950年后遭到较为严重的破坏，所以田野调查中访谈的对象主要选择古镇70岁以上、思维清晰的常住居民，通过他们的回忆与现场指认，收集关于原真山水格局易逝的、宝贵的集体历史记忆。②实地调查。通过深入现场寻找原真山水格局的历史遗存。③其他历史资料信息的收集，如历史照片、古画等。在整个田野调查过程中，获取集体历史记忆的工作尤其重要，因这些宝贵的集体历史记忆主要基于古稀长者的记忆，很可能随着时间的推移而被人们彻底遗忘。将该阶段所获取的相关历史资料信息进行综合分析、比较及整理后，能基本确定沙湾古镇原真山水格局的大致状况。

（三）绘制推测图与地势高程分析

根据上述整理的数据资料及沙湾古镇2000年前后绘制的地形图等，借助ArcGIS等软件绘制古镇原真山水格局的推测图（图3-3），并结合绘制的山体地势高程与水文分布状况进行分析，进一步验证了相关考证数据相对合理与可靠。

二、原真山水格局的演变特点分析

（一）护山修水

不难发现，在20世纪50年代以前沙湾古镇山水格局的演变主要集中在水系方面，山

---

① 中国广州市番禺区沙湾镇委员会，广州市番禺区沙湾镇人民政府．沙湾镇志[M]．广州：广东人民出版社，2013（01）：（图）45.

② 同①：（图）51。

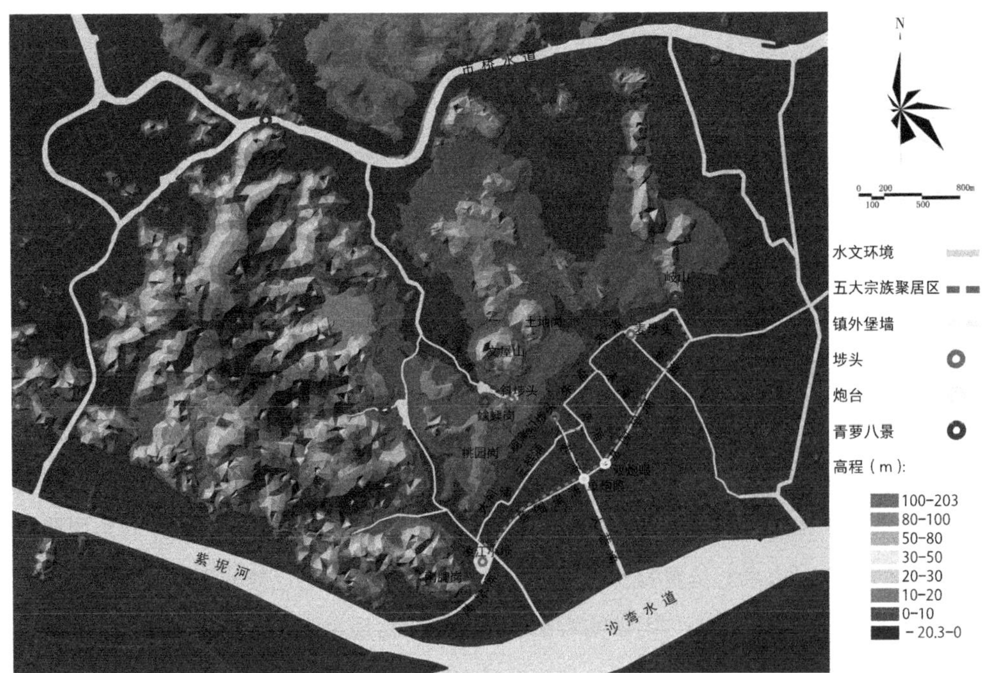

图3-3　沙湾古镇原真山水格局推测图

体环境除兴建了较少的建筑外，几乎没有改变。究其原因，可能主要有以下两个方面：①人们在争取生存空间时，水系较山体环境更易改造协调。中国传统社会中不乏通过治理水系来争取生存发展空间、促进农业及防治水患的例子，而类似愚公移山的行为，通常只是作为一种励志传说，现实少有为之。②山灵崇拜。在中国的传统社会中，常将山与神灵相联系，被人们视为神圣的场所，几乎能逢山见庙，且受居址“风水”思想影响，它不能被轻易地改变和破坏，在沙湾古镇也不例外。据村民回忆：“原沙湾古镇东边山上建有青龙庙，西边山上建有白虎庙，北面山上则古树苍天，为何氏的风水林。”另据沙湾古镇武帝古庙内东墙嵌有的清乾隆五十八年（1793年）“禁锹白泥告示碑”（图3-4、附录3）记载：

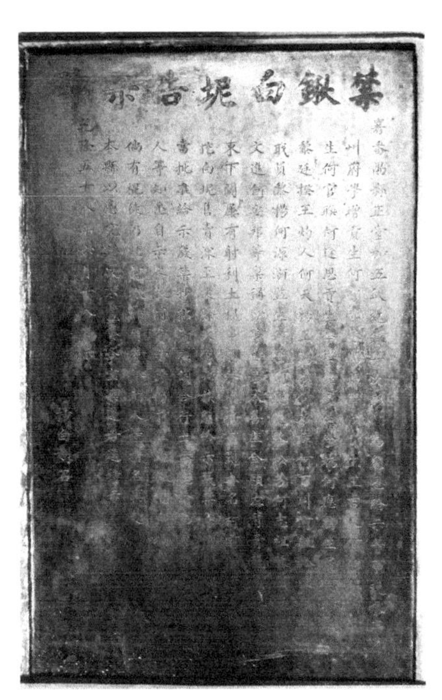

图3-4　沙湾古镇“禁锹白泥告示碑”

“伊等世居本善庄，全赖左臂青龙气脉收束下关，屡有射利土棍串通外棍，将下关土名村前洲一带锹挖白泥售卖，深至丈余，大伤乡族，恳给示严禁等情到前县……倘有棍徒仍踵前辙，许尔等衿老人等，指名禀赴本县，以凭究办，决不宽贷。”沙湾原来也称作本善庄，下关土名“村前洲”即沙湾古镇之东北的绵延山脉。

（二）外密内疏

有别于内陆省份一些传统山水村镇内部布置有复杂的水系，沙湾古镇原真山水格局中的水系主要营建在居住空间的外部，且相对密集、复杂，内部只有水井及一些功能单一的排水沟等。究其原因，可能主要有以下四个方面：①沙湾古镇聚居区主要位于山边台地上，地势较高，故内部不便营建水系。②因沙湾古镇历史上毗邻珠江口，台风暴雨频繁，河水水位变化受上游汇聚的洪水及海水潮涨、潮退的影响，易造成河水倒灌，将水涌与水塘布置在居住区外，更利于防洪排涝。而沙湾古镇居民在解决生活用水方面，主要依赖于开挖水井，镇内几乎家家掘井（图3-5、图3-6），此外，整个沙湾古镇多处也设置有各式公井（图3-7 ~ 图3-10）。③沙湾古镇周边历来海盗、沙匪猖獗，为加强防卫，促使古镇南面外营建了两重较宽阔的护镇河及密集的水网。④沙湾古镇居民为方便出行、从事海洋渔业捕捞及停靠渔船，也推动了古镇周边水系的营建。

图3-5　沙湾惠岩巷何少霞故居私井

图3-6　沙湾滑石巷9号私井

图3-7　沙湾忠简门巷巷井

图3-8　沙湾三槐里里坊公井

图3-9　沙湾安宁中街西端街井（清水井）

图3-10　沙湾安宁中街东端街井（孖井）

三、原真山水格局的历史作用分析

（一）生存基础

据本书对于沙湾古镇原真山水空间格局的相关考证，可知其较符合中国传统村镇理想的选址观，即背倚高山，左右群山环抱，面前水流曲折回环，河水清明，山水环抱的中央为人们的理想居住地，内有良田千顷。在农耕文明时期，沙湾古镇原真山水格局无疑能较好地满足人们生存的基本需求。正如《庐江沙湾何氏宗谱》之《居址考》中详细记载了何氏迁入沙湾的原由："有田可耕，有水可渔，有山可樵，有地可牧，生者可养，死者可葬，实贻谋燕翼之地。"沙湾古镇几大宗族得益于当地得天独厚的理想村镇山水格局，创造出了丰裕的生活条件，同时也是促使当地人丁兴旺、人才辈出的重要物质基础。

（二）庇护与防涝

沙湾古镇借助北、东、西三面群山的围合庇护及南面的两重护镇河，不仅具有良好庇护的生态环境，且能防御强盗抢劫，虽历史上周边海盗、沙匪众多，但想要入镇抢掠，也绝非易事，当地人曾将沙湾古镇骄傲地称作"铁沙梨"，以此形容其防卫固若金汤。正如《沙湾镇志》中《大事记》记载："嘉庆十四年（1809年）七月初四，海岛郭婆带攻沙湾不入，转攻三善村，于鳌洲岗（三善岗）前激战，杀乡勇54人。"[①]

沙湾古镇几大宗族主要聚居在山边相对地势较高的台地上，且聚居区之前水网纵横交错，以这套山水格局围绕的聚居区无疑能较有效地防止上游洪水侵入及快速排出台风暴雨所产生的积水。虽沙湾古镇周边易遭受上游洪水及台风暴雨侵袭之困扰，20世纪也不乏相关历史记载，但受益于山水格局庇护的几大宗族聚居区历史上却鲜有洪涝侵扰。

① 中国广州市番禺区沙湾镇委员会，广州市番禺区沙湾镇人民政府．沙湾镇志[M]．广州：广东人民出版社，2013（01）：7.

（三）交通

图3-11 沙湾乡人划船艇外出场景①

1950年前，沙湾古镇当地人凡有乡民往来和货物进出主要依赖于原真山水空间格局中的水路交通。沙湾古镇曾至少设有四个主要埗头（即：斜埗头、凌江小埗、麦埗头、观澜门埗头），村民可经周围纵横交错的水涌转至宽阔的沙湾水道、市桥水道外出（图3-11），"主要靠木制船（艇）运输，船艇的大小不一，其规格有长1.2丈、1.6丈、1.8丈、2.4丈、3.6丈不等……镇内每天都有一两艘街艇，既运小量的货物，又方便押货人或提货人随货同行，还可以搭乘10～20人"②。

（四）休闲娱乐

很久以前，当地人已将沙湾古镇原真山水格局中的多处地点视为重要的风景点。据清光绪年间沙湾人士何其干对沙湾古镇自然人文风景最为优美的"青萝八景"的相关描述，可知"萝巅旭日、员峤晚钟、新村古渡、丹灶遗薪、瑶台渔唱（图3-12）、官巷樵归（图3-13）、天山诗社、峡口斜阳"这"八景"大多数都处于沙湾古镇原真山水空间格局之中，历史上曾为当地人亲近自然、休闲娱乐的重要场所。

图3-12 沙湾"瑶台渔唱"1947年景象③

图3-13 沙湾"官巷樵归"20世纪70年代景象④

① 中国广州市番禺区沙湾镇委员会，广州市番禺区沙湾镇人民政府．沙湾镇志[M]．广州：广东人民出版社，2013（01）：（图）21.

② 中国广州市番禺区沙湾镇委员会，广州市番禺区沙湾镇人民政府．沙湾镇志[M]．广州：广东人民出版社，2013（01）：236.

③④ 同①：（图）5。

四、原真山水格局的变因与现状问题分析

（一）变因分析

20世纪50年代以前，沙湾古镇山水格局一直处于稳步地发展与演变过程中，然而，之后原真山水格局开始严重裂变。过去在一段时期内人们将宗族简单地视为“封建势力”，将传统的“风水”思想简单地解读为“迷信”思想，导致象征着“封建势力”的大量祠堂和象征着“迷信”色彩的白虎庙、青龙庙等均被拆除或破坏。随之，一直以宗族内部维持的管理体系及部分依赖居民信仰维持的环境保护思想被瓦解，而短期内人们新的环境保护意识又尚未形成，因此，在城镇化过程中许多山岗遭受严重的破坏，甚至被夷为平地就不足为奇了。

除上述部分原因外，导致沙湾古镇水乡环境裂变的主要原因，又可细分为三种：①盲目地以填涌筑路的方式改善交通。据《沙湾镇志》记载：“在20世纪50年代，为推动陆路交通取代水路交通，1959年沙湾公社动员干部、职工、居民、社员、学生共同填平大巷涌，把安宁中街卖鱼巷等一带店铺、民居拆平，修筑成公路，接上沙湾至渡头公路（全长约3公里）”[①]。②对原有水系的功能认识不足。在水路交通功能丧失后，忽视了其对维持沙湾古镇内部空间结构完整性及生态等方面的作用，导致古镇周边绝大部分水涌被填塞、裁弯取直或河道硬化，不仅阻断了水涌的贯通，且使原本清盈的水涌逐渐退变成臭水沟，部分水涌因而由明渠改为暗渠。③土地需求骤增。中华人民共和国成立后，沙湾古镇的常住人口一直在骤增（表3-3），由此必然造成居民住宅用地需求量骤增，从而导致古镇周边大量的水塘等被填塞，改为居民住宅用地。

新中国成立后沙湾镇的四次人口普查情况表[②]　　表3-3

普查时间	总户数	总人口（人）		
		合计	男	女
1953年	8032	27962	13775	14187
1964年	9312	37354	18555	18799
1982年	11687	45802	22854	22948
1990年	11564	50073	24908	25165

注：流动人口1991年统计为7500人。

（二）现状问题分析

在山体环境方面：东面，岐山已大部分被夷平，仅存今象达中学所在地的小块高

① 中国广州市番禺区沙湾镇委员会，广州市番禺区沙湾镇人民政府．沙湾镇志[M]．广州：广东人民出版社，2013（01）：237.
② 同①：77。

地；北面，文屋山、土地岗、蟾蜍岗、桃园岗虽山势高程依稀可见，但山岗上新建了较多干扰自然风貌的现代建筑，尤其是桃园岗上新建了一批大体量工厂，对山体自然形态的影响较为严重，此外北面连绵的山岗局部遭青萝路横穿，部分山岗已被夷为平地；西面，南牌岗及周边最为秀美的青萝嶂主峰仍保存较完好（图3-14）。

图3-14　沙湾古镇周边山体环境现状图

在水系情况方面：大巷涌的大部分、三桂涌、大祠涌、朱涌、亭涌、麦涌及周边的众多水塘已被填塞，润水涌、基围壆涌等水涌都被改道、裁弯取直及河道硬化（图3-15、图3-16），污染严重，现仅有古镇西边的一条水涌保存较好，水质清盈。

从整体来看，沙湾古镇原真山水格局遭受了结构性的破坏，整体格局已被打破，导致古镇内部传统风貌区不断被外蚕食。从局部来看，西面保存较为良好，北面遭受了一定程度的破坏，但原真自然风貌并未完全消失，东面与南面则破坏严重，原真自然风貌几乎荡然无存（图3-17）。

图3-15　沙湾福北路旁润水涌现状

图3-16　沙湾市良路旁基围壆涌现状

图3-17　沙湾古镇原真山水格局现状图

第二节　原真“宗族-疍民”空间格局

一、成因分析

（一）在自然冲积条件下当地不断产生可供开发的沙田——客观基础

沙湾古镇毗邻珠江入海口，受上游水系带来大量的肥沃淤泥，周边不断冲积成陆，加之人工围垦产生了众多沙田。这种得天独厚的自然客观条件，不仅是形成强盛宗族聚居区的客观基础，又因几大宗族控制为数惊人的沙田主要借助大批疍民汇集周边为其长期从事具体的农耕活动，所以同时也是形成了大量疍民聚居区的客观基础。

（二）五大宗族垄断土地所有权——决定因素

据《沙湾镇志》及“相关历史资料”①分析可知，南宋以前，沙湾古镇已有部分渔民居住于此，然而，从南宋末年开始，何、李、黎、王、赵五大宗族陆续迁入沙湾古镇，五大宗族都为官宦或贵族世家，借助他们在社会、经济地位上的巨大优势，强势垄断了该区域的土地所有权，包括周边未来潜在的沙田开发权。因此，1949年前，沙湾古镇的

① 包括：（清）李福泰等《番禺县志》、（清）梁鼎芬等《宣统番禺县续志》、沙湾何星耀手抄本《番禺县沙湾镇（本善乡）建设志　1930—1988》等。

居民类型大体可分为两个团体：其一，垄断土地所有权的五大宗族成员；其二，没有土地的疍民等。在农耕文明时期，五大宗族通过垄断土地所有权进一步巩固与壮大了自身的社会、经济地位及文化教育上的优势；相反，疍民等因没有土地，造成他们的社会、经济地位低下，文化教育水平落后；正是因为二者地位悬殊，且在生活方式、文化等方面存在着巨大的差异，以及前者可凭借垄断土地所有权轻易地控制与排斥后者，最终导致沙湾古镇在同一区域内分化出了特征各异、之间界限分明又紧密联系的两种聚落类型，即由五大宗族成员聚居的宗族区与杂姓疍民等散居的疍民区共同组成的“宗族–疍民”空间格局。

一直以来，几大宗族势力在强势垄断土地所有权的基础之上，严控自身居住领地宗族区，成为维持“宗族–疍民”空间格局长期稳定的重要基础。第一，对内严控宗族成员变卖祖业于族外人员，若族中有胆敢犯者，将视作不肖子孙强制逐出宗族。例如，据《庐江沙湾何氏宗谱·宗统传》记载，沙湾何氏丙房六世祖何克己，即沙湾始迁祖何德明之孙，因卖留耕堂与其父“从事郎”产业而被逐出族，后流居于石壁。第二，对外宗族区内成员强力排斥外来人口，就算是长期服务于他们的奴仆也只有临时的居住权。正如位于沙湾古镇“仁让公局”旧址外的清光绪十一年（1886年）“四姓公禁”碑记载：“我乡主仆之分最严，凡奴仆赎身者，例应远迁异地。如在本乡居住，其子孙冠婚、丧祭、屋制、服饰，仍要守奴仆之分，永远不得创立大小祠宇。倘不遵约束，我绅士切勿瞻徇容庇，并许乡人投首，即着更保驱逐，本局将其屋宇地段投价给回。现因办理王仆陈亚湛一款，特申明禁，用垂永久。”（图3–18）沙湾古镇的宗族势力要求赎身奴仆应远迁异地、禁止奴仆建造祠堂等，很可能是为了防止外来人口获得当地正当身份及借此获取当地的沙田开发权，最终目的还是为了巩固自身对土地所有权的垄断控制。

图3–18　沙湾古镇“四姓公禁”碑

（三）五大宗族抵御外部侵扰——强化因素

原沙湾古镇宗族区可谓广东最富庶的地区之一，拥有远近闻名的“三街六市”①，历史上常遭强盗、沙匪抢劫。在这种情况下，沙湾古镇五大宗族组织营建了宗族区系统的

① “三街”包括：车陂街、元善街、新街（新街巷）。“六市”包括：安宁市、云桥市、永安市、第一里市、萝山市和三槐市。

防卫体系，根据《沙湾镇志》记载与当地年长村民的回忆，环镇护以堡墙，堡墙由券土墙、蚝壳墙、红砂砖、青砖等混合构筑而成，高约3.5米，厚约0.9米，20世纪70年代仍局部尚存，可惜现今已尽毁，镇南面有护乡河两重，东西各设水寨4重，有火炮百多尊，其中较有名的有“单炮眼”和“双炮眼”两座大石桥兼炮台式的防护工事，及南面水道出口的大涌口设有一门7000司斤重炮等。[①]宗族区这套完整的防卫体系在抵御外部侵扰的同时，也进一步强化了“宗族–疍民”空间格局。

二、宗族区与疍民区范围的区分

据《沙湾镇志》《番禺县沙湾镇（本善乡）建设志　1930—1988》等文献分析可知，清末五大宗族成员居住的宗族区主要分为“一居三坊十三里”[③]；杂姓疍民居住的疍民区主要依附在宗族区旁，没有固定的界限范围。在此，主要是为了确定清末沙湾古镇宗族区的空间范围及宗族区与疍民区的边界。据清末《番禺县总图》[④]、沙湾古镇70岁以上村民的回忆及历史场景现场指认（因沙湾古镇的破坏主要在20世纪50年代以后，所以选择古镇中古稀长者进行深度访谈），可以大致辨别出清末沙湾古镇宗族区的空间范围（图3–19、图3–20）。

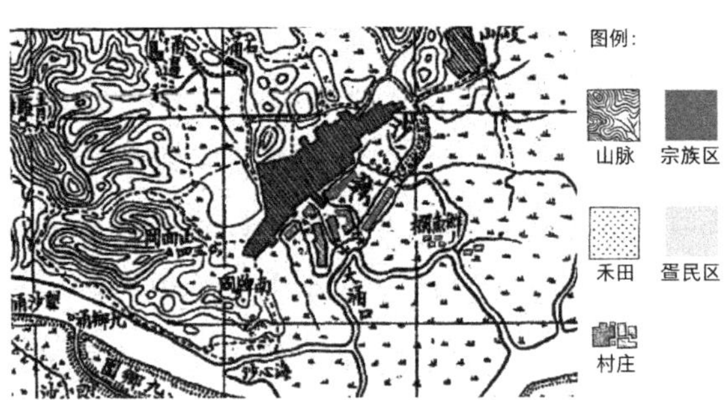

图3–19　清末沙湾古镇宗族区、疍民区空间示意[②]

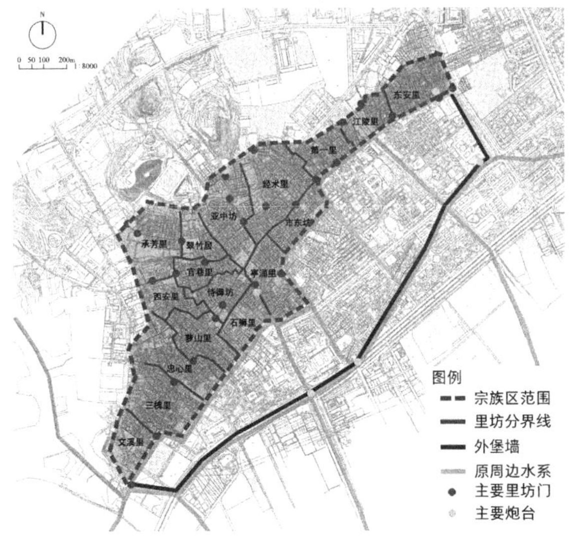

图3–20　清末宗族区“一居三坊十三里”空间范围示意

① 中国广州市番禺区沙湾镇委员会，广州市番禺区沙湾镇人民政府．沙湾镇志[M]．广州：广东人民出版社，2013（01）：269.

② 根据《宣统番禺县续志》中《番禺县总图》整理绘制。

③ 据《沙湾镇志》《番禺县沙湾镇（本善乡）建设志　1930—1988》记载可知：“1949年前，沙湾古镇主要分设了‘一居三坊十三里’。‘一居’指：翠竹居；居下面又有里，如敦厚里、安宅里等皆属之。‘三坊’指：市东坊、侍御坊、亚中坊；坊之下又有坊，如亚中坊下有文林坊等。‘十三里’指：东安里、第一里、江陵里、经术里、石狮里、亭涌里、文溪里、三槐里、忠心里、萝山里、西安里、官巷里、承芳里；里之下又有里，如亭涌里下有仁寿里等。”

④（清）梁鼎芬，丁仁长，吴道镕，等．宣统番禺县续志[M]．番禺地方志编撰委员会办公室，校．广州：广东人民出版社，2000：6，60.

三、宗族区历史空间特征分析

（一）空间结构

1. 同族聚居

同族关系是以血缘为纽带形成的社会组织关系，这种关系在沙湾古镇尤为突出。究其原因，很可能是因为强化同族关系有利于凝聚族群的力量，进而抢占沙田开发。正如清代屈大均《广东新语》记载："粤之田，其濒海者，或数年或数十年，辄有浮生；势豪家名为承饷，而影占他人已熟之田为己物者，往往而有，是谓占沙；秋稼将登，则统率打手，驾大船，列刃张旗以往，多所伤杀，是谓抢割。"[①]据沙湾古镇传统迎神赛会飘色游行活动设立的《十二年轮值制》（表3-4）中关于里坊与人员构成的介绍情况、《沙湾镇志》中提供的姓氏分布状况信息（表3-5）、沙湾古镇历史上各宗族祠堂建设位置的实地调研、深度访谈古镇长者以及村志族谱中相关的零星记载等信息资料分析可知，受同族关系影响，历史上宗族区内五大宗族各自都基本形成了较为独立、集中的宗族领地（图3-21），各宗族领地一般都自成里坊，并以街巷、里坊门（图3-22）、社坛（图3-23）等元素进行划分。

沙湾乡各坊里迎神轮值表[②]　　表3-4

年份	当甲坊里及（简称）	主要姓氏	北帝行宫新行台
子年	石狮里、亭涌里（石亭）	何姓	何郡侯祠
丑年	忠心里	何姓	北帝庙
寅年	侍御坊、萝山里（侍萝）	何姓	何流芳堂
卯年	经术里	黎姓	黎世德堂
辰年	东安里	何姓	北帝祠
巳年	三槐里	王姓	名宦乡贤祠
午年	第一里	何姓	何十世祠
未年	文溪里	李姓	李贻谷堂
申年	市东坊、安宁市	何、黎等姓	何悠远堂
酉年	经术里	黎姓	黎世德堂
戌年	亚中坊、翠竹居（亚翠）	何姓	何光裕堂
亥年	三槐里	王姓	名宦乡贤祠

① 屈大均．广东新语上[M]．北京：中华书局，1985：52.

② 中国广州市番禺区沙湾镇委员会，广州市番禺区沙湾镇人民政府．沙湾镇志[M]．广州：广东人民出版社，2013（01）：395.

沙湾古镇姓氏分布状况表　　表3-5

姓氏	分布范围
何	沙湾东村、沙湾西村、沙湾南村、沙湾北村
王	沙湾西村
李	沙湾东村、沙湾西村
黎	沙湾东村
赵	沙湾东村

注：表3-5根据《沙湾镇志》所载《沙湾地区姓氏分布状况表》绘制。

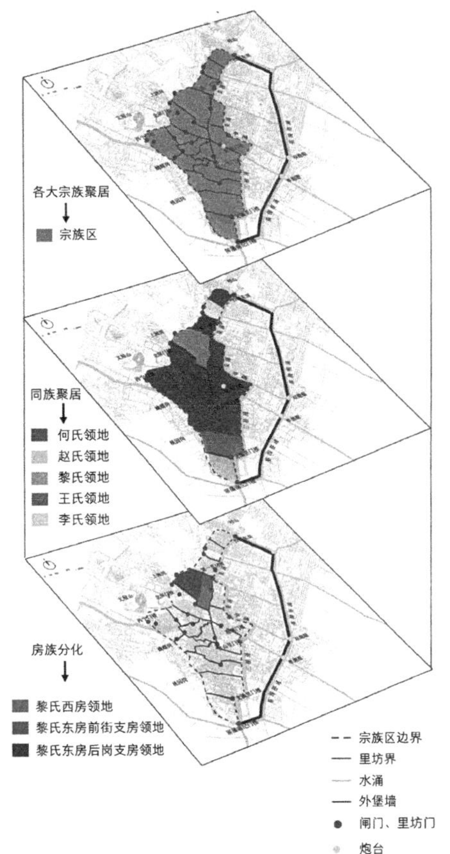

图3-21　沙湾古镇宗族区空间结构示意

图3-22　沙湾“骏兴”里坊门

图3-23　沙湾“承芳里”社坛

2．房族分化

随着族群人口数量不断繁衍扩大，受土地资源、财产等多方面制约，族群内部通常又会分化出房族，为同族内血缘亲疏关系的进一步细化，房族在空间结构上既统一于大宗族空间领域，一般又与其他房族相对独立。房族空间结构的分化，无疑更有利于族群内部的管理细分，大的房族可自成里坊，小的房族由于之间关系较亲密，他们常共用一个坊、里或居。

正如沙湾黎氏一族虽主要聚居在范围并不算大的经术里一里，但在空间结构上同样呈现出了房族分化现象。据《沙湾镇志》记载："至明中叶，黎南珍的裔孙日渐蕃昌，始分为东、西两房，东房仍居'东边地'，西房居市墟边。而东房人口发展更为兴盛，子孙居住之地更往东北方向继续扩展，随后又分为前街（今安宁东街二宅巷至天海黎公祠前一带）与后冈（今经术路和京兆小学至坭墩巷一带）两房分支。"①（图3-21）

3. 演变与交叉

历史上各宗族领地范围并不是一成不变的，而是随着族群的强弱不断变化，其中何氏一族领地一直在扩张，较其余四族领地面积之和还大。据早期编撰的《沙湾镇志》记载，"承芳里""官巷里"原为皇室赵氏宗族领地，"承芳"暗喻承袭赵宋帝主的遗芳，"官巷"暗喻赵宋官家之巷，随着赵氏衰落，逐渐转变为何氏宗族领地，后赵氏一族主要聚居于镇东边相对范围较小的"江陵里"一里。另外，通过深度访谈当地村民可知，早期李氏一族主要聚居在镇东北处的"李忠简祠"一带，原称"忠简居"，与黎氏一族聚居地"经术里"相邻，随着李氏一族人口繁衍、财力势力日益渐微，李氏"忠简居"大多数领地逐渐变卖给财力雄厚、人丁更为兴旺的黎氏一族成员等，造成"经术里"黎氏宗族领地范围不断发展壮大，而李氏宗族领地范围则不断萎缩，在此过程中原李氏宗族成员聚居的"忠简居"逐渐瓦解，仅剩"李忠简祠"及周边少许范围归李氏成员所有，晚期"经术里"几乎被黎氏一族独占，而李氏一族之后主要聚居于镇西边相对范围较小的"文溪里"一里（图3-24）。

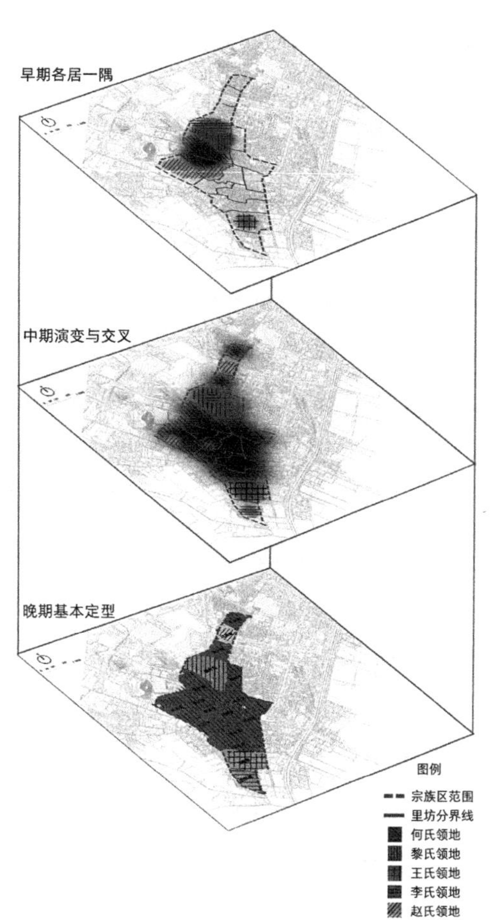

图3-24 沙湾古镇五大宗族领地演变推测

虽镇中大多数区域大体都呈现出各宗族及之下各房各支相对独立的多层次空间结构分化，但一些特殊区域也时有出现各宗族及之下各房各支的空间交叉现象。

导致几大宗族间部分空间交叉，究其原因可能主要有以下几个方面：①几大宗族间

① 中国广州市番禺区沙湾镇委员会，广州市番禺区沙湾镇人民政府．沙湾镇志[M]．广州：广东人民出版社，2013（01）：586.

的土地买卖。虽在封建社会几大宗族都严控变卖祖业土地于族外人员，在族群整体发展兴旺时，族内不乏富裕成员可优先购得同族成员因故变卖的土地，从而维持宗族领地的完整性，但倘若某一宗族的人口与财力势力整体不断下滑，尤其在择高价卖出的市场选择下，长期以来势必导致该宗族领地萎缩与外卖他族；如黎氏主占的“经术里”，历史上不断购得李氏“忠简居”的大部分土地而逐渐扩大，但并未完全排除少部分李氏成员仍持续居于其中，此外还有少部分何氏成员购得李氏“忠简居”土地散居于其中。②商业活动影响。经查阅镇志族谱及调查考证等可知，在镇内一些商业活动集中的区域或街道旁较少被某一宗族垄断占有，常为几大宗族成员交叉共处，但镇内绝大多数的商业活动区域基本都集中在里坊间交界处形成的街道及两旁少许范围，因此对各宗族领地的大体结构影响并不大。③几大宗族相互联姻。宗族间结成较为亲密的姻亲关系在一定程度上可促使宗族间的空间交叉，例如《沙湾镇志》记载，沙湾始迁族黎南珍之子妙道，成年后娶沙湾何氏女，便居于何氏聚居为主的亚中坊“公局巷”一带，类似的宗族联姻事件不胜枚举。

在各宗族体系之下，各房族虽亲疏关系呈现出进一步分化现象，但不可否认整体关系仍较为亲密，导致各房族间更易形成土地买卖交易、共享商业活动空间，此外，同族间过继子嗣等都促使各房族空间交叉现象较各宗族空间交叉更为普遍。

（二）空间布局

为适应本土环境、气候等，宗族区内主要采用了岭南广府地区惯用的、规整的“梳式布局”，仅靠近山边的部分区域采取了顺应山势的灵活布局方式，但其布局也力求规整，又因宗族区空间平面东西较宽，而南北较窄，导致主要街道多以东西横向展开，并辅以南北竖向的邻里巷道，宗族区内建筑大多为东南朝向，建筑密度虽高，却秩序井然，加之建筑普遍低矮，整体上非常利于通风、遮阳等需要。

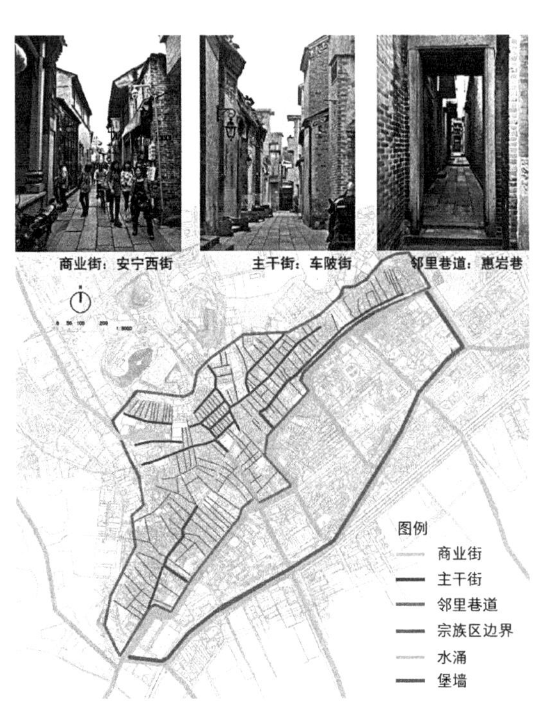

图3-25　沙湾古镇宗族区街巷类型空间示意

根据宗族区街巷不同的功能与特征，大致可分为三类（图3-25）：①商业街（主要代表：安宁街）。街道宽度基本在4米左右，两旁建筑多为2

层，檐口高度约为7.5米，街道宽高比约为0.53，整体尺度亲近宜人，街道两旁以商铺、茶楼、宗祠、庙宇等公共建筑为主，地面统一铺设了麻石板，风格古朴，作为宗族区内的核心街道，是承担商业、人际交往、节日庆祝等众多活动的重要场所，平日里人声鼎沸。②主干街（主要代表：车陂街、官巷里大街等）。街道宽度基本在2.5～4米之间，街道宽高比约在0.33～0.53之间，大多数较商业街显得略窄，街道两旁以大户人家的宅院为主，基本都铺设了麻石板，主要用于联络各里坊，平日里人流量相对适中。③邻里巷道（主要代表有：惠岩巷、三达巷等）。巷道宽度基本在0.8～2米之间，巷道宽高比约在0.11～0.26之间，巷道两旁多为房屋山墙面，有侧门进出，其中许多为掘头巷，感觉十分狭窄私密，巷内日照时间极短，这种私密的"冷巷"为炎热地区邻里间私密交往的重要场所，巷内背阴面大多都设有简易的长石凳，人流量较少，巷道地面几乎都有铺设，类型相对商业街、主干街较为单一的麻石板材料更为丰富活泼，主要有麻石、红砂岩、砖块、碎石等（图3-26）。

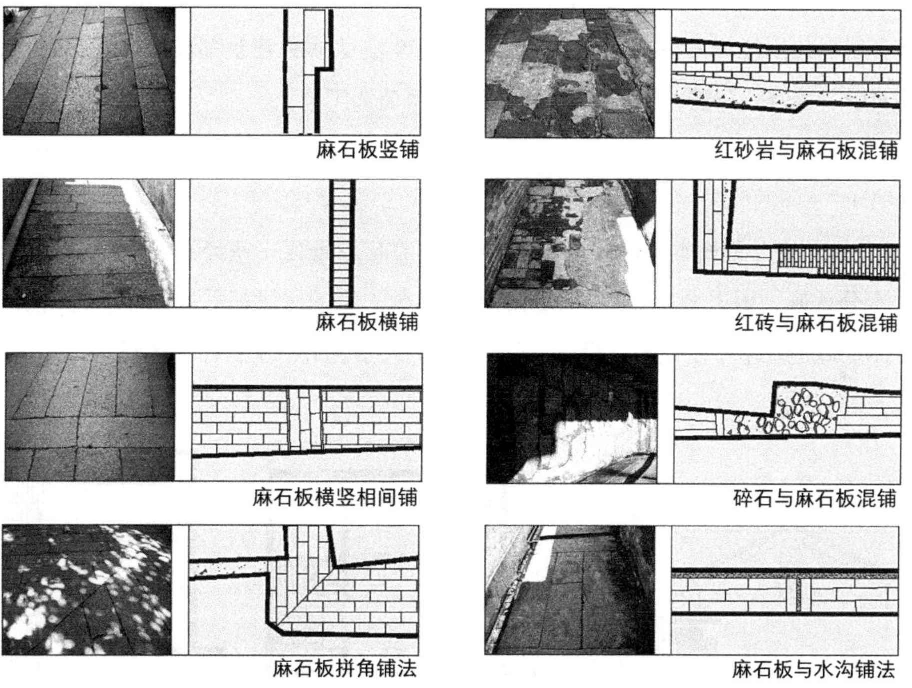

图3-26　沙湾古镇街巷主要的传统铺地材料及方法①

（三）主要建筑类型

历史上宗族区经济富裕、文化生活丰富，促使区内建筑类型多样又精致，可谓广府地区民间建筑文化的博物馆。从建筑功能上看，主要有：民居、宗祠、寺庙、商铺及古

① 由华南理工大学历史环境保护与更新研究所提供。

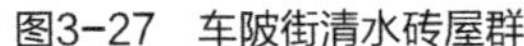

图3-27　车陂街清水砖屋群

图3-28　结桂巷蚝壳墙建筑

图3-29　高瑶巷红砂岩建筑

塔等。从建筑使用的主体材料上看，主要有：清水砖屋、蚝壳墙建筑、红砂岩建筑等长期性建筑，其中以清水砖屋最多，许多建筑将清水砖、蚝壳、红砂岩等材料组合使用，只是各材料使用比例大小不一（图3-27～图3-29）。大多数建筑都装饰精巧，汇集了木雕、石雕、砖雕、灰塑、陶塑等岭南精湛的建筑装饰工艺。

1．民居

（1）“三间两廊”

“三间两廊”平面类型的建筑（图3-30），在广府地区一些经济较为富裕的传统村镇中十分普遍，历史上沙湾古镇宗族区内大多数人家的民居都采用此种平面类型或其衍生体。此建筑基本制式为：后“三间”，其中大厅居中，左右各一房间，大厅较两侧

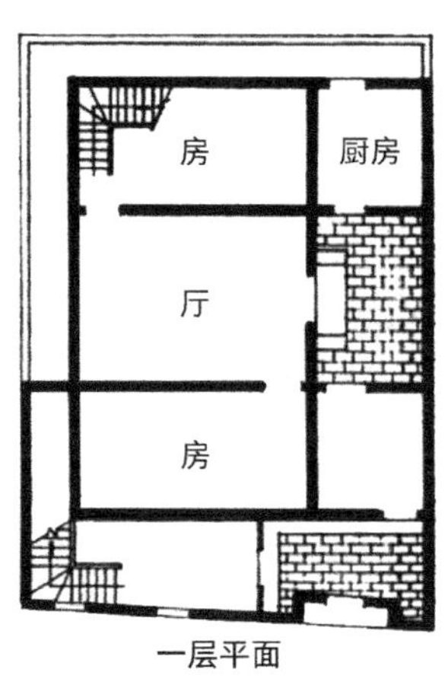

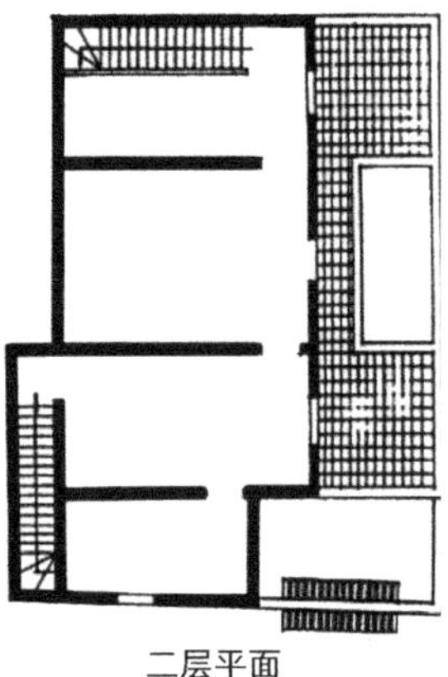

图3-30　沙湾古镇进士里3号刘宅[①]

① 陆琦．广东民居[M]．北京：中国建筑工业出版社，2008（01）：76.

房间宽大，大厅与房间的面阔比大约在1.5：1左右，“三间”之上通常为双坡瓦顶；前“两廊”，为门厅、厨房或杂物间，“两廊”中间为围合的天井，前部与后部“三间”面阔安排一致，但前部进深较后部窄许多，前后部的进深比大约在1：2左右，“两廊”之上通常为斜向天井的单坡瓦顶，因乡民视“水”为“财”，目的在于肥水不外流，大门位置根据外部交通状况而定，通常有天井正面开或其“两廊”侧面开两种；在通风采光方面，前“两廊”除进出的大门外，内侧还开有门洞与窗洞，一般均未安装门窗，与中部天井之间十分通透，因而两廊内部空间较为明亮，而后部“三间”，后墙面因“迷信”因素一般均不开窗，大厅主要通过天井采光，两侧的房间因前部连接“两廊”，一般前墙面也不开窗，仅侧面山墙开很小的侧高窗，光线通风较差。

历史上沙湾古镇经济富裕、人口稠密，为扩增居住空间与适应家庭生活居住的习惯，导致其“三间两廊”式民居建筑还呈现以下共性：①大多数为楼房，通常将后“三间”建至2～3层，而“两廊”与天井制式一般不变。2层的“三间两廊”式楼房，一般会用长方形的麻石块或红砂岩砌出0.5～0.8米高的石基础，之上通常采用清水砖砌筑，也有正面与后面采用清水砖而两山墙采用蚝壳墙砌筑的样式，但之上全用蚝壳墙砌筑的样式非常少见；3层的“三间两廊”式楼房，乡人习惯将其称为“高屋”（图3–31），兴建此“高屋”者，一般家庭都十分富裕，通常首层整层以体量硕大的长方形红砂岩石块堆砌，其余两层均以清水砖砌成，厅房距天井地面较高，常建有造型别致的“金”字形石阶下天井，当地称为“金字阶”（图3–32），历史上这种“高屋”整体造价十分昂贵，不管是2层还是3层的“三间两廊”式楼房，通常都会采用“锅耳”山墙，即使少许采用“人”字山墙的，屋脊在借助灰塑等传统手工技艺的建筑装饰下均十分精致华丽，楼层基本以木楼板分隔，即木格栅上铺钉木板，常之上还与1层一样均整齐地铺有红色的薄片方地砖，楼层间的木楼板常还开有通风的气窗（图3–33），加强通风采光，木楼

图3–31 沙湾梅花巷12号“高屋”

图3–32 沙湾安福巷12号“金字阶”

图3–33 沙湾古镇何少霞故居楼板气窗

梯一般安置于两侧楼房之中的任一处（图3-34），2层与3层的开窗方式与1层大有不同，或许上面楼层排除了安全性与私密性的担忧，2层与3层一般会在屋的正立面开窗，有的窗洞也会变大，采光通风条件较一层好许多。②“三间两廊”民居的横纵衍生与扩展不太明显，从现存的历史建筑上看，其衍生体大多数仅为纵向加“倒座”三间，横向两侧或横向任一侧兴建少许附属用房，几乎未见有纵向或横向发展为几进的院落，这很可能与沙湾古镇传统风俗习惯有关，年长的父母一般仅与长子同居，其余子嗣成年后大多会迁出另建住宅，从而在根本上决定与影响了沙湾古镇传统民居空间的基本大小与形制。

图3-34　沙湾古镇何少霞故居木楼梯

（2）“明”字屋

“明”字屋（图3-35、图3-36），即平面为双开间，象征着“明”字，故称为“明”字屋，一般由厅、房、天井、厨房及杂物间等组成[①]。沙湾古镇传统居民虽以“三间两廊”式为主，但历史上也兴建了不少的“明”字屋，这种建筑的平面布置较“三间两廊”更为灵活自由，没有相对固定的平面形制，两个开间大小经常不一，大开间一边作为厅与主要用房，小开间一边作为次要用房或厨房、杂物间等，整体进深与单间进深的长短可依据功能需要进行灵活调整，厅与厨房一般都会安排在天井周边，利于通风采光，但也有一些不带天井的“明”字屋，其通风采光主要依靠于外墙面的窗户、屋顶的天窗、内部楼板之间的气窗及楼板局部较大面积的镂空处理等一整套设计系统组成。历史上沙湾古镇宗族区人口众多，居住用地相对紧张，宗族区内的“明”字屋同样是以楼房为主。

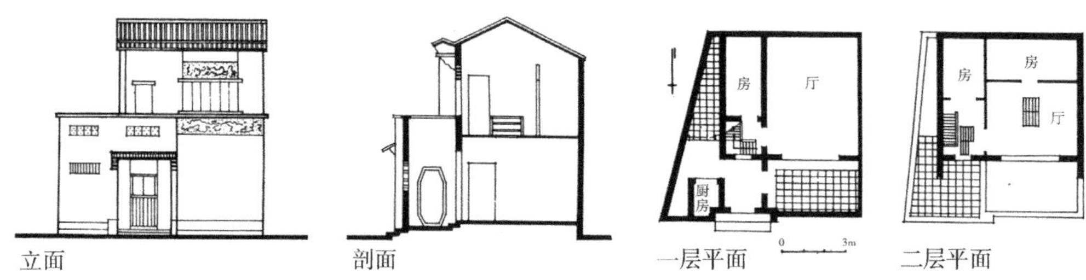

图3-35　沙湾古镇进士里11号何宅[②]

① 陆元鼎，魏彦钧. 广东民居[M]. 北京：中国建筑工业出版社，1990（01）：47.

② 陆元鼎，魏彦钧. 广东民居[M]. 北京：中国建筑工业出版社，1990（01）：50.

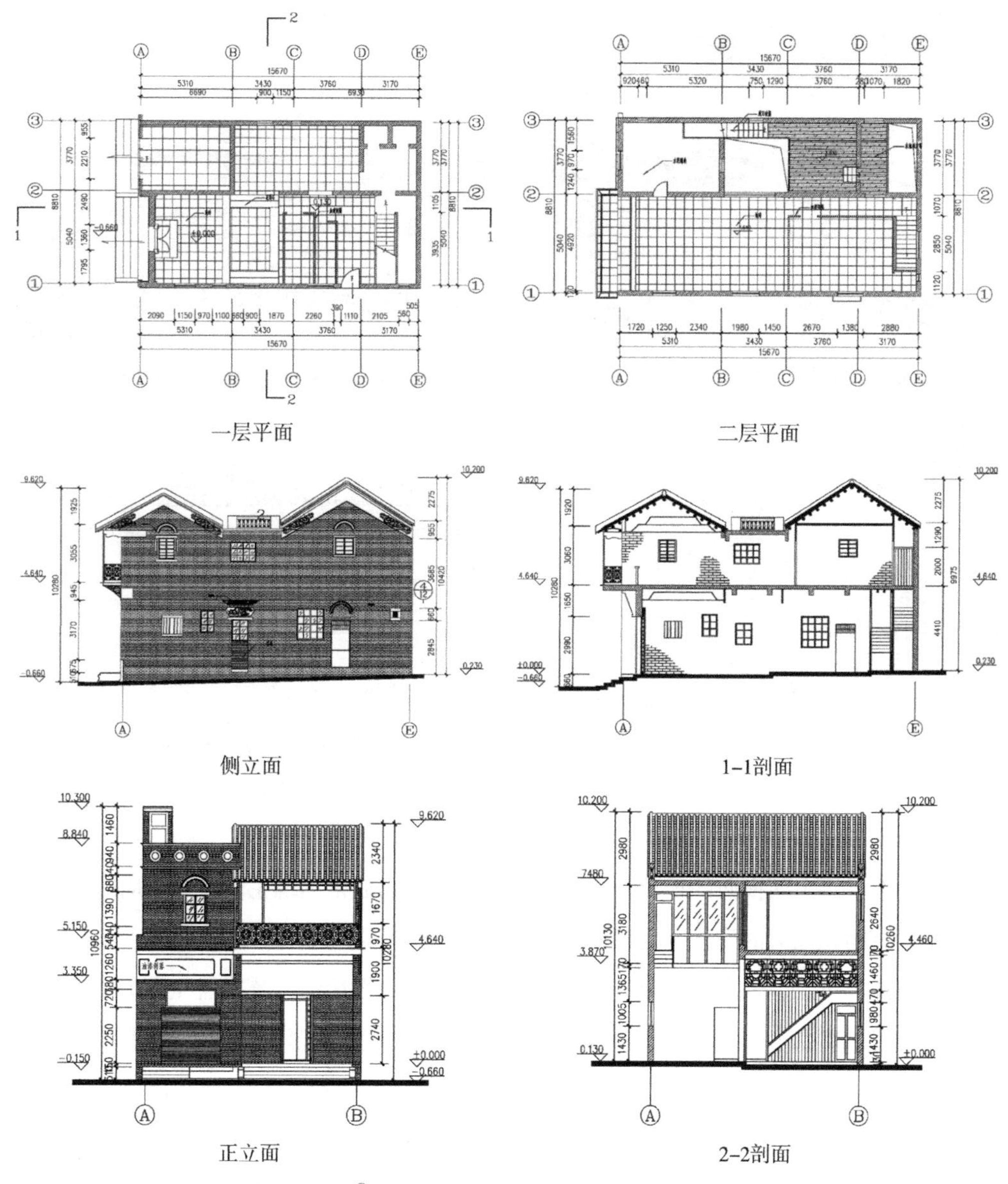

图3-36　沙湾古镇安宁西街10号何宅①

（3）西洋化庭院式民居

沙湾古镇地处珠江三角洲腹地，历史上曾长期作为外来文化输入的重要窗口之一。尤其在清末后，沙湾一些富裕的宗族成员有了海外经商、游历、求学等经历，古镇建筑风格也开始逐渐融入了一些西洋建筑文化，突出表现于期间镇内兴建了一批体现部分西洋化特征的庭院式民居（图3-37～图3-40）。

当地西洋化庭院式民居与之前惯用传统民居的主要特征差异在于：第一，相比原传

① 由华南理工大学历史环境保护与更新研究所提供。

图3-37　沙湾古镇青萝大街25号“义庐”

图3-38　沙湾古镇青萝大街28号“恒庐”

图3-39　沙湾古镇“四大耕家”之一何树享故居

图3-40　沙湾古镇鹤鸣街3号

统民居一般采用东西横向的狭小天井，其在平面布局上通常围绕主体建筑四周或主体建筑前布置有面积较大的院子，较大的院子内一般都比较重视绿化，前院通常栽植有树木等遮阴纳凉；第二，绝大多数西洋化庭院式民居较之前惯用的传统民居在占地面积、建筑面积、层高等方面均得到相应的增加，整体较大的建筑面积也为内部提供了灵活多变、相对自由的功能布局方式，使用功能得到明显改善；第三，窗户开设数量明显增多、面积变大，正立面还常配有活动的小阳台，整体通风采光得到了良好改善；第四，融入了西洋化的建筑装饰构建与符号，如西洋柱式、装饰性的巴洛克式缺口山墙等；第五，积极采用了一些新的建筑材料，如钢筋水泥的楼板、水泥制的装饰性墙面等。

（4）竹筒屋

竹筒屋在沙湾古镇的民居中并不多见，主要在用地紧张、地价昂贵的“安宁市”商业街两旁及周边地块建有一些，其中一些并不是单纯的民居，而作为商住两用，且大多数为楼房（图3-41、图3-42）。竹筒屋的平面特点类似一节节串联的竹节纵向发展，正面面阔仅为单开间，进深则根据地形与功能需要可长达好几间，进深长的竹筒屋中间通常会布置天井，以此加强室内通风采光，一些较短的竹筒屋有时也不设天井，主要依赖敞开的厅门通风采光，因而这类竹筒屋室内较为昏暗，靠里面房间的通风条件一般较差。

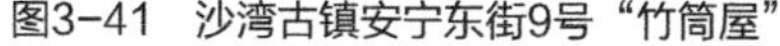

图3-41　沙湾古镇安宁东街9号“竹筒屋”

图3-42　沙湾古镇安宁东街74号“竹筒屋”

2. 祠堂、寺庙等重要公共建筑

沙湾古镇宗祠、古庙等重要公共建筑采用的营建思路大体相同，根据其功能、地位与重要性等多方面因素，主要由“路”“进”“间”的不同组成方式决定其大体的形制与规模。“路”可以简单地理解为一座建筑群内纵向进深的主要行进路线，其中“一条纵深轴线分布而成的建筑与庭院序列被称为一路”①，反映了整座建筑群的纵向轴线安排及面阔大小；“进”，从一个室外空间进入一个室内空间谓之一“进”，“进”一般以主体建筑的序列计数，但当地人对“进”的计数，有时会将宗祠内分隔庭院的仪门也算为一“进”，“进”反映了整座建筑群的横向轴线安排及进深大小；“间”，主要指主体建筑的开间数，一般不包括附属建筑的开间数。从沙湾古镇相关历史资料记载与现实遗存上看，其组成形式最常见、最具代表性的有：一路两进三开间、一路三进三开间、三进三路五开间等。

（1）一路两进三开间

“一路两进三开间”建筑布局形制主要由前座、后座及中天井三部分组成，常在沙湾古镇的一些房祠、支祠等小型公共建筑中采用，数量颇多，如“佑启堂”（图3-43）“炽昌堂”（图3-44）“福堂祠”（附录2）“惠岩祠”“时思堂”及安宅里巷的“观音堂”等。

① 冯江．明清广州府的开垦、聚族而居与宗族祠堂的衍变研究[D]．广州：华南理工大学，2010：166.

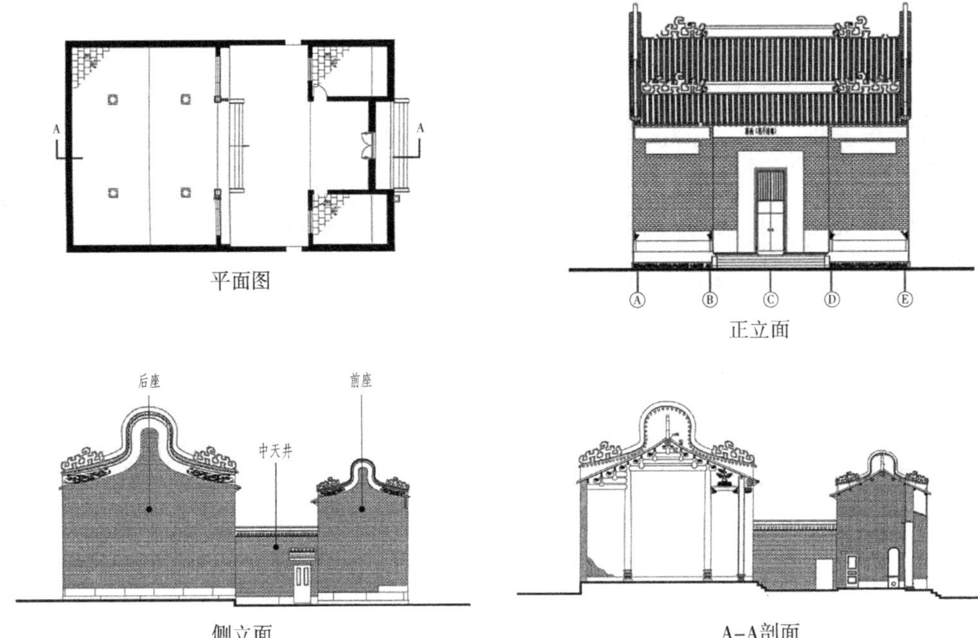

图3-43　沙湾古镇车陂街“佑启堂”①

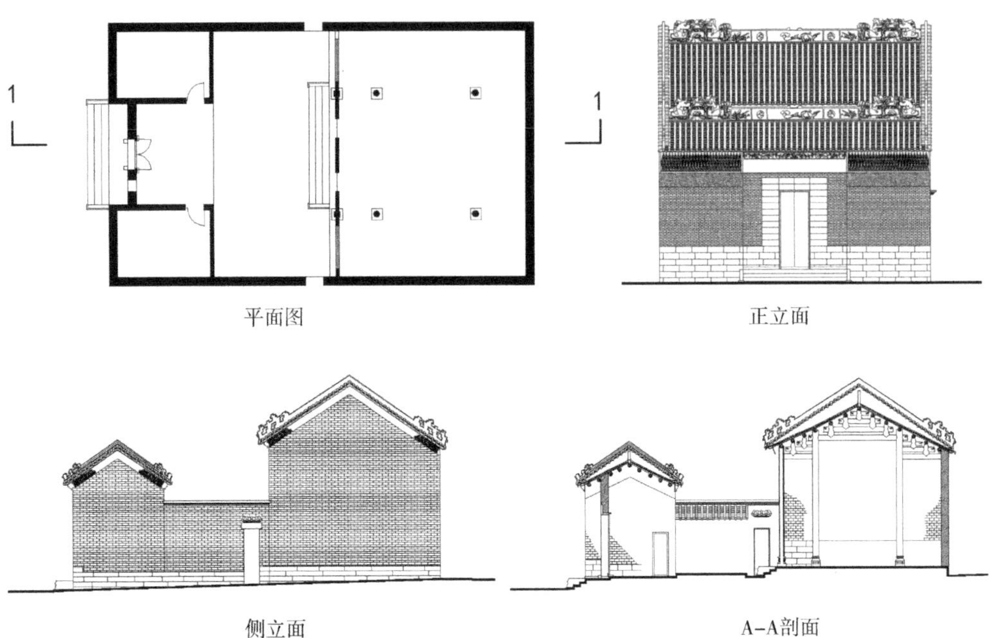

图3-44　沙湾古镇车陂街“炽昌堂”②

① 由华南理工大学历史环境保护与更新研究所提供。

② 同①。

前座，面阔三间，通常为大门所在之处，又称“门堂”，这主要是因为沙湾重要的公共建筑一般都安排在东西横向的主干街道旁，沿街前座正中较宽的心间为门厅，大门的形制一般都采用规格相对较低的“凹斗式”门（图3–45），指“心间向内凹进、两侧为两次间的正面墙体、前檐没有廊柱的大门形式”[①]，但也有极少数的例外，如“福堂祠”为主要祭祀明代进士何子海的房祠，祭祀对象身份尊贵，虽为“一路两进三开间”的小型宗祠，却也采用了规格等级更高的“抬梁式”门堂（图3–46）。前座左右两侧较窄的次间多为附属用房，其中一些附属用房内设木阁楼，往上有狭窄的简易木楼梯可登入，前座的外正立面一般都不开窗，现若见前座外正立面开窗的，这些窗基本为现代后加之物，前座两侧次间朝向天井的上层墙面有时会各开设镂空砖拼接而成的花窗，下层则借助各自门洞通风采光。

图3–45　沙湾“炽昌堂”之“凹斗式”门

中天井，均呈东西横长形，由于自身占地面积不大，天井内设廊道等围合的很少见，两侧大多数直接用围墙围合，若周边交通状况允许，一般会在天井左右的一侧或两侧开平直的小侧门，天井内常植有1～2株高大乔木，也有少许这种形制的公共建筑将主入口设在天井一侧进出，这主要依据外部的交通状况而定，如有安宅里巷的“观音堂”，进出仅能依赖西侧的南北竖向的巷道，故只能将主入口设于天井的西侧。

图3–46　沙湾“进士会”之“抬梁式”门堂

后座，为整座建筑群中最为重要的部分，承担主要的使用功能。如宗祠不仅于其后墙供奉祖先灵位，其前也是宗族公共活动的核心区域；又如庙宇则是供奉主神及祭拜的中心场所。依据功能大小需要，后座虽与前座同为三开间，但进深却较前座长出许多，且比前座高大，内部一般没有任何墙体分隔，通常内部仅立几对柱子加以支撑，但也有

① 赖瑛．珠江三角洲广府民系祠堂建筑研究[D]．广州：华南理工大学，2010：109.

些内部不立任何柱子，从内部由下往上看，可直视屋面整体结构，因而内部整体空间看上去十分通透、高大，正中相对较宽的心间一般直接对外开敞，入口上部通常会装饰较为通透的木挂落，两侧较窄的次间一般以墙体砌成，其墙上一般均会开设较大面积的、镂空砖拼接而成的花窗，因而后座采光通风良好，整座建筑除朝向天井的内墙面会开窗外，其余墙面一般均不开窗，这很可能因当地“迷信”思想及周边现实情况等综合因素造成。

（2）一路三进三开间

“一路三进三开间”的建筑布局形制主要由前座、中座、后座及前后两进天井组成，常在沙湾古镇一些等级较高、人丁兴旺的房祠等中型公共建筑中采用，如供奉何氏甲房六世祖何汝善及以下祖先的萝山里大街“孔安堂”（图3-47）、供奉何氏乙房六世祖何

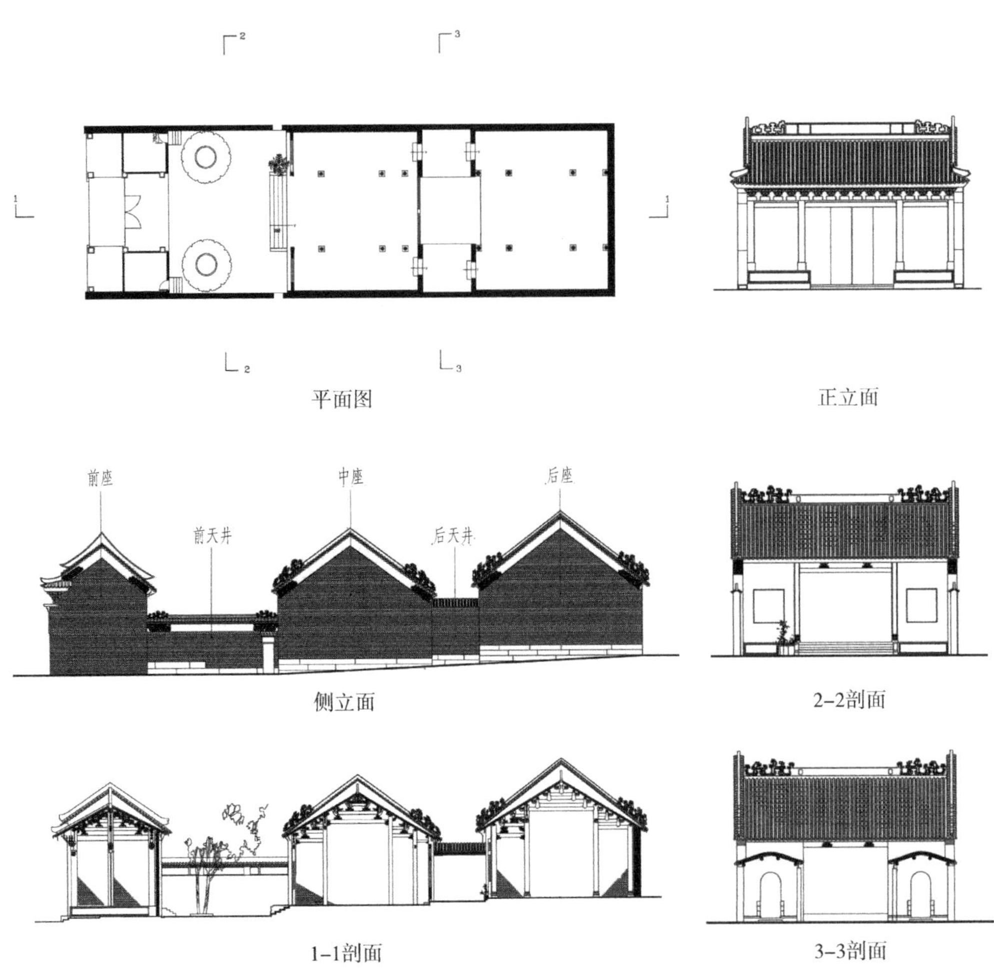

图3-47　沙湾古镇萝山里大街“孔安堂”[①]

① 由华南理工大学历史环境保护与更新研究所提供。

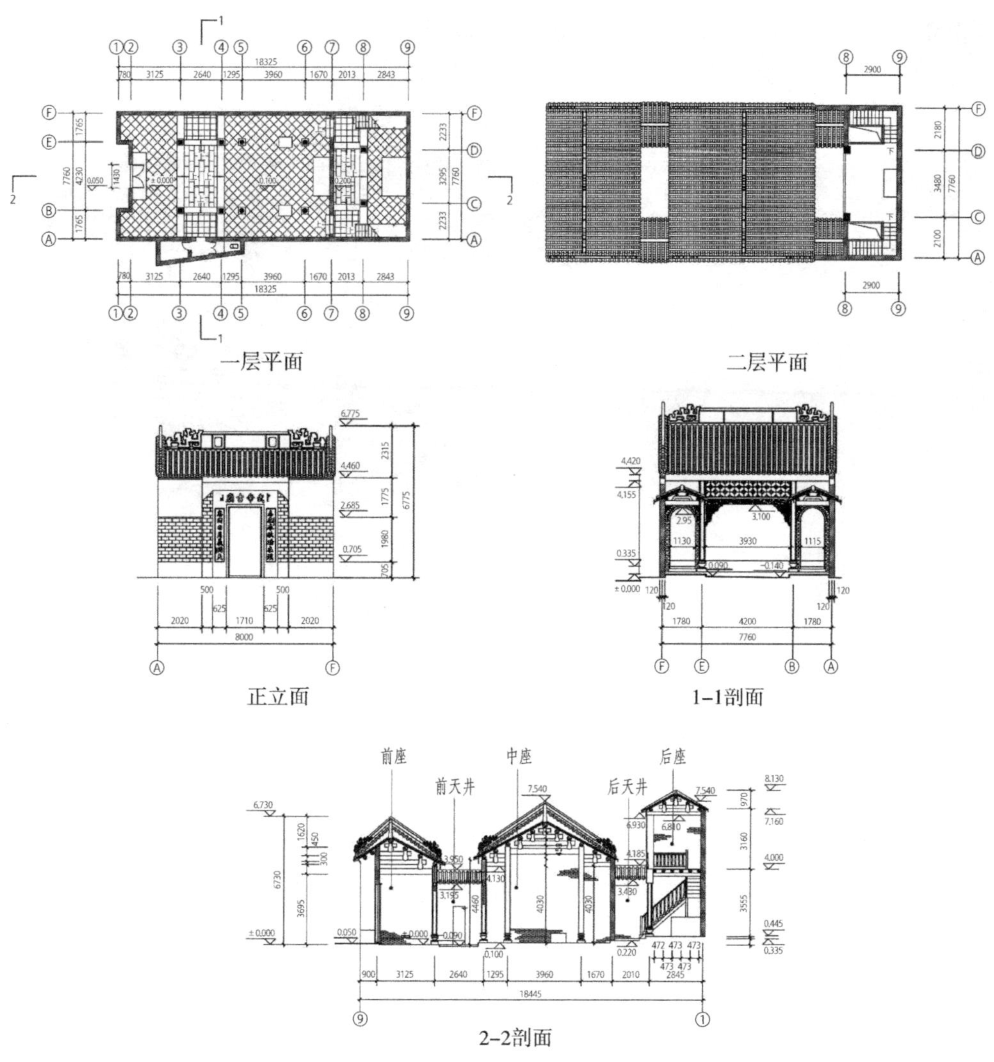

图3-48　沙湾古镇安宁东街“武帝古庙”①

元泰及以下祖先的安宁西街“永思堂”（亦称：镇南祠）、供奉何氏丁房六世祖何泰孙及以下祖先的鹤鸣里街“光裕堂”、供奉何氏甲房九世何志远及以下祖先的承芳里大街“申锡堂”（今改为：玉虚宫）、安宁东街的“武帝古庙”（图3-48）及安宁中街的乡公所“仁让公局”等。

前座，从沙湾古镇现实遗存上看，这种形制的中型公共建筑，前座均为设置主入口的“门堂”，面阔虽与“一路两进三开间”形制同为三开间，但其单个开间与整体面阔一般都更宽。这类形制宗祠的“门堂”通常采用规格相对较高的“抬梁式”门，明间为门厅，一般左右次间前各一塾台、后各一塾间，其对开的大门不仅较“一路两进三

① 由华南理工大学历史环境保护与更新研究所提供。

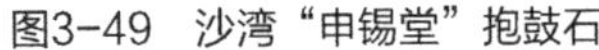
图3-49　沙湾“申锡堂”抱鼓石

图3-50　沙湾安宁西街“永思堂”前座

开间”形制的大门宽出不少，且装饰相对精美，大门两侧通常配有造型别致的抱鼓石（图3-49）或灵兽石雕，塾台外侧更立有雕刻精美的石柱梁或石柱木梁等构件承托屋架（图3-50）。镇内除宗祠外的其他一些中型的公共建筑，如乡公所“仁让公局”“武帝古庙”等，则采用规格相对更低的“凹斗式”门，通常与“一路两进三开间”形制前座大体相同。

前天井，处于前座与中座之间，宗祠中的前天井作为整个建筑群中最重要的户外围合活动空间，许多宗族活动与仪式在此进行，因而面积一般较后天井大许多，而镇内庙宇等其他公共建筑的前天井与后天井主要起分隔空间与通风采光等作用，因而前后天井面积几乎一样大。“一路三进三开间”较“一路两进三开间”形制的天井，其整体面阔一般要宽，故其东西两侧也常以联系与使用更为方便的廊道围合，靠天井外侧的柱与柱础基本为防潮、防虫的石制材料。

中座，通常为三进建筑群中最为重要的部分，正如宗祠为宗族议事、聚会等宗族事物活动使用最为集中的地方，庙宇为主神神位安置与祭拜的中心场所，乡公所为地方执法、理事的主要办公场所，其不仅建筑面积一般较前座与后座都更为宽阔，而且建筑用料、构件形制、装饰等方面都相对前座与后座更为考究。三开间的中座明间面阔较左右次间宽出许多，因明间为宗族事物活动的主要使用区域，而两次间倾向于作为联系前、后座的交通廊道使用，屋架支撑通常主要由前檐柱、前金柱、后金柱、后檐柱各两根等组成，檐柱通常为石柱、石础，内部金柱通常为石础、木柱，但有些三开间的庙宇中座没有两根后檐柱，明间后立面直接砌成整面的承重砖墙，目的是为了便于之前安放神像，无论哪种中座形制都少有围合，通常仅在后金柱之间设置木制屏门加以遮挡，或者在两次间后立面砌成承重砖墙，并各开有券拱门，又或仅在后檐柱之间砌筑墙体等，对外十分通透，作为整座建筑群的中心，承上启下，不管是在功能上、视觉上都较好地串联了整座建筑群。

后天井，与前天井一样，两侧通常也建有廊子联系中座与后座；在宗祠中通常后天井相对前天井面积小许多，除偶尔摆放的一些小型盆栽外，一般少有绿化，在空间序列上作为供奉祖先神位后座的前奏，整体布置比较简洁、肃穆；在庙宇中一般前后两进天井面积大小差异不大，在整体布置方面前后两进天井都讲究神秘、宁静的氛围。

后座，宗祠的后座又称为寝堂，专为供奉宗族祖先灵位之处，功能较为单一，因而进深相对中座一般要短许多，但为增强使用功能也偶有出现后座面积与中座面积相当的例子，祖先灵位依次安放于后部靠墙的神台上，前部供族人祭拜，三开间的后座有时会将内部分隔开，明间用以安放祖先灵位，左右两次间放置祭祀用品等；庙宇的后座，有些建有两层，造型轻巧别致，对外通透，通常借两侧的小木梯而上，因受岭南地域的功利性泛神崇拜文化影响，一般一所神庙内通常会供奉多位“神灵”，体型高大的“主神”安放于中座正中位置，而后座两层设计利于更多地供奉其他各路“神灵”；正如“武帝古庙”，中座供奉“武帝主神”等（图3-51），后座一层供奉“文昌帝君”（图3-52），后座二层供奉“君星斗魁”（图3-53）。

（3）三路三进五开间

“三路三进五开间”布局形制的公共建筑在整个岭南地区都相对少见，主要在一些

图3-51　沙湾武帝古庙中座主供“武帝主神”

图3-52　沙湾武帝古庙后座一层供“文昌帝君”

图3-53　沙湾武帝古庙后座二层供“君星斗魁”

名门望族的宗祠、书院等公共建筑中采用，在沙湾古镇唯有声名显赫的何氏大宗祠采用这种形制，其余沙湾族姓的大宗祠则采用规格等级稍低的“三路三进三开间”或其他更低的形制等。与镇内的其他宗祠对比，沙湾何氏大宗祠规格等级最高、占地面积（大约为3300多平方米）与建筑体量最为庞大、构成元素最为丰富全面、造型与装饰最为精美，其“三路”中，中路安排主要建筑，左右两路安排规整、对称的附属建筑（又称：衬祠），从中路主轴线的建筑序列上看，一般由南至北主要依次由照壁、水塘与旗杆群、前座、第一进天井（内含分隔空间的仪门）、中座、第二进天井、后座等元素组成（图3–54）。

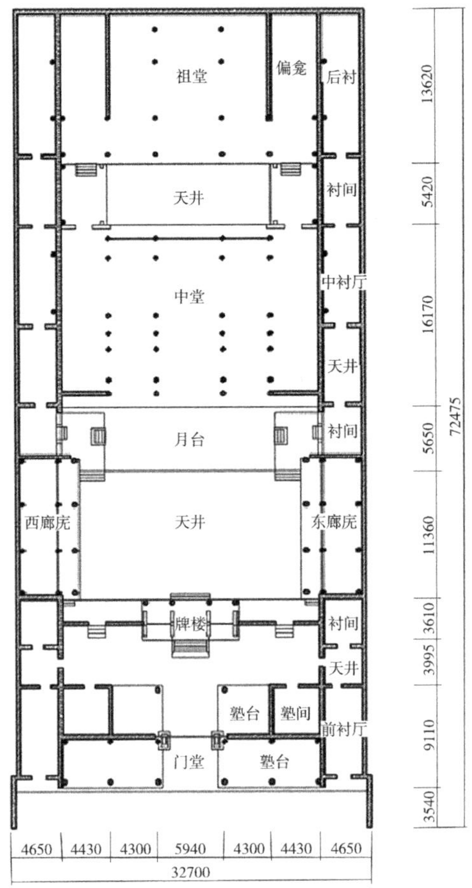

图3–54 沙湾古镇何氏大宗祠“留耕堂”平面图①

照壁，位于建筑序列的最前部，分前照壁与侧照壁。前照壁，位于何氏大宗祠的最南端，与前座门堂之间隔有较大面积的四方形水塘，二者相距较远，几乎不具备视线遮挡的作用，建造的目的主要是为了对大门形成折煞、屏蔽的心理慰藉，但在一定程度上也有利于增强整座建筑群的序列感及宗祠前广场的围合感，可惜前照壁早已尽毁。侧照壁（图3–55），前座衬祠两侧各有一，长大约为3.54米，其基座以红砂岩砌成，墙身以高规格的水磨青砖砌成，檐上有博古脊，檐顶下有成条的翻花及墙楣上有成条的灰批装饰，整体造型与装饰较为简洁大方，利用颜色、材质对比产生清新、明快之感。

水塘，中国传统“风水”思想认为水能“藏风聚气”，自然良好的“风水”宝地常离不开水，为促进宗族兴旺，倘若大宗祠前面没有天然的水系，其中一些大宗祠前也会人工开挖水塘，正如沙湾古镇何氏大宗祠前就开挖了近乎方形的“风水”池塘，而现实作用中，这些水塘不仅美化了环境，同时也为乡人生活用水及大宗祠防范火灾提供了便利。

旗杆群（图3–56），明清时期凡是有族人考取举人、进士等以上功名者，必定会在

① 赖瑛．珠江三角洲广府民系祠堂建筑研究[D]．广州：华南理工大学，2010：128.

图3-55　沙湾何氏大宗祠两侧照壁

图3-56　沙湾何氏大宗祠大门前旗杆石夹基础

宗祠门前竖立旗杆，以此光宗耀祖、青史留名。在沙湾古镇，尤其是何氏一族，历史上人才辈出，何氏大宗祠前左右曾竖立有许多十分高大的旗杆群，功名旗帜迎风飘扬，作为整个建筑群的前置重要景观元素，烘托与提升了大宗祠的庄严、崇高气氛，甚为壮观。然而，现何氏大宗祠前的功名旗杆已几乎尽毁，仅存部分旗杆石夹基础，其上仍保存有阴刻了考取功名者的相关历史信息。

前座（图3-57），即门堂，为硬山顶、灰塑龙舟正脊，主体建筑5开间（约23.4米），进深两间（约9.1米），且主体建筑两旁还各附有单间的衬祠，整体体型十分庞大，整个门堂为分心槽，其“抬梁式”门堂中采用了高规格等级的“一门四塾”形制（图3-58），即前有两开间的塾台两个，后有单开间的塾台、塾间各两个，正中明间设双开平推的大木板门，各门板上绘制有色彩鲜艳、威风凛凛的门神一对，门前设有

图3-57　沙湾何氏大宗祠前座

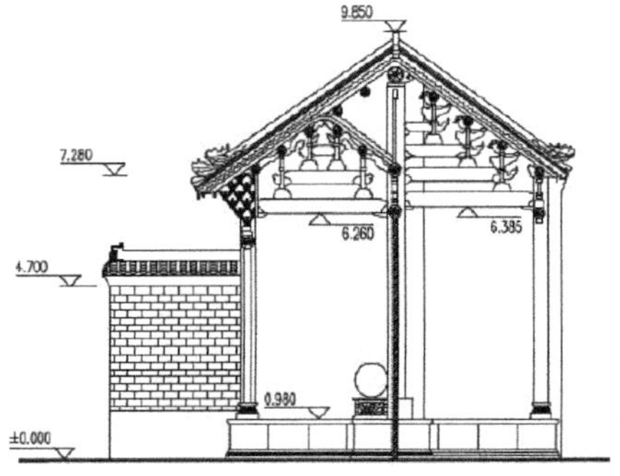

图3-58　沙湾何氏大宗祠“一门四塾”前座平面与剖面①

一对装饰性的抱鼓石，前檐立有6根8角形火山灰水成岩（当地俗称：“鸭屎石”）棱柱（图3-59），后檐立有4根同样的石棱柱，中间立有6根圆木中柱，以上木制的梁枋、驼峰、四跳如意斗栱等都充分体现了高超、精湛的民间木雕技艺，雕刻内容多为奇花异草、飞禽走兽及历史故事人物与场景，形态栩栩如生，精致又变化无穷，但整体看上去稍显繁复与琐碎（图3-60）。

图3-59　沙湾何氏大宗祠前座前檐8角形石棱柱

图3-60　沙湾何氏大宗祠前座檐枋梁架细部

第一进天井，为宗族举行活动的重要场所之一，总面积约有478平方米，非常开阔，靠前部设仪门将第一进天井一分为二，前部大约135平方米，仪门占地43平方米，后部大约300平方米。仪门（图3-61）主体结构为8柱、3开间、3门的木石结构牌坊，两侧连以高墙，每边高墙还各开一券拱门，仪门8根柱子又分为4根中柱、4根后檐柱，均为近四方形的“鸭屎石”柱，4根中柱配有4对结构性、装饰性俱佳的抱鼓石，整个仪门

① 冯江. 明清广州府的开垦、聚族而居与宗族祠堂的衍变研究[D]. 广州：华南理工大学，2010：177.

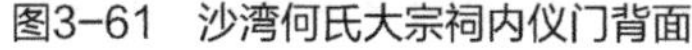

图3-61　沙湾何氏大宗祠内仪门背面

图3-62　沙湾何氏大宗祠第一进天井侧廊庑

高低有序、重点突出，明间额枋较高，以7攒5跳木制如意斗栱挑檐，其上为庑殿顶，正楼屋脊有一条造型十分精美的灰塑回龙，首尾相望，颇为新颖独特，左右两次间额枋较低，各施4攒4跳木制如意斗栱挑檐，两次间屋檐更为奇特，为前屋檐庑殿顶与后屋檐歇山顶的组合而成，充分体现了岭南建筑艺术求新求异之特点。第一进天井前部可从侧面两路的小天井进入衬间，第一进天井后部两侧为面阔三开间、进深两间的廊庑（图3-62），各有4根8角形的外檐石柱及内8根圆木柱，有明显的外廊内庑之分，中设一色的雕花屏门分隔，廊作为交通通道，庑则可以住人与储物。

中座（图3-63），为宗族议事、祭祀等活动的中心场所，建筑面积较前座、后座大许多，为拓展使用空间、容纳更多族人参与宗族事物活动，其包括月台、拜庭及中堂（中堂又称：象贤堂）三部分组成，其中拜庭与中堂由前后两座硬山顶勾连搭组合而

图3-63　沙湾何氏大宗祠中座

成。月台，位于中座之前端，作为内部空间的延伸与前奏，不仅拓展了中座的宗族事物活动空间，而且丰富了空间的层次感及强化了空间的秩序性，其宽约16.1米，深约5.65米，高约1.13米，面积大约在91平方米，东西两侧有登台的石阶，尤为突出的是整个月台的正立面由15幅宽约1米、高约0.6米的精美石雕画作组成，每幅画作间以竹节形石雕分隔，雕刻内容都为象征祥瑞的飞禽走兽，并配以象征高贵品质的梅、兰、竹、菊等植物，形象生动有趣（图3-64）。拜庭与象贤堂，均面阔五间（约24.8米），各进深三间，总进深约18.2米，整个中座的室内面积约451平方米，两者内部空间十分连续，仅地平面有一石阶之差，内部由前后7排、左右4列共计28根巨柱构成主要支撑，仅4根前檐柱为8角形“鸭屎石”柱，其余均为直径约0.46米的木柱，整体室内空间少有围合，仅4根后檐柱间施以上部镂空的木制雕花屏门遮挡，及左右两稍间前后砌以砖墙围合，但稍间前墙立面开有装饰精美的砖雕大花窗，稍间后墙立面也开有券拱门，室内整体空间对外十分通透、明亮。

图3-64　沙湾何氏大宗祠月台正面石雕画作细部

第二进天井，功能较为单一，主要起联系中座与后座，及提供通风、采光等作用，因而较第一进面积小许多，大约79平方米，东西两侧是连廊，各有4根柱子，外部的檐柱均为8角形的“鸭屎石”柱，紧靠山墙的为圆木柱，连廊的所有柱础都是雕刻覆莲花瓣的红砂岩柱础，造型尤为别致美观，据说是元、明时期的遗物（图3-65）。此外，原连廊两侧各开有一券拱门通往东、西的衬祠，在一次重修时被封闭，导致现今后座与东、西后部衬祠的联系十分不便。

图3-65　沙湾何氏大宗祠红纱岩柱础

后座（图3-66），名“留耕堂”，为供奉何氏祖先灵位的寝堂，为尊崇先祖，寝堂地面为全祠最高之

图3-66　沙湾何氏大宗祠后座中三间

处，可由东西两廊登5级石阶而上，面阔5开间（约24.8米），进深4间（约15米），面积大约在372平方米，较中座面积小，前设6架卷棚廊，后座共拥有16根柱子，除4根檐柱为8角形的“鸭屎石”柱外，其余均为圆木柱，整个室内空间被青砖墙分隔为三部分，即中间三开间为一部分，供奉何氏祖先神位，左右稍间各为一部分，原分别为忠烈祠与乡贤祠。

3．商铺

（1）大茶楼

历史上沙湾古镇宗族区成员经济富裕、生活悠闲，促使区域内曾建有一批建筑体量相对较大的、极具岭南饮食与休闲文化特色的大茶楼，这些大茶楼分别处于安宁市商业街人口密集汇聚的几个十字路口旁边，如安宁中街西北端的“冠南”、安宁中街东南端“金龙”、安宁东街西北端的“富贵”、安宁东街东北端的“汇源”等大茶楼。在建筑内外部特征方面，这些大茶楼均有阁楼，2至3层，每层层高一般高达3～4米，较一般商铺高出许多，面阔至少两开间以上，青砖砌筑大屋，临街一式装饰华丽的满洲窗，屋脊、墙楣大多分别装饰有十分华丽精巧的灰塑、陶塑及砖雕等，屋内通常都设有考究的酸枝桌椅及雕花木扶梯等，一些较大的茶楼内部还曾设有小戏台，时而邀请广东省及当地名伶演出，其中造型较特别的有“冠南”茶楼，二楼部分横跨滑石巷口，原可凭巷上小阁南北向通透的满洲窗俯瞰楼下繁华的街头景象及瞭望正对面的大巷涌水景，所见之景十分宜人。因这些茶楼早已被拆除，相关历史资料十分稀缺，深度访谈又具有一定的局限性，故现只能略知原大茶楼的大概风貌而已。

（2）一般商铺

沙湾古镇宗族区内的一般商铺体型较茶楼、祠堂等其他公共建筑小巧许多，主要集中在安宁市商业街两旁，相互间串联成排，多数面阔为单开间、进深有多达几间的竹筒屋平面布局形制，一般为带有小阁楼的两层建筑，内有简易、狭窄及陡峭的小木梯而上，但整体层高较茶楼、祠堂等矮许多，尤其是二层层高大约仅供人直行而已，临街立面首层原为一块块长木板组合而成的拆装门，现大多数已改装，临街立面二层常配有雕刻精美的木制栏杆、雕花木板窗台及百叶窗，在内部使用功能安排上，主要有前铺后居与下铺上居两种（图3-67、图3-68）。

图3-67　沙湾安宁西街9号传统商铺建筑

图3-68　沙湾安宁西街3-5号传统商铺建筑

4．古塔

在传统社会中，沙湾古镇宗族成员历来信奉“风水”学说与重视耕读，为弥补居住地环境缺陷、祈求族内子弟文运昌盛及满足大众心理愿望等因素，造成建塔之风盛行，据《沙湾镇志》等相关历史资料记载，历史上沙湾古镇至少建有“青云塔”“文峰塔”等。

（1）青云塔

青云塔（图3-69、图3-70），又称“聚奎阁”，位于沙湾古镇宗族区以东的水涌交汇处，建造的起因是：堪舆先生认为沙湾古镇西、北方有青萝嶂及周边群山围合，虽山势余脉延伸至东面岐山，但东面地势相对平坦，建此塔可强化东西环抱之势，以便留住东出水口之财气。此塔于清道光五年（1825年）由乡公所“仁让公局”集资与主持兴建，为七层砖石木结构的六边形塔，每层之间以砖雕翻花五层叠涩出檐，各层檐下墙楣

图3-69　沙湾青云塔视角一[①]

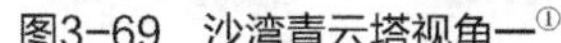

图3-70　沙湾青云塔视角二[②]

图3-71　沙湾文峰塔

有环绕的带状灰塑壁画，其最下一层以3/5的石材砌成塔基，之上塔身全为砖砌，攒尖塔顶上有紫铜制成的塔刹，塔身内部设木楼板及小木梯，各层在同一边墙立面开有券拱门，各层券拱门上嵌有石额，如二层门额刻有“光腾青云”、三层门额刻有“学贯天人”、四层门额刻有“玉衡正”、五层门额刻有“珠璧联”等；此塔纤细笔直、高耸入云，曾还一度作为沙湾古镇抵御海岛、沙匪的前方瞭望塔，然而，不幸其在20世纪70年代被乡民视为危楼而拆毁。[③]

（2）文峰塔

文峰塔（图3-71），又称“文昌阁”，始建于清康熙六十年（1721年），位于沙湾官巷里后街的高地上，为何氏一族兴建的“风水”塔，原为砖石木结构的三层六边形塔，攒尖顶，整个塔基以红砂岩砌成三层平台，首层供奉“文昌帝”、二层供奉“关帝”，顶层供奉“魁星”，凡有宗中子弟应考与儿童入学必来此叩拜，清代兴建原物已于20世纪20年代倒塌，现今之物为1985年重修而来，虽形制部分采用了旧式，但古味已基本丧失。[④]

四、疍民区历史空间特征分析

（一）空间结构

历史上沙湾古镇疍民区居民基本为受宗族区宗族成员雇用于耕作的底层劳动力，人

---

① 中国广州市番禺区沙湾镇委员会，广州市番禺区沙湾镇人民政府. 沙湾镇志[M]. 广州：广东人民出版社，2013（01）：（图）6.

② 同①：（图）14。

③ 中国广州市番禺区沙湾镇委员会，广州市番禺区沙湾镇人民政府. 沙湾镇志[M]. 广州：广东人民出版社，2013（01）：447.

④ 中国广州市番禺区沙湾镇委员会，广州市番禺区沙湾镇人民政府. 沙湾镇志[M]. 广州：广东人民出版社，2013（01）：448.

口来自四面八方，姓氏庞杂，因一种松散的、临时的业缘关系，而居住在宗族区周边。他们没有土地，只有临时居住权，且自身又缺乏组织性，因此，沙湾古镇疍民区并未形成相对系统的、稳定的聚落空间结构，亦无明显的聚落空间范围。

（二）空间布局

疍民，一为了方便管理自己的耕作土地，二为了方便生活用水及纳凉，三为了方便出行及停靠平日里捕捞用的渔船，一般都在各自耕作土地附近的河边居住。因此，聚落空间布局零散，呈点状独处或局部沿河呈带状。疍民区内几乎没有街巷，主要依赖围垦田地、鱼塘所形成的土质小路（当地人称：基围壆）、水路及简易木桥通行（图3–72）。

图3–72　沙湾古镇疍民区基围壆与木桥交通①

（三）主要建筑类型

疍民区多为临时居民，常根据各地耕作土地所能获取利润的大小，不断寻求新的耕作土地，并更换居住地，因此，疍民区的建筑多为临时性的、简易的茅寮或松皮屋。不幸的是，现沙湾古镇周边的茅寮、松皮屋已全部拆毁，仅能从当地留存的一些老照片及附近大稳村现存的一些茅寮实景，略窥一二（图3–73 ~ 图3–75）。茅寮一般用稻草

图3–73　沙湾古镇疍民区茅寮之一②

图3–74　沙湾古镇疍民区茅寮之二③

①② 中国广州市番禺区沙湾镇委员会，广州市番禺区沙湾镇人民政府. 沙湾镇志[M]. 广州：广东人民出版社，2013（01）:（图）45.

③ 同①:（图）18。

或蔗筴叶遮盖屋顶，内部用竹和小杉作架，墙以稻草和稀泥糊成，屋内少有间隔，人口多的，多盖几间，分别作为就寝、烹饪、储物的地方①。松皮屋与茅寮颇为相似，只是建筑材料多以松皮代之。此外，受经济、土地使用权等条件制约，疍民区内几乎没有任何公共建筑。

图3-75　大稔村骝岗水道松皮屋

五、宗族区与疍民区的历史空间特征对比

宗族区与疍民区的历史空间各有特征，并对比详见下表（表3-6）。

沙湾古镇宗族区与疍民区的历史空间特征对比　　表3-6

空间类型		宗族区	疍民区
居住成员		世居于此的五大宗族	逐耕而居的杂姓疍民
社会关系		血缘	业缘
社会地位		主导者	被主导者
空间范围		具有明确范围的“一居三坊十三里”	散布于宗族区周边，无明确范围
空间结构		层层递进的聚居结构	自由结构
空间布局		集中，以“梳式布局”为主，按里坊划分	零散，点状独处或局部沿河呈条状，无里坊划分
空间组成		建筑物为主（人工化）	沙田、水涌为主（偏自然化）
交通空间		石街石巷	基围垦、水路交通
建筑	按功能分	民居、宗祠、寺庙、商铺、茶楼、塔、石桥等，公共建筑丰富多样	仅有简易民居、木桥，几乎无其他公共建筑
	按主体材料分	清水砖建筑、蚝壳墙建筑、红砂岩建筑等	茅寮、松皮屋
	服务期限	长期	临时

六、原真“宗族-疍民”空间格局的变因与现状问题分析

（一）变因分析

1．管理体制的转变与宗族文化的丧失

在20世纪50年代以前，沙湾古镇几大宗族依靠族长、宗祠、族谱、族田等形成了以宗族为核心的地方自治管理体制与强盛的宗族文化，并最终由此主导在空间形态上产生了分化的“宗族-疍民”空间格局，及宗族区组织紧密、亲疏有分的里坊分化现象。然

① 中国广州市番禺区沙湾镇委员会，广州市番禺区沙湾镇人民政府．沙湾镇志[M]．广州：广东人民出版社，2013（01）：574.

而，大约在20世纪50年代以后的一段时期内，以宗族为核心的地方自治管理体制几乎被完全摒弃，宗族文化在一段时期内被人们简单地视作“封建思想”，大量宗祠遭受严重的破坏，许多珍贵的族谱被焚毁或流失，因而以此为基础形成的“宗族–疍民”空间格局出现裂变就不足为奇了。

2．土地占有方式的转变

20世纪50年代的“土地改革”以后，彻底打破了沙湾古镇几大宗族垄断周边土地所有权的现象，其周边的“疍民”重新获得了土地，之后大多数疍民都长期定居于此，社会地位得到了极大的提高，基本消除了与宗族区居民的身份地位隔阂，在此背景下“宗族–疍民”空间格局也在一定程度上呈现出逐渐消融与相互渗透的现象。

（二）现状问题分析

原真“宗族–疍民”空间格局打破后，原宗族区区域，众多的历史环境惨遭破坏，历史空间肌理变得模糊不清，但几经波折之下其历史环境风貌并未完全消失，仍保留了数量可观的历史建筑群。相比之下，原疍民区区域，随着大量的水涌被填塞筑路，大量的农田被改作居住用地，及重新获得土地的疍民将原居住的茅寮、松皮屋简单地视作贫穷落后的象征，渴望追求宗族区引领的居住方式，疍民区传统的建筑原型被彻底地抛弃，其传统的建筑风貌环境几乎彻底改变。当然，随着社会的进步，人们追求更高生活品质的需求无可厚非，只是在提升与改善居住环境品质的过程中，不应完全忽视与彻底抛弃原居住空间与生活场景中某些优良的品质。

第三节 原真商业空间格局

一、原真商业空间格局的形成与演变

历史上沙湾古镇经济富裕，曾滋生了当地繁荣的小商品经济。至20世纪50年代以前，沙湾古镇曾形成了“安宁市”“萝山市”“三槐市”“第一里市”“云桥市”“永安市”这六大传统市集，共同组成了镇内原真的商业空间格局。通过翻阅沙湾古镇相关历史资料及实地调研均可知，如同一般的封建社会传统商业活动空间发展，在沙湾古镇一些人际交往密集、货物集散频繁的公共场所，从起初间歇性的摆卖“墟场”逐渐发展成为具有固定商号长期开设的点状“市井”（当地人习惯称：市头），及最终部分点状“市井”连接发展成为带状的繁华“商业街”（图3–76）。

据《沙湾镇志》及相关历史资料记载，早在宋元期间镇内就已形成几处约定时日集中摆卖的“墟场”，如位于镇中心的“鸡鸭墟”“瓜菜墟”及“卖鱼墟”等，这些墟场周

边逐渐形成了固定的市井商号，并最终连接扩展成为“安宁市”。现今仍可从“安宁市”附近的巷名意义中得知相关历史信息，如“鸡鸭墟”附近有一条巷子命名为“鸡朥巷”①，今“安宁西街”段原称“瓜菜墟”及今“光裕路”原称“卖鱼巷”。在镇内离中心稍偏的一些里坊内也形成了点状“市井”，正如“萝山里”门楼附近的墟场发展成为“萝山市”，“槐市通衢”门楼附近的墟场发展成为“三槐市”，“第一里”门楼附近的墟场发展成为“第一里市”。此外，在镇内一些货物集散频繁的埗头及水路交通周边也形成了“墟场”，如“永安桥”附近的“凌江小埗”形成了“永安市”，亭涌的云桥边形成了“云桥市”，“观澜门”埗头附近形成了“大巷涌市”。然而从“永安市”“云桥市”“大巷涌市”的历史遗迹实地考证判断，原来其很可能只是临时性的摆卖“墟场”，并未形成或极少形成了固定的商号，严格而论也就不存在真正的“市井”景象，统一将“永安市”“云桥市”归为“六市”，这可能受中国景观“集称文化”或当地人对“墟场”与“市井”意义理解大同等影响造成，而“大巷涌市”形成时间较晚，故未列入“六市”的集称命名之中（图3-77）。

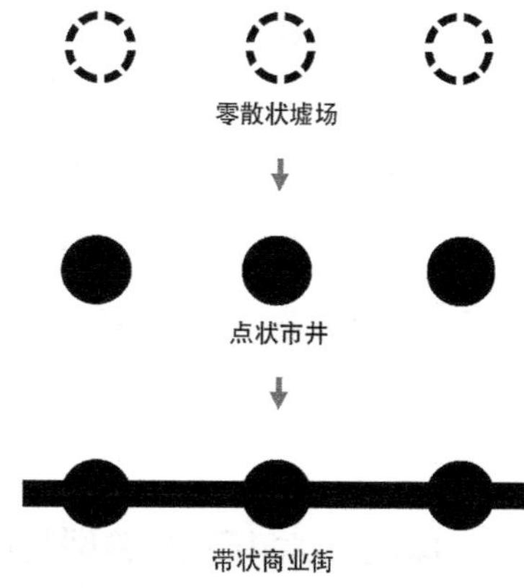

图3-76　传统商业活动空间的一般发展规律示意

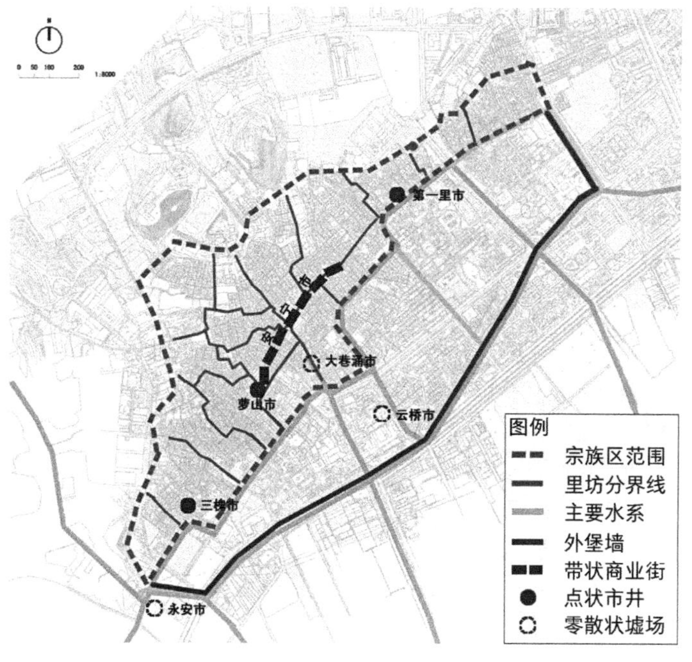

图3-77　沙湾古镇原真商业空间格局示意

① “朥”字读“cun”，广府地区方言“蛋”的发音，由“未”“成”“肉”组成，当地意指未形成的肉，即指“蛋”。

清中叶随着“安宁市”范围与功能的不断发展强大，最终连接起了“萝山市”“大巷涌市”，成为了沙湾古镇乃至周边地区重要的商业街或商业活动中心。相反，清末离镇中心稍偏的“三槐市”“第一里市”的商业功能则逐渐弱化。20世纪60年代中期至70年代，镇内商业活动被严重压缩，百货部、食堂、肉店、日杂店等仅保留了一两间，商业活动十分萧条，期间埗头周边水涌都大部分被填涌筑路，原因便利货物频繁集散而形成的“永安市”与“云桥市”彻底消失。

二、原真“六市”的类型与职能分析

根据沙湾古镇原真“六市”的类型与主要职能等分析，可以大致将其分为三类：地方性带状商业街、里坊性点状围合市井、埗头与水路交通周边的零散状墟场。

（一）地方性带状商业街（代表“安宁市”商业街）

“安宁市”商业街（图3-78），大约于明弘治年间（1488～1505年）开始铺石建成真正的市街[①]，从清中叶市街大规模重修的记录《砌市街石碑记》看，可推断早在清中叶以前其已基本发展成熟。从整体平面上看（图3-79），街道总长大约510米，大体自西向东，基本贯通整个沙湾古镇的中心区域，成为联系各里坊间最重要的纽带，整条商业

图3-78　沙湾“安宁市”商业街西段现状

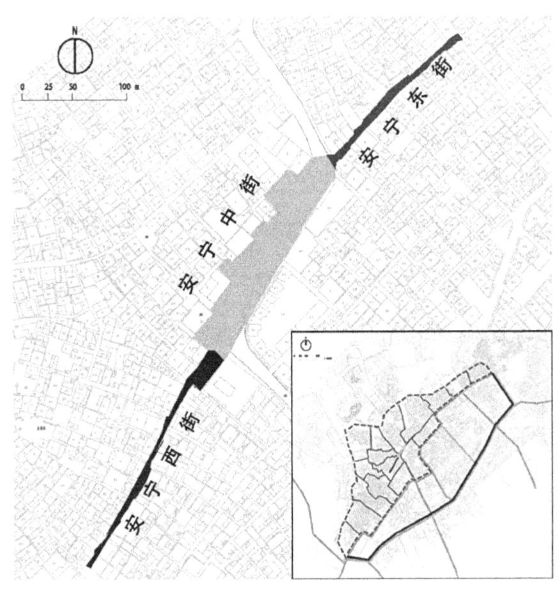

图3-79　沙湾“安宁市”整体平面示意

① 中国广州市番禺区沙湾镇委员会，广州市番禺区沙湾镇人民政府．沙湾镇志[M]．广州：广东人民出版社，2013（01）：448-451.

街以两个“十”字街口划分为西街、中街及东街三段，其中街部分四通八达，为古镇中心之中心和重要的交通枢纽。作为“安宁市”起初发源地的中街相对东街、西街明显宽出许多，虽中街部分历史肌理已遭受一定破坏，但保守估计中街宽度历史上至少达7米以上，而西街与东街整体历史肌理保存较好，经测量大约4米宽。从历史职能上看，镇内“安宁市”商业街发源最早、历史发展最悠久、规模最大、功能最全面，经营商品品种十分丰富，历史上镇志族谱也不乏记载邻近村民前往镇内“安宁市”商业街赶大集的现象，尤其在一些传统的重要节庆日，“安宁市”商业街可谓人声鼎沸、水泄不通，显然“安宁市”商业街早已成为了镇内乃至周边地区重要的商业活动中心。从组成元素上看，主要以丰富的各类商铺、摊档为主，在调研过程中发现“安宁市”历史上集中兴建了好几处供当地人日常生活休闲的大茶楼，这些大茶楼建筑体量较一般商铺大出许多，这也从侧面反映了“安宁市”历史上的繁荣程度。此外，“安宁市”也掺杂着少部分镇中身份地位显赫、经济富裕人士的民居大宅、祠堂、庙宇、里坊门、古井及古树等。

（二）里坊性点状围合市井（代表“萝山市”等）

里坊性点状围合市井，历史上曾有“萝山市”“三槐市”“第一里市”，经实地调研可知这些市井都分别处于各自里坊内通达性较好的公共活动节点，通常作为多条街巷道的汇集点，空间较其他处略宽，且一般具有较好的围合感。在清中叶以后，随着“安宁市”商业街范围与功能不断扩大，“三槐市”“第一里市”逐渐荒废，而“萝山市”因与安宁西街连接起来，仍一直被沿用。

“萝山市”（图3-80），位于“侍御坊”与“萝山里”的交界处附近。从整体平面上看（图3-81），因多条街巷道汇集于此，形成了较周边开阔的空间节点，现周边历史空间肌理破坏较为严重，经实地调研只能知道其历史范围大概呈不规则的长条节点状，原周边建筑联排有序，街巷处也基本都设置了里坊门或巷门，具有较好的围合感。从历史

图3-80 沙湾镇“萝山市”现状

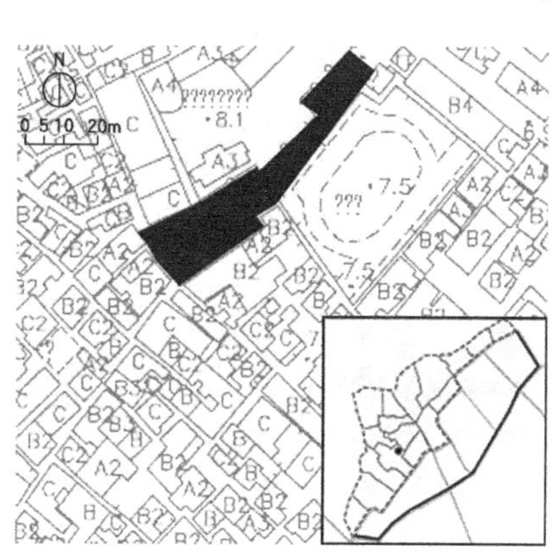

图3-81 沙湾“萝山市”布局示意

职能上看，“萝山市”历史上起初主要服务于自身里坊或毗邻里坊，与安宁西街接通之后，则基本融入了古镇的整体商业圈。从组成元素上看，不仅汇集了众多商铺与摊档，而且历史上曾联排兴建了一批宗祠，现今多数被拆毁，仅保存有孔安堂，并以这些宗祠为中心，成为周边里坊成员主要的公共休闲活动场所，这种乐于在里坊市井这一交通便捷的重要节点周边兴建祠堂、庙宇等公共建筑的现象，同样在镇内的“三槐市”“第一里市”中得以证实，反映了历史上祠堂、庙宇等公共建筑为一般传统村镇市井的重要构成要素与基本特征之一。

（三）埗头与水路交通周边的零散状墟场（代表“永安市”“云桥市”）

“永安市”“云桥市”历史上都位于沙湾古镇主要对外水路往来的埗头及其附近，因集散货物方便，故在周边自然而然地形成了临时摆卖的墟场，虽历史场景早已消失殆尽，但经调研可知其整体平面布局一般不太固定，呈无序零散状或局部沿河置小艇中摆卖。从历史职能上看，“永安市”“云桥市”“大巷涌市”主要为外来商品摆卖的场所，据《沙湾镇志》记载，绿柚为沙湾传统社会中秋赏月、拜月必备水果之一，绿柚多产于番禺的大山、石壁一带，故于中秋节前10天左右，众多外来种植绿柚的农户陆续划艇载来大量的绿柚在“云桥市”附近摆卖。此外，一些镇外周边的渔民也通常在这些地方摆卖水产品。从组成元素上看，主要为临时性的摆卖摊档与摆卖小艇，一些较长时间摆卖的摊档通常会盖搭简易的竹棚，而几乎未见固定的商号。

（四）原真“六市”的类型与职能对比

如题，见下表（表3-7）。

沙湾原真“六市”的类型与职能对比　　表3-7

	商业街	市井（又称：市头）	墟场
代表	安宁市	萝山市、三槐市、第一里市	永安市、云桥市
平面类型	带状连续，十字路口等重要节点周边兴建大茶楼、祠堂等重要公共建筑，且开挖公井与栽植大型乔木	点状围合，常以祠堂或庙宇为中心展开	无序零散，平面布局一般不太固定
主要构成元素	商铺（包括大茶楼）、摊档为主，此外也包含少量民居大宅、祠堂、庙宇、里坊门、古井及古树等	商铺（未见大茶楼）、摊档、祠堂、里坊门、古树等	摊档（部分搭盖竹棚）、摆卖小艇等
主要职能	服务于镇内及周边一方的“地方性”商业活动中心	主要服务于个别里坊的“里坊性”市头	主要为外来商品提供“集散性”的摆卖场所

三、原真“六市”的现状问题分析

一是“三槐市”“第一里市”“永安市”“云桥市”的商业场景或氛围几乎彻底消失。清中叶以后随着“安宁市”的发展壮大，导致“三槐市”“第一里市”商业功能逐渐荒废。而20世纪50年代开始，沙湾古镇大量水涌被填涌筑路，导致古镇外围原因水路交通应运而生的“永安市”“云桥市”彻底消失。二是“安宁市”“萝山市”的原真商业场景部分尚存。从现状用地性质与职能上看（图3-82），经实地调研“安宁市”“萝山市”周边的建筑，以栋为单位进行粗略统计，商铺共计60栋（其中有多家商铺共用一栋建筑的现象）、民居23栋、传统祠堂与庙宇8栋及其他公共建筑8栋，场所范围仍以商铺为主，大约占总比的60%，而公共建筑更接近77%，因此，可以判断虽历经几百年，“安宁市”“萝山市”的用地属性与职能现今并未有太大变化。从建筑风貌上看（图3-83），

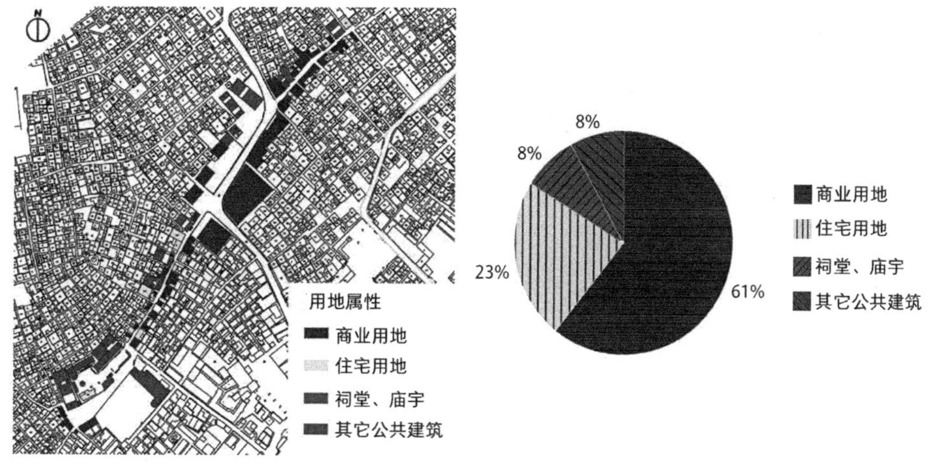

图3-82　沙湾“安宁市”与“萝山市”的现状用地性质分析

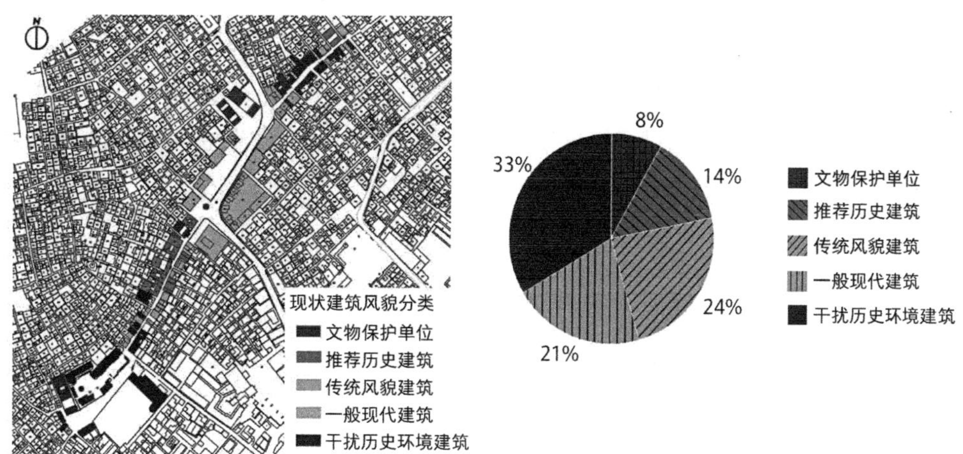

图3-83　沙湾“安宁市”与“萝山市”的现状建筑风貌分析

文物保护单位共8处（其中两处不是独栋建筑，为构筑物，即“清水井”“孖井”）、推荐历史建筑14栋、传统风貌建筑24栋（部分为环境协调改善的现代建筑）、一般现代建筑21栋、干扰传统风貌环境建筑34栋，可见体现传统风貌的建筑还不到整体的一半，大约占总量的46%，这其中还没有排除部分为环境协调整治改善后反映传统建筑风貌的现代建筑，因此，可以判断“安宁市”“萝山市”的原真历史风貌遭受了较为严重的破坏。三是原真商业空间格局正面临着“异质化”转变与“结构性”瓦解的窘境。从历史上沙湾古镇原真商业空间格局的整体布局上看，镇内商业空间与居住空间可谓闹静布局合理，是一个十分宜居的生活性社区。然而，改革开放以来，受沙湾古镇外围兴旺的商业活动冲击，原真商业空间中服务于本地社区的生活性功能正在逐步弱化，尤其进入21世纪以来，在当地有关部分大力发展旅游事业的背景下，原真商业空间的社区生活性功能正日趋向旅游商业功能的“异质化”转变，且原居住空间中也同样面临着外来商业活动的无序插入，进一步导致沙湾古镇原真商业空间格局面临“结构性”瓦解的危机。

第四节 原真民间信仰空间格局

一、当地民间信仰的文化意义

在漫长的封建社会中，岭南广府地区传统村镇普遍形成了尤为浓厚的功利性泛神崇拜文化，到访者只要稍加留心就可以发现当地一般的传统村镇内几乎各处遍布“神位”，这些人为特殊安排的地方无疑在封建社会人们的心中十分神圣与重要，同时也反映人们潜在的价值与愿望、精神与民间信仰，因此人们神化那些特殊的地点。正如马克思曾指出：“神的户籍在人间”[①]。前文论述过的原真山水格局、原真“宗族-疍民”格局、原真商业空间格局，这些原真空间格局深刻地反映了传统社会中沙湾古镇的社会秩序与多层级的空间结构系统，在实地调查研究中进一步发现，历史上镇内居民往往借助民间信仰的力量来表达与强化这种社会秩序及其空间结构，这实则为人类意愿与行为的一种特殊表现。既然如此，那么通过了解与分析镇内民间信仰，这不失为另一种研究路径，可以从侧面进一步解读与说明上述镇内复杂的、模糊的、多层级的空间格局，即原真民间信仰空间格局。

① 聂锦芳．神的户籍在人间——马克思早期作品《歌之书》中的“精灵”意象解读[J]．学术月刊，2014（10）：33-40.

二、当地民间信仰与空间格局的关系分析

（一）“五位四灵”——村镇选址与确立外部边界

在传统的封建社会中，“风水”堪舆的“五位四灵”说法尤为盛行，理想的人居环境正如两晋时期著名学者、风水师郭璞指出：“玄武垂头，朱雀翔舞，青龙蜿蜒，白虎驯”①，大致意义为“背依连绵山脉为屏，前临平原，两侧水流曲折回环，水质清晰，流汇于面前，左右护山环抱，山上林木葱郁”②。历史上在沙湾古镇同样信奉“五位四灵”（图3-84）。其一，为最初选址成村之依据。正如《庐江沙湾何氏宗谱》中《居址考》记载：“番禺之青萝乡，前踞虎门之巨川，后扆青萝之峻岭，玄峤山辅其左，九牛石拥其右，山明水媚而一地纡回，坦夷其中，……实贻谋燕冀之地，……命诸子孙定居焉。”直至现今镇内许多居民都深信此地贵为“龙脉”之处，历史上当地经济富裕、人才辈出，皆因地灵而人杰。其二，大致确立了沙湾古镇的外部边界。历史上沙湾古镇外围东端岐山上建有“青龙庙”，西端南牌岗上建有“白虎庙”，北端也将文屋山下原何氏甲房宗祠“申锡堂”改为“玉虚宫”，供奉道教“北方玄武司水神”的北帝像（图3-85），北帝像脚踏龟蛇，寓意龟蛇合体的“玄武”形象受北帝掌控，能保佑风调雨顺、国泰民安，南

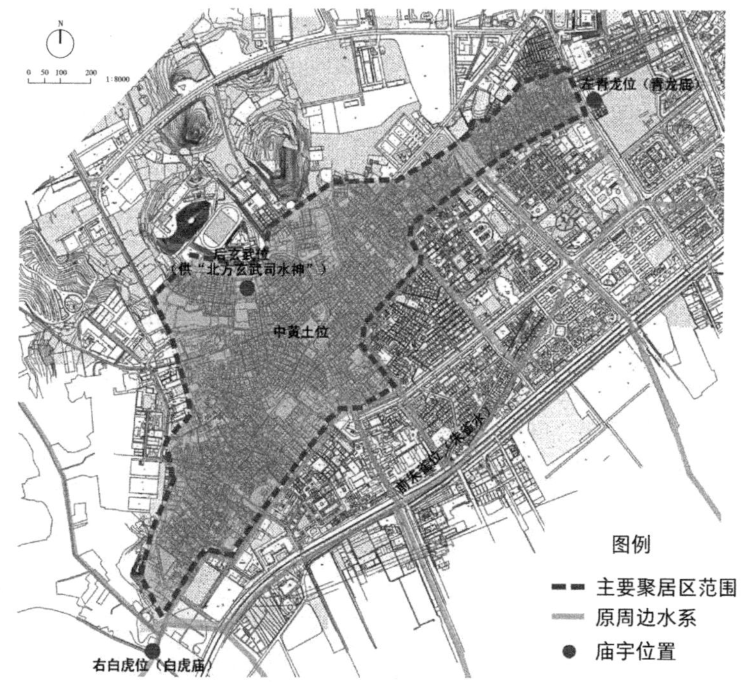

图3-84　沙湾古镇“五位四灵”空间格局示意

① （晋）郭璞．葬书[M]．上海：上海文明书局印行，1916.

② 俞孔坚．“风水”模式深层意义之探索[J]．大自然探索，1990（01）：87-88.

面纵横交错的水涌则代表"朱雀翔舞"，中部围合的居住空间为黄土位，村民几乎各家各户门口供奉"土地福德正神"。在传统社会中"五位四灵"是神圣的、力量强大的地方守护神，借助自然环境要素彰显，这种环境要素特征是不能被轻易改变与破坏的，否则将视作破坏"风水"，因此"五位四灵"在很大程度上确立与限定了沙湾古镇空间的基本发展范围与边界，同时也是古镇原真山水格局得以形成与长期稳定发展的重要因素之一。

图3-85　沙湾玉虚宫"北方玄武司水神"像

（二）"社稷坛"——反映各族姓空间的历史边界

"社稷神"，中国传统社会中寓意为主宰农业之神，其中"社"代表土地之主，"稷"代表五谷之主，以农立国的封建社会，为祈求农作物丰收，上至国家机构、下至地方各地均流行供奉社稷坛，这种民间信仰在尤为重视农业发展的沙湾古镇宗族区自然也不例外。历史上沙湾古镇几大姓氏宗族各自聚族而居，早期各宗族聚居点在镇内呈分散状，依据传统习俗各族姓分别于自身宗族领地的外围建造各自的社稷坛（当地俗称：社公坛），起初兴建社稷坛的目的主要是为了祈求风调雨顺、农产丰收，久而久之各宗族设立的社稷坛逐渐衍生发展成为各宗族领地的守护神，各宗族凡是有儿女出生，不久便备祭品到社稷坛前面参拜，并将写有儿女姓名与生辰八字的红纸粘贴于社稷坛一侧，认作"社稷神"的契儿、契女以求其庇荫，此外，若族中有人离世，也会在出殡时于其所属的社稷坛前面停棺，举行"运木"仪式，这些都充分说明镇中人们的生老病死等重大事件都需要向保佑他们的"社稷神"报告。

历史上各大宗族领地不断发展与演变，社稷坛也不时被迁建与扩建，在各大宗族领地发展连接一片后，依据各族社稷坛分别立于宗族领地外围这一特点，可从历史上沙湾古镇曾兴建社稷坛的具体位置判断各族姓空间的历史边界。然而，20世纪50年代以后，社稷坛祭拜习俗几乎逐渐被大多数人摈弃，镇内历史上大多数兴建的社稷坛被拆除，现仅"承芳里"（图3-86）、"三槐里"（图3-87）、"第一里"各存一座，形制大体相同，均由花岗岩建成的方形须弥座，台面一端立有阴刻"社稷之神"的小石碑，以上没有梁柱与屋盖。经翻阅村镇族谱及实地调研访谈可知，历史上镇内宗族区主要还在"石狮里""亚中坊""侍御坊""亭涌里""忠心里"等处建有社稷坛（图3-88）。此外，还有

图3-86　沙湾“承芳里”社稷坛

图3-87　沙湾“三槐里”社稷坛

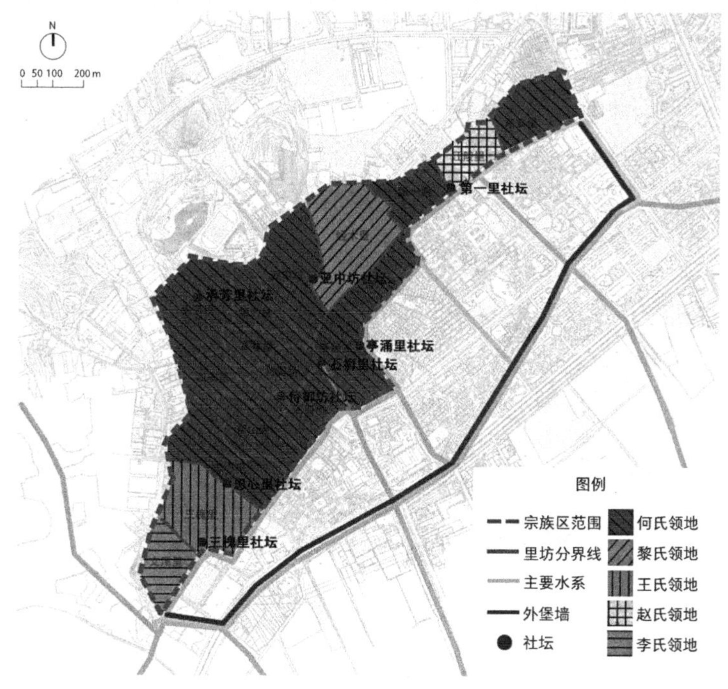

图3-88　沙湾古镇社稷坛空间位置与各族姓空间划分

部分被拆较小的社稷坛，现今已难以考证齐全，但仍可从已考证社稷坛的相关信息作出大体推断：何氏一族早期的发展范围大致在“承芳里”“石狮里”“亚中坊”“侍御坊”几处社稷坛之间，之后何氏宗族领地不断扩大，再于“亭涌里”“第一里”“忠心里”等处扩建了社稷坛，其中“亚中坊”的社稷坛大致为何氏宗地领地与黎氏宗族领地的分界线位置，“第一里”的社稷坛大致为何氏宗地领地与赵氏领地的分界线位置，“忠心里”的社稷坛大致为何氏宗地领地与王氏宗族领地的分界线位置，“三槐里”的社稷坛为王氏宗族所建，大致处于王氏宗族与西边李氏宗族领地的分界线位置。

正因何氏一族历史上随着宗族领地向外扩展而不断扩建社稷坛，其中一些较早建成、之后又长期未拆的社稷坛，正如“侍御坊”的社稷坛，则似乎成为了何氏宗族领地下不同里坊间的分界标志。在相关的实地调研中，现今当地部分居民很可能因此原由，仅认为社稷坛为里坊间的分界标志。此外，在各宗族领地的扩建过程中，有时也不曾扩建社稷坛，而以里坊门楼作为分界标志。因此，社稷坛考证的相关历史信息仅能从侧面大致了解沙湾古镇各大宗族领地历史边界的演变过程。

（三）祖先灵位——反映内部各级团块结构

在传统社会中，起初祖先灵位一般供奉于家中，之后随着其下族群人口、经济水平等发展到一定程度，为方便所有族群成员供奉，一般会专门兴建宗祠，使其成为祖先崇拜的殿堂，同时作为组织管理族群相关活动的重要场所，也是促成传统村镇形成与稳定的重要基础之一。正如清华大学陈志华教授在浙江新叶村的调查研究中发现，新叶村以宗祠为核心，早期的住宅分布于宗祠两侧；待兴建房祠时，又进一步形成以房祠为核心的聚居团块；之后随着各房后代不断扩大繁衍与分支，再不断兴建更低级别的支祠，更深化了以各级支祠为核心的聚居团块；由此新叶村逐渐形成了多层级的团块式结构布局，并认为宗族关系决定了村落内部结构（图3-89）①。

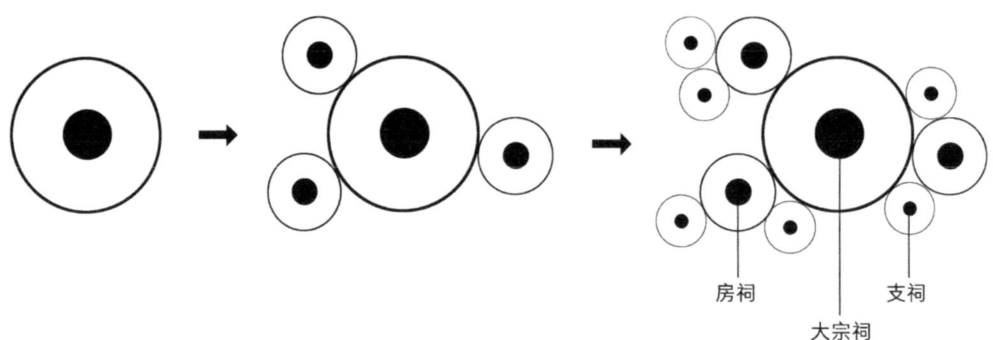

图3-89　浙江新叶村发展模式②

在沙湾古镇，宗族关系同样是决定其内部结构的重要因素，供奉着不同辈分祖先灵位的各级宗祠作为多层级宗族关系的核心与标志，更深刻地反映了其内部多层级的团块结构（图3-90）。首先，沙湾五大宗族各自基本以主供“始迁祖或之上祖先神位”的大宗祠为核心形成了独立、并列的团块结构，其中较特殊或需要进一步详细说明的有王氏、李氏两族姓的大宗祠；王氏一族，起初很可能因“风水堪舆”等因素将大宗祠“绎思堂”始建于镇西郊周边几乎无人居住的低岗前，而非位于王氏成员聚居的“三槐里”团块内，然而，之后族人还是在自身聚居团块内重新兴建了大宗祠，且之后建造的房祠

①② 段进，揭明浩. 世界文化遗产宏村古村落空间解析[M]. 南京：东南大学出版社，2009：46.

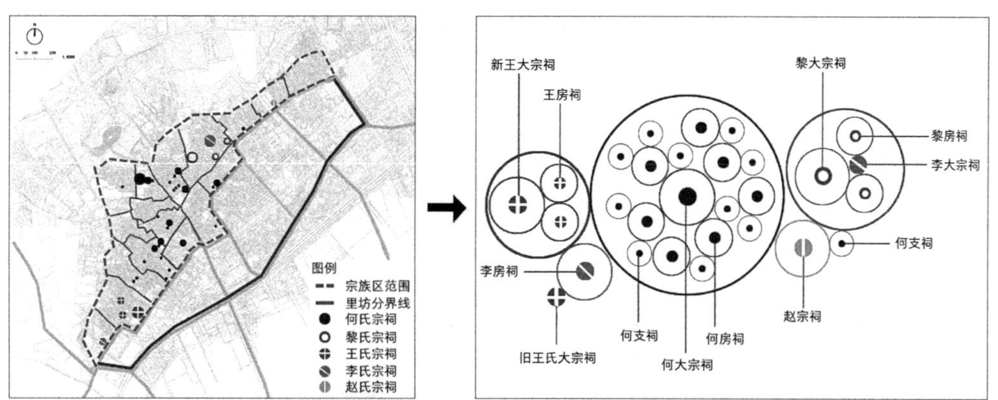

图3-90　沙湾古镇各族宗祠与内部空间结构的关系

也都位于自身聚居团块中，目的很可能是为了更方便团结与凝聚族群成员；李氏一族，后期发展未以大宗祠为核心营造族内聚居团块，其实为现实竞争所迫及弃旧立新的思想造成，起初合族人之力共建了沙湾李氏大宗祠，即“李忠简祠”，也曾围绕“李忠简祠”为核心营建了李氏聚居的“忠简居”团块，然而，之后因族内人丁、财力等发展不旺，又有一部分李氏族人外迁等原因，导致李氏多数宅基地逐渐转卖给了周边黎氏等宗族成员，后仅“李忠简祠”及周边很小的范围空间仍属于李氏族人所有，李氏聚居的“忠简居”团块悄然地瓦解，直至永乐七年（1409年），十三世李恒（字彦璋）携妻、子从广州府城举家迁居沙湾西边另一隅，其下子孙相继，枝繁叶茂，并重新在沙湾建起了以李姓族人为主的坊里，之后沙湾李姓族人多纷纷聚居于此，形成了以“本和李公祠”为核心的李氏新聚居团块，为纪念高中“探花”的宋代名臣七世祖李昴英，坊里取名“文溪里”。其次，在沙湾古镇五大宗族并列的聚居团块内部又各自渐次形成以房祠、支祠等更为细分的聚居团块，其中尤以何氏一族人口繁衍最为旺盛、势力最大，占据了镇内中心的最大团块，内部细分的聚居团块层次最多、最为明显，正如何氏大宗祠“留耕祠”下八大堂所建分祠及其下进一步细分的多层支祠。

（四）其他庙宇——公共活动节点

历史上沙湾古镇宗族区内还主要建有“华光庙”“天后古庙”“武帝古庙”“康公古庙”“观音堂”及“文峰塔”等，在实地调研中发现这些庙宇大多数都建于通达性较良好的十字路口附近、里坊分界节点或主街旁等，多数庙宇建筑周边还有小块空地，较周边明显宽阔些（图3-91）。据镇志族谱相关记载及本地长者回忆，平日里时常会有一些摆卖摊档及江湖卖艺人士等在庙宇前汇集，特别是待“北帝诞”“华光诞”等一些庙宇专属的神会节日来临之际，当地居民便会在相应的庙旁迫不及待地搭起竹棚或竹台上演岭南传统曲艺（当地俗称：大戏），周边更是摆满各种小卖摊档，有艇仔粥、鱼生粥、

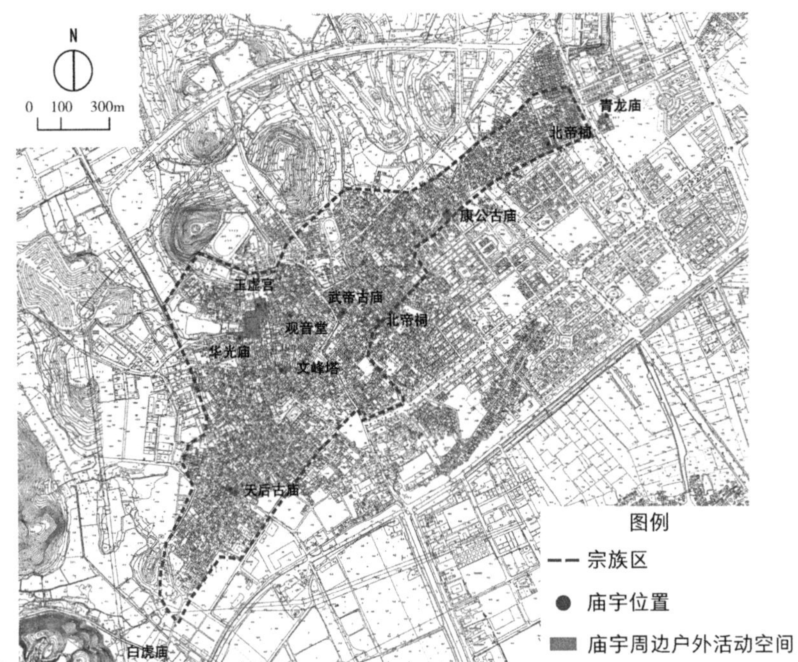

图3-91　沙湾古镇历史上主要庙宇位置及周边户外活动空间示意

粉面等各种当地特色小吃，人声鼎沸，这些庙宇及周边部分区域成为了当地人日常生活中公共交往的重要节点之一。

三、原真民间信仰空间格局的变因与现状问题分析

（一）变因分析

20世纪60年代末至70年代中期，沙湾古镇众多的民间信仰场所遭到严重破坏，其中包含了去除封建迷信糟粕的合理意义，但是许多人未能充分意识到这些民间信仰场所长期以来还承载着当地的民俗风情、宗族社区自治等积极内容。因而，在“去其糟粕”的同时，未能做到“取其精华”，这也是导致当地原真民间信仰空间格局发展变化的根本原因。

（二）现状问题分析

现今，沙湾古镇大量的民间信仰活动场所已被拆毁、破坏，同时许多民间信仰活动场所的周边地块环境还在不断地恶化，由此带来了以下主要问题：①直接导致镇内公共活动场所减少、公共活动环境变差。长期以来当地民间信仰场所及周边地块为镇内居民平日里重要的公共休闲活动场所和民俗节庆时的集体活动场所，因而，民间信仰活动场所的减少是直接影响镇内公共活动场所减少的主要因素之一。②部分借助民间信仰场所

或信仰力量强化与维持的沙湾古镇内部空间结构与秩序遭受了一定的冲击、破坏或弱化。正如原主要依据“五位四灵”构建的沙湾古镇内部空间结构被打破，原部分依据社稷坛划分的各族姓范围边界变得模糊不清等。

第五节 原真户外公共活动空间格局

沙湾古镇地处北回归线以南，全年四季气候温和，当地人平日闲暇无事时非常乐于参加户外公共活动。通过查阅历史资料及对当地居民户外活动规律的长期观察与分析，发现镇中户外公共活动的空间类型主要有村镇级、社区级及邻里级三种，并由此为主构成了主要传统聚居区内的原真户外公共活动空间格局（图3–92）。

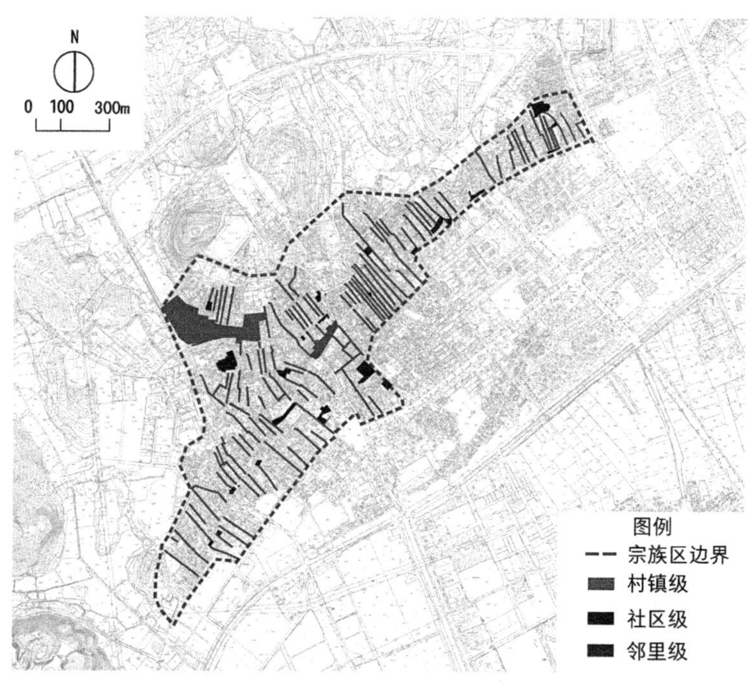

图3–92 沙湾古镇主要传统聚居区内原真户外公共活动空间格局

一、原真户外公共活动空间格局中的空间类型分析

（一）村镇级户外公共活动空间

村镇级户外公共活动空间，在沙湾古镇内服务功能最广、平日里参与使用对象最多，相比镇内其他户外公共活动空间显得更为重要，主要有何氏大宗祠“留耕堂”前广场（图3–93）、“安宁市”中段的安宁广场（图3–94）及由原斜埗头改建的小游园（图3–95）等。其主要特点有：平面相对较为宽敞，为镇中主要交通枢纽的节点，周边

通常建有镇内最为重要的大型公共建筑，人流量大、人们逗留时间较长、活动内容最为丰富。如“留耕堂”前广场与安宁广场，长期以来为全镇举办大型节庆或民俗集体活动的重要场所，平日里也十分热闹，时而小孩们在此嬉戏、追逐打闹，时而有当地居民在此会友闲谈，或下棋、打扑克，同时吸引众多路人驻足围观；而由斜埗头改建的小游园，现今已成为当地居民平日里最爱去往的休闲场所。

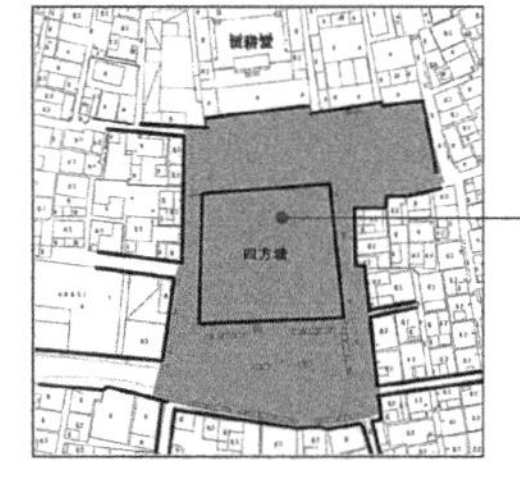

图3-93　沙湾古镇“留耕堂”广场（注明：部分插图来自《番禺日报》，黄国宏摄。）

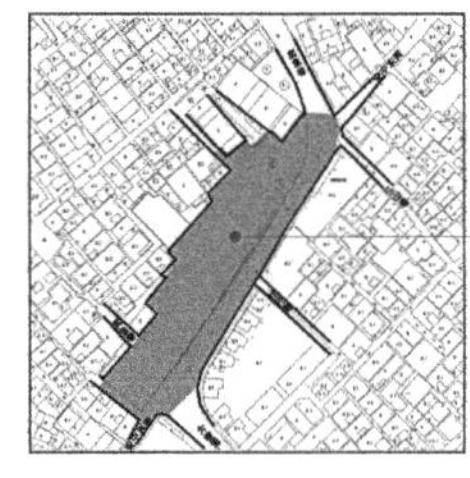

图3-94　沙湾古镇安宁广场

图3-95　沙湾古镇“斜埗头”改建小游园

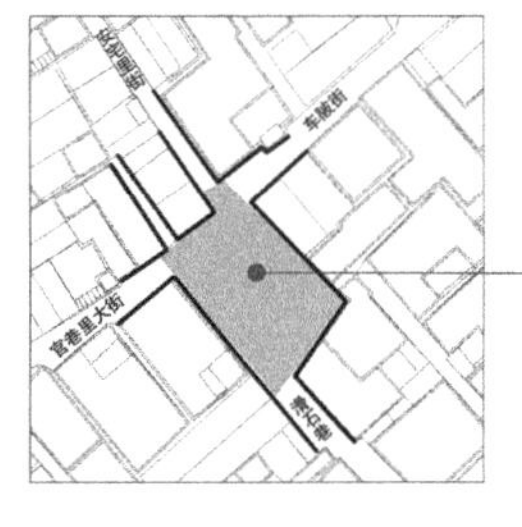

图3-96　沙湾古镇车陂街、滑石巷等交汇处空间节点

（二）社区级户外公共活动空间

社区级户外公共活动空间，服务的对象主要针对沙湾古镇局部片区的居民（图3-96）。其主要特点在于：一般形成在里坊交界处、街巷道汇集处及祠堂、庙宇、古树等周边范围，具有较小范围的开敞空间，及较好的空间围合感，人流量一般，活动内容较为单一，主要为当地居民平日里会友、闲聊的公共场所，人们逗留时间却颇长，靠墙的地方常会有简易的石板凳供人们休息，这些石板凳多为乡民利用镇中散落的旧建筑石料自发搭建而成。

（三）邻里级户外公共活动空间

在沙湾古镇，邻里间的日常交往主要集中在住宅间私密的巷道之中，尤其是尽端不通的掘头巷，如车陂街横巷（图3-97）“三达巷”等。其主要特点在于：这些私密的巷道内人流量极少，十分安静，活动人员固定，一般为巷内邻居，之间相互熟悉，基本没

图3-97　沙湾古镇车陂街横巷

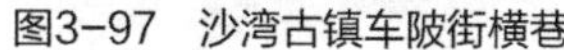

图3-98　沙湾古镇巷道常见生活场景

有外来人员干扰，狭窄的巷内夏天适合纳凉，冬天也不觉寒冷，当地居民几乎一年四季都乐于参与邻里间的巷内活动，巷内活动也十分丰富，悠闲而又有规律，包括平日里闲坐聊天、打麻将、打扑克、下棋、生煤炉、煮粥煲汤等（图3-98）。

二、原真户外公共活动空间格局的现状问题分析

虽然过去沙湾古镇主要聚居区内部的众多历史空间肌理遭到了破坏，但是这些破坏基本都是小尺度的，其内部并没有进行完全违背传统空间布局方式的、大面积成片的用地改造。因而，从宏观层面上来看，沙湾古镇原真户外公共活动空间格局仍整体保存较好，能够较好地体现当地人原真的生活形态；但是从微观层面上看，沙湾古镇原真户外公共活动空间格局中涉及的许多细部空间节点或地块，保存却不如人意，许多民间信仰场所被拆毁、被局部破坏，许多民间信仰场所的周边环境恶化严重，随意堆放垃圾等不良现象普遍。前期沙湾古镇户外公共活动空间的改造主要集中在“村镇级”，而对“社区级”与“邻里级”户外公共活动空间的改造较为欠缺。

第六节　具有代表性的非物质文化遗产

一、传统手工技艺

沙湾古镇原真历史环境的可持续发展离不开众多传统手工技艺的支持，其传统建筑风格突出的特点之一在于用料考究、装饰精巧等，其中最具代表性的当属本地远近闻名的砖

雕、木雕、石雕、灰塑（以下统称：“三雕一塑”）及高规格清水砖的传统手工技艺等。其一，沙湾古镇“三雕一塑”手工技艺水平在整个岭南地区都十分突出（图3-99～图3-106）。据《沙湾镇志》记载，历史上清代沙湾乡人黎文源精通灰塑（包括彩描灰塑与灰批）及砖石木雕，慈禧太后整修颐和园时，以画艺赴京应考，以《采桑女》作品获得第一名，即被任命为“内廷供奉”之职，其高超的技艺随后传授给了同宗侄子黎蒲生三兄弟和紫坭村的杨瑞石等，之后在沙湾古镇代代相传，这一批批人中许多成为了当地知名的美术工艺大师，

图3-99　沙湾北帝祠杨瑞石彩描《柳燕》

图3-100　沙湾进士里巷13号墙楣灰批与砖雕门檐

图3-101　沙湾何氏大宗祠仪门石枋与木铺作雕刻细部

图3-102　沙湾南川何公祠石雕补间铺作

图3-103　沙湾武帝古庙何世良墙楣砖雕作品

图3-104　沙湾武帝古庙何世良墙楣砖雕作品

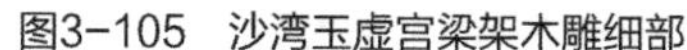

图3-105　沙湾玉虚宫梁架木雕细部

图3-106　沙湾时思堂梁架木雕细部

在广东四大名园、广州陈家祠等岭南代表性历史建筑的艺术创作中都有他们参与[①]。现今仍有何世良等沙湾乡人承袭相关手工技艺，然而，今沙湾更年轻一代中却少有人对此传统手工技艺感兴趣，“三雕一塑”的传统手工技艺正面临着失传的窘境。其二，高规格的清水砖制作工艺。这类清水砖常在镇内一些重要的公共建筑、民居大屋或仅其正立面使用，保温、隔热、隔音及防水等性能俱佳，坚固耐用，外观最为突出的特点是平整度十分惊人、色差较小，远看几乎不见砖缝、光洁平整，近看精致典雅、别具匠心。据沙湾乡人介绍，传统工匠师傅一天时间内也仅能打磨区区几块而以，工艺程序相当复杂，而进入工业化时代后，在普遍追求经济效益的社会大背景下，这类高规格的清水砖基本早已不再生产与采用，这种传统手工技艺几乎完全被机器化生产所取代，传统水磨青砖制砖工艺技术正逐渐被人们遗忘，以至于相关历史建筑维修都难觅原真材料。

二、传统民间信仰之游艺类——北帝诞迎神赛会

（一）缘起

在封建社会漫长的农耕文明时期，农业生产一直以来是沙湾古镇最重要的经济基础，因沙湾古镇毗邻珠江口，古时农业生产易受台风暴雨带来的频繁洪水侵袭，在此自然地域背景下，沙湾乡人对主掌风调雨顺、国泰民安的“北方玄武司水神”（当地俗称：北帝）推崇备至，几大宗族更将其视为“村主”。据说乡人于明代获得了一座颇具灵性的“北帝”宝像后，几大宗族争相供奉，最终几大宗族族长商定里坊之间以每一年为期

① 中国广州市番禺区沙湾镇委员会，广州市番禺区沙湾镇人民政府．沙湾镇志[M]．广州：广东人民出版社，2013（01）：631-632.

分别轮流供奉“北帝”于专设的神邸或宗祠内，因而逐渐发展形成了农历三月三日“北帝诞”期间集整个乡镇之力举办“北帝”新旧行台间隆重、盛大的迎神与送神游艺活动，借此酬神还愿与祈福来年好运连连。

（二）组成内容

1．三大队列

至从清初“迁界”废弛后，镇内几大宗族农耕经济得到了很长一段时间相对稳定、快速的发展，宗族成员生活安定、经济宽裕，促使每年由各里坊间轮值举办的迎神赛会规模日渐庞大，最后发展成为三大队列，即包括仪仗队列、北帝神像队列及嬉神队列（表3–8）。巡游活动通常为农历三月一日至三日，乡人兴趣颇高时曾持续过5日之久，每天动员人数近千名，队列总长度达2公里，盛况惊人（图3–107、图3–108）。

沙湾古镇“北帝诞迎神赛会”队列组成内容[①] 表3–8

（一）仪仗队列

排序	对象或内容	详情
1	大灯笼	上绘黑龙花纹
2	“文巡”一名	由乡中有名望的读书人，穿着长衫，手持书有巡行路线的红纸筒引路，作为游行阵列的“总指挥”
3	独脚牌4面	上刻“肃静”、“回避”字样，由4人扛着随行
4	八音吹鼓手8～10人	其主旋律为2 3 | 2 5 | 2 7 6 1 | 2— | × × × × |
5	会景（一道，或一道半至二道）	每道会景约为高脚4个、轿式花亭8个、长条8个。每个亭内放烧猪、果品、胙肉之类。如果有两道会景，则八音锣鼓也相应增加一队
6	净瓶队	该队全为靓装丽服的9～10岁儿童，儿童手挽外用鲜花砌满的花篮形净瓶一个，盛着清洁的水，由家人陪着，边行边用一束黄皮树叶蘸水洒向人群
7	铳队	“铳”是早期烧火药包的长枪。该队向来由西安里担任，约35人组成，戴一式草帽，各人身上、腰上满挂火药包，每塞一包火药，扳机射向空中即发出爆炸声，巡游中，长铳的鸣放彼起此落、响个不停。有个别人家也会请一两位队员到家拿铳为他们响上几下，祈求消灾弭祸

（二）北帝神像队列

排序	对象或内容	详情
1	前导灯笼一对	为黑龙纹于灯笼之上（北帝又称“玄武”，为北方之神，按五行方位为黑色，所以不少北帝之物都以黑色为主）

① 中国广州市番禺区沙湾镇委员会，广州市番禺区沙湾镇人民政府．沙湾镇志[M]．广州：广东人民出版社，2013（01）：393–394.

续表

<table>
<tr><th colspan="3">（二）北帝神像队列</th></tr>
<tr><th>排序</th><th>对象或内容</th><th>详情</th></tr>
<tr><td>2</td><td>独脚牌队</td><td>“肃静”牌一对，“回避”牌一对，“玉虚宫”牌一对，“玄天上帝”牌一对，每人扛一牌，二人并排，列队随行</td></tr>
<tr><td>3</td><td>七星大旗一面</td><td>为黑底白七星、白边大型三角牙旗</td></tr>
<tr><td>4</td><td>神马一匹</td><td>马夫为消瘦的老头子。马为一匹既老又瘦的小型马，说是神马，看起来似是“仙风道骨”，由此乡人把病瘦难看的动物，取笑为像“北帝公的神马一样”</td></tr>
<tr><td>5</td><td>八音乐队</td><td>约20多人，以大笛、京锣为主的合奏。其谱大约是6 5 3 5 | 1 0 1 0 | 6 5 3 5 | 1 0 1 0 |</td></tr>
<tr><td>6</td><td>大型罗伞一柄、大型遮阳扇一把</td><td>上绘黑色山川、日月图案</td></tr>
<tr><td>7</td><td>大型宣炉一个</td><td>上燃大檀香树干一枝，后随铜铸仙鹤一对</td></tr>
<tr><td>8</td><td>北帝神像</td><td>像重500司斤，连座椅、底座及大木杠、绳缆共重近1000司斤。由几十名身穿短袖白线衫、腰束黑色绉纱带、头戴一式草帽的壮汉，若抬若拥、边抬边叫地往前走。因人多拥挤，左右和前后均安排人护着</td></tr>
<tr><td>9</td><td>盖印队</td><td>由两人抬着一方形木桌，两旁二人身穿粗白麻布衣，各拿一枚篆有“北帝之玺”的大铜印，为旁边乡民递过来的芥黄纸盖印</td></tr>
<tr><th colspan="3">（三）嬉神队列</th></tr>
<tr><th>排序</th><th>对象或内容</th><th>详情</th></tr>
<tr><td>1</td><td>马色</td><td>共约三四十匹租赁来的马匹，由马夫牵着。每匹马上均坐着一名4～13岁的儿童，都靓装丽服，穿金戴银，由各自的家长陪同出游</td></tr>
<tr><td>2</td><td>八音乐队</td><td>所奏音乐与仪仗队同</td></tr>
<tr><td>3</td><td>飘色队列</td><td>有八音乐队分布其间，共10个里坊（部分由两三里坊联合），每里坊出飘色两三板，共约26板，且每里坊所处内容每天要更换一板或以上</td></tr>
<tr><td>4</td><td>鳌鱼一对</td><td>配有锣鼓队，有金、银鳌鱼一对，向来由萝山里负责</td></tr>
<tr><td>5</td><td>舞龙队</td><td>配有鼓乐队，一般有日龙、夜龙，日龙又分金龙、银龙，由各里坊分别选派壮丁合舞，尤多选习武之人，为舞出逼真动态，舞龙头者需膂力过人，舞龙尾者须轻功卓越</td></tr>
<tr><td>6</td><td>鱼灯</td><td>主要看当甲里坊愿意不愿意出资而定，在晚间出游</td></tr>
</table>

注：表3-8根据《沙湾镇志》相关记载绘制。

2．三班大戏

为隆重庆祝“北帝诞迎神赛会”与娱乐乡民，神赛会期间“北帝”像前后年新旧驻地前的平地或小广场一般会搭棚唱戏，而何氏一族因在镇中地位显赫、财力雄厚，通常何氏大宗祠“留耕堂”前也会搭棚唱戏，请来的表演者基本都是名贯省城、口碑载道的

图3-107 沙湾“北帝诞迎神赛会”巡游街景①

图3-108 沙湾“北帝诞迎神赛会”巡游街景②

粤剧戏班或名伶，这就是当地人津津乐道的“三班大戏”。

（三）主要特点

在沙湾古镇“北帝诞迎神赛会”的三大队列中，仪仗队列与北帝像队列的对象与内容如果说还是主要反映人们对神的崇敬之情，那么到了嬉神队列则几乎彻头彻尾地反映乡民的世俗生活与情趣，与其说是嬉神、娱神，倒不如说成是乡民自娱自乐的情感表达，因而嬉神队列乡民最为重视、参与度最高及突出反映生活化内容，三大队列中最为精彩与特点突出的部分也当属嬉神列队中的飘色、鳌鱼舞及舞龙等。

1. 飘色

在沙湾古镇“北帝诞迎神赛会”的整个过程中，最令人们津津乐道的莫过于飘色，各里坊均着重在此下功夫，争奇斗艳。传统飘色的扮演内容主要以一些脍炙人口的典故与神话传说等为题材，如《三调芭蕉》《大闹天宫》《仕林祭塔》《独占鳌头》（图3-109）、《柳毅传书》（图3-110）、《越女击猿》（图3-111）等（表3-9），以板为单位，每板飘色通常由两个小孩扮演，表演集中于供人抬行的长方形“色柜”之上，其中大一些的小孩（约为8～12岁）扮相称为“瓶”，小一些的小孩（约为2～3岁）扮相称为“飘”，借助一根由下方“色柜”向上伸出的金属“色梗”支撑，“瓶”与“飘”一下一上安排，外面看起来却像似由下面的“瓶”托起上面的“飘”，造型十分奇特惊人，为

①② 中国广州市番禺区沙湾镇委员会，广州市番禺区沙湾镇人民政府．沙湾镇志[M]．广州：广东人民出版社，2013（01）：32.

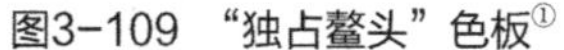
图3-109 “独占鳌头”色板①

图3-110 “柳毅传书”色板②

图3-111 “越女击猿”色板③

达到以假乱真的效果，“色梗”的设计十分讲究，也是整个色板的设计重点，分为“明铁”与“暗铁”设计，“明铁”为直接将“色梗”锻造成故事中所持器物的外观，“暗铁”为将“色梗”隐藏于服饰或饰物内，不管是“明铁”还是“暗铁”，设计不仅需隐藏其承托力度，而且需要符合故事特定情节及努力地追求新颖奇特的造型，最终呈现出“飘”由“瓶”而出，“飘”就像插于“瓶”上轻盈飘逸的花枝，故称之为“飘色”。

沙湾飘色主要色板题材④　　表3-9

瑶池祝寿	竹报平安	白龙遭戏	仕林祭塔	姹女通灵
网蝶成钱	福禄寿全	贵妃进宫	大闹天宫	蟾蜍吐月
大闹东海	龙母听经	洞庭奇宝	蟾宫折桂	玄鸟报喜
罗浮香梦	妙术医龙	黄雀含环	寒江关	蓝田种玉
驯兔司酒	月里嫦娥	马上琵琶	柳毅传书	双龙戏球
幻吐金钱	白鹤思松	仙女散花	海市蜃楼	雌雄剑
铁拐李	金定求药	九子连环	嫦娥奔月	黄莺惊梦
苏武牧羊	哪吒闹海	精忠报国	黛玉葬花	天降麟儿
劈山救母	雷劈琼花	颐年益趣	贵妃扑蝶	独占鳌头

① 沙湾文化旅游网. 沙湾飘色[EB/OL]. http://www.shawanguzhen.com/whsw/whsw_list.asp?NoteID=2011121301330000002，2015-10-13.

② 同①。

③ 同①。

④ 中国广州市番禺区沙湾镇委员会，广州市番禺区沙湾镇人民政府. 沙湾镇志[M]. 广州：广东人民出版社，2013（01）：401.

续表

千里传书	文姬归汉	貂蝉拜月	蜻蜓恋竹	丁山射雁
掌上飞燕	鱼仙得道	完璧归赵	拦江截斗	水漫金山
青云直上	月下追贤	海不扬波	刘邦斩蛇	马超追曹
三仙大会	冰剑寒梅	梅开二度	三田和合	六国大封相
白鹤抽签	过江招亲	八仙闹海	护国庇民	赵子龙催归
昭君出塞	嫦娥思乡	踏雪寻梅	麻姑献寿	刘海戏金蟾
三调芭蕉	越女击猿	游龙戏凤	杨柳榆仙	三取珍珠旗
飞剑伏狐	岁寒三友	宝莲灯	仙女渡江	童子拜观音
笛奏龙吟	寒江大战	乔松跨鹤	锦上添花	哪吒战石矶
月满良宵	云龙戏水	零的突破	三连桂冠	银球传友谊
为国争光	体育之光	五连冠	囊括七雄	火箭会嫦娥

注：其中部分为20世纪80年代后创新的飘色色板题材，如《三连桂冠》《火箭会嫦娥》等。

2. 鳌鱼舞

鳌鱼为中国古代神化传说中的灵物，呈现龙头、鱼身状，因“鲤鱼跃龙门”而获得灵性，通常寓意有力争上游、独占鳌头等之佳意，乡民热衷于鳌鱼舞（图3-112、图3-113），起初是希望镇中人才辈出、高中状元，后来逐渐发展成为对吉祥如意的期许。沙湾古镇的鳌鱼舞历史上向来由萝山里人制作与表演，在制作方面，鳌鱼成品一般身长1.5米，高0.8米，尾巴上翘1.3米，通常以竹篾、铁丝等扎作框架，用纱纸糊于表

图3-112　沙湾传统工匠制作鳌鱼场景[①]

图3-113　沙湾鳌鱼舞表演[②]

①② 中国广州市番禺区沙湾镇委员会，广州市番禺区沙湾镇人民政府．沙湾镇志[M]．广州：广东人民出版社，2013（01）：33（图）．

面，并描绘上金鳞片（雄鳌鱼）与银鳞片（雌鳌鱼），雌雄鳌鱼除金银鳞片存在明显的特征差异外，其他不同之处主要在于雌雄鳌鱼的尾巴，金鳞雄鳌的尾巴像葫芦，称作“葫芦尾”，银鳞雌鳌的尾巴像盛开的芙蓉花，称作“芙蓉尾”，两条鳌鱼头角上分别挂以丝绸包饰的红、黄筒，红筒寓意簪花挂红，黄筒寓意为皇帝封诰，鳌鱼身下围一圈彩绸，称作“鳌鱼裙”，可巧妙地将舞者的上半身掩藏起来；在表演方面，通常以金、银雌雄鳌鱼一对组成表演，每条鳌鱼仅一人舞动，类似于传统舞狮，舞者将头身藏于鱼腹之中，两肩扛起支撑鱼身的长杆，两手握着鱼腹内左右短杆，伴随着大鼓、高边锣、大钹等简单明快又强烈的击打节奏，时而昂首，时而俯视、跳跃及做出一系列的大幅度倾侧动作，雌雄两条鳌鱼间互动也颇多，如点头、追逐、碰头、亲昵等，形象生动逼真，耐人寻味[①]。

3．舞龙

在中国的传统社会中，龙是非常神圣、吉祥的灵物，人们也通常将自己视为龙的传人，认为舞龙活动可以消灾避祸、兴旺乡村。历史上沙湾古镇乡民认为自身聚居地为龙脉所在之处，得其庇佑，村镇福泽绵绵、人才辈出。因此，在沙湾古镇“北帝诞迎神赛会”的嬉神队列中舞龙表演自然也成为了非常重要的一部分，乡人又认为舞龙者因钻进龙腹而更易得到龙荫庇佑，乡民参与舞龙活动的热情十分高涨。

沙湾传统舞龙有日龙、夜龙之分，白天舞动的是日龙，晚上舞动的是夜龙，日龙中又分金龙与银龙。在舞龙道具的制作方面，最为讲究的部分当属龙头，整个龙头大约重35公斤，高达1.5米左右，先用粗竹扎成基本构架，再用细竹篾进一步编织，然后糊上好几层纱纸，纱纸上以各色油彩描绘出人们想象中的龙头样子，重要之处贴上金、银薄片装饰，龙眼能够上下左右转动，龙口露牙大张，口内红色龙舌亦可颤动，在配上马尾做的长龙须，整体造型看上去十分威武；龙身同样以竹为基本材料，扎作成为直径约1米左右的圆箍，分“硬箍”与“软箍”，圆箍下扎上了长木杆的为“硬箍”，未扎木杆直接手持揸手的为“软箍”，目的在于舞龙时每箍形成高低错落的波浪形，因而“硬箍”与“软箍”交叉排列，之间用几根麻绳统一串联，两箍之间间隔大约2米，称为“一架”，一般整条龙会有30～50架，长的大龙可达百余米，箍的外面披上彩绘绸布，绸布上有规则地钉上长20厘米、宽5厘米的圆弧形金属薄片，金龙用黄铜薄片，银龙用铜锡合金的白薄片，夜龙则只彩绘龙甲，夜龙其余不同之处在于每箍下都扎上了烛架插蜡烛；此外，还有龙尾与龙爪，制作工艺大体相同，龙尾大约长2.5～3米，两对龙爪分别挂于龙身左右两边[②]。在传统舞龙表演方面，据当地长者回忆，舞者主要选择镇内年轻

① 中国广州市番禺区沙湾镇委员会，广州市番禺区沙湾镇人民政府．沙湾镇志[M]．广州：广东人民出版社，2013（01）：402-403.

② 中国广州市番禺区沙湾镇委员会，广州市番禺区沙湾镇人民政府．沙湾镇志[M]．广州：广东人民出版社，2013（01）：407-408.

力壮、平日里崇尚习武者，多以保卫村镇的“更练”（或称：乡勇）为主，尤其是舞龙头者一般会精心挑选镇内的武举人、武秀才或武功不凡之人担当，表演的常见动作有摆阵、穿插、盘旋、翻滚、蛇行等，其中最令人津津乐道的为“龙打沙”与“龙缠柱”等，“龙打沙”即在空旷的沙地上表演一系列幅度较大的高难度组合动作，舞者在舞动的过程中溅起地面的细沙，另外“龙缠柱”主要指通体发光的夜龙冲入被誉为“百柱厅”的何氏大宗祠“留耕堂”内，在众多大圆柱间盘来绕去，景象十分壮观。

（四）社会功能与作用

沙湾“北帝诞神赛会”起初主要以酬神还愿为目的的宗教信仰活动，但在之后的长期发展过程中，从酬神、敬神活动逐渐嬗变成为乡民自娱自乐的集体民间艺术活动，从“神圣化”向“世俗化”过渡。其社会功用主要包括：第一，促进各大族姓间的整合与团结，“北帝诞神赛会”活动几乎是全镇乡民集体参与，在此过程中离不开全民的积极配合、广泛交流与商讨，自然利于各大族姓间相互团结与形成文明礼让、和谐融洽的良好村镇风气，培育乡民对自身村镇的认同感与归属感，增强乡民积极建设家园的共同愿望；第二，促进邻里关系，“北帝诞神赛会”每年均以不同里坊轮值主办，其余各里坊也承接相应的表演任务，在这万众瞩目的表演过程中，各里坊的表演内容直接体现了自身在镇中的社会经济地位，及关乎着各里坊的荣誉感，因而期间各里坊无一不团结一致、用尽全力、力争上游，在此过程中利于进一步形成良好的邻里关系，及强化了里坊作为村镇邻里关系的重要单位与基础；第三，促进民间艺术的发展，作为年复一年集体村民共同参与的大型艺术活动，在表演艺术上大家相互交流、相互学习及相互竞争，大众乡民的艺术欣赏水平得到良好的培养，同时促使相关表演技艺、表演内容等不断进步；第四，强身健体、捍卫乡民，沙湾古镇历史上曾饱受周边海岛、沙匪侵扰，为保卫村镇安全，乡人组织了大量“更练”习武抗敌，而“北帝诞神赛会”中舞龙、舞鳌鱼等活动则是平日里“更练”锻炼身体与休闲娱乐的理想健身活动，其不仅为习武者增添了乐趣，也促进了更多乡人热爱习武健身并加入捍卫乡民的队伍中来；第五，提升了自身对外的知名度与影响力，据当地年长村民回忆，每逢沙湾“北帝诞神赛会”期间，邻村乡民都纷至沓来观摩欣赏，把沙湾古镇挤得水泄不通，酒店、茶楼爆满，食宿难以安排，在临近乡里欣赏沙湾“北帝诞神赛会”精彩的大型艺术表演的同时，也被沙湾古镇历史上强大的政治、经济实力所震撼。

三、民间音乐类

历史上沙湾古镇宗族区经济富裕，同时滋养了当地丰富的精神文化。乡人平日里酷爱粤剧、粤曲，并培育了为数不少、历史上极负盛名的本土作曲家、演奏家、演唱家等，如清末的何博从、清末民初间的广东音乐“何氏三杰”（何柳堂、何少霞、何与年）及何柏心等（图3-114），他们不仅具备琵琶等传统乐器演奏的高超技艺，还创作了大量经典的、脍炙人口的粤曲曲目，如《雨打芭蕉》《赛龙夺锦》《饿马摇铃》等（表3-10），曲目的内容大多源于真实的乡间生活、乡间情景或民间故事等，其中很大一部内容是解读沙湾古镇传统乡间文化的重要历史信息来源。沙湾本地创作的众多经典粤曲曲目及高超的传统乐器演奏技艺等，影响力可谓辐射于整个广东省乃至更远，不少外地跨省的音乐爱好者都慕名前来学习与交流，因而现今亦将沙湾称作“广东音乐的发源地”之一。

何柳堂像

何少霞像

何与年像

图3-114 广东音乐“何氏三杰”[①]

长期以来沙湾民间音乐一直是镇内居民传统生活的重要组成部分，镇内也分布着众多民间音乐活动场所，如服务于镇内外音乐爱好者音乐演奏与切磋技艺的沙湾音乐大厅之“三稔厅”、时而名伶唱响的当地大茶楼及众多由来已久的“私伙局”场所等。

沙湾民间音乐创作的代表曲目[②] 表3-10

作者	曲目名称
何博众	《雨打芭蕉》《饿马摇铃》《群舟攘渡》
何柏心	《偷诗稿》《闵子骞御车》《吴汉杀妻》《倒卷珠帘》《闺谏瑞兰》
何柳堂	《赛龙夺锦》（对《群舟攘渡》再创作）、《醉翁捞月》《晓梦莺啼》（碧水龙翔）、《双凤朝阳》《鸟惊喧》《七星伴月》《玉女思春》《梯云取月》《金盆捞月》《回文锦》《饿马摇铃》（依何博众谱加工润色）、《胡笳十八拍》（寡妇弹情）、《渔樵问答》《万年欢》（贵妃出浴）、《醉花荫》（柳暗花明）、《周瑜归天》《抗日救亡》《鸦片毒》《十点风情》
何少霞	《陌头柳色》《吴宫戏水》《雷峰夕照》《下里巴人》《弱柳迎风》《羽衣舞》《蜂蝶争春》《桃李争春》《春光好》《白头吟》《夜深沉》《下渔舟》《吕宫水戏》《涧底流泉》《滴滴泪》《雨过天晴》（与何与年合作）、《游子悲秋》《一代艺人》《梦觉红楼》（与何蹑天、邓芬等合作）
何与年	《将军试马》《清风明月》《广州青年》《小苑春回》《银蟾吐彩》《画阁秦筝》《鸟鸣春涧》《松风水月》《晚霞织锦》《长空鹤唳》《青云直上》《侯门弹铗》《击鼓催花》《柳关笛怨》《上苑啼莺》《华胄英雄》《性的苦闷》《走马看花》《忆王孙》《紧中慢》《蝶浪》《私语》《窥妆》《午夜遥闻铁马声》《齐破阵》《一弹流水一弹月》《海音潮》《剪春罗》《塞外琵琶云外笛》《扫落花》《妲己催花曲》《垂杨三复》（依何柳堂谱整理）、《浔阳夜月》《珠江夜月》《夜泊秦淮》《长城落日》《笛奏龙吟》《急雪飞花》《凤衔珠》《玉楼春》《双飞燕》《琴三弄》《巧梳妆》《团结》《三跳涧》《四海升平》

注：以上是已知曲目，还有尚待挖掘和考证的曲目未予明列。

① 中国广州市番禺区沙湾镇委员会，广州市番禺区沙湾镇人民政府．沙湾镇志[M]．广州：广东人民出版社，2013（01）：27.
② 中国广州市番禺区沙湾镇委员会，广州市番禺区沙湾镇人民政府．沙湾镇志[M]．广州：广东人民出版社，2013（01）：381.

四、现状问题分析

现今，沙湾古镇非物质文化遗产面临着以下主要问题：第一，集中孕育非物质文化遗产的原真历史环境破坏较为严重，直接动摇了当地非物质文化遗产传承与发展的根基；第二，当地非物质文化遗产呈现后继无人的现象，由于非物质文化遗产工作一般对培养对象专业素质要求高、培养周期长，而其工作环境却相对艰苦、薪资收入又不太稳定，导致许多年轻人择业时对其避而远之；第三，面对沙湾古镇丰富的非物质文化遗产，而相关的挖掘、发展与利用都显得相对不足，表现出发展与利用方式过于单一，未能顺应时代的发展不断地进行合理的创新。

本章小结

沙湾古镇历史发展悠久、文化遗存丰富，必然导致其原真历史环境涉及的研究内容十分广泛，又因自身历史风貌欠缺完整、历史遗存大体呈零散状等复杂状况，无疑进一步加大了相关研究的复杂性。本章基于沙湾古镇的形成背景、发展演变进程、个性特征等因素的综合理解下，从集中反映沙湾古镇传统风貌特色与文化、传统社会秩序与原真生活形态的多层级原真空间格局等系统层面开展研究，有利于把握与解读沙湾古镇原真历史环境的整体历史信息系统，且具有较强的可行性。

在原真山水格局层面，借助文献学、人类学田野调查、ArcGIS软件等对沙湾古镇原真山水格局进行了考证与绘制推测图，探究了原真山水格局中已消失或现今已十分模糊的历史空间肌理，指出沙湾古镇原真山水格局演变过程中护山修水、外密内疏的个性特征，并进一步说明了其历史上曾对当地生存、庇护防涝、交通、休闲娱乐等方面的重要作用与意义，以及分析了沙湾古镇原真山水格局的变因与现状问题。

在原真“宗族-疍民”空间格局层面，指出在自然冲积成陆、五大宗族垄断土地所有权及五大宗族抵御外部侵扰等综合因素影响下，沙湾古镇在同一区域内分化出了特征各异、之间界限分明又紧密联系的宗族区、疍民区两种聚落类型，通过翻阅大量史料与实地调研的方式对宗族区与疍民区的历史范围进行了大体的辨识与区分，并进一步对宗族区、疍民区各自的空间结构、空间布局及主要建筑类型等重要历史空间特征进行了比较分析，以及分析了原真“宗族-疍民”空间格局的变因与现状问题。

在原真商业空间格局层面，分析了沙湾古镇原真“六市”形成与演变的主要过程，指出沙湾古镇原真“六市”主要有地方性带状商业街、里坊性点状围合市井、埗头与水路交通周边形成的零散状墟场这三种基本的传统商业空间类型，并进一步对这三种传统商业空间类型各自的平面类型、主要构成元素及主要职能等方面进行了比较分析，以及分析了原真商业空间格局的现状问题。

在原真民间信仰空间格局层面，指出历史上沙湾古镇居民往往借助民间信仰的力量来表达人们普遍认同的潜在价值与愿望，强化社会秩序及其空间结构。因而，可通过分析镇内各种民间信仰场所的作用、位置布局等内容的基础上，从侧面解读镇内复杂的、多层级的空间格局，从中可知“五位四灵”反映了沙湾古镇选址与确立外部发展边界，“社稷坛”反映了各族姓空间范围的历史边界，祖先灵位反映了内部各级团块结构，以及其他庙宇多为重要公共活动节点等。此外，还分析了原真民间信仰空间格局的变因与现状问题。

在原真户外公共活动空间格局层面，通过查阅历史资料及对当地居民户外活动规律的长期观察后，分析指出镇中户外公共活动的空间类型主要有村镇级、社区级及邻里级三种，并对这三种户外公共活动空间类型的位置、平面布局、组成元素、功能等作出了详细地调查与分析，以及分析了原真户外公共活动空间格局的现状问题。

在非物质文化遗产层面，梳理与论述了沙湾古镇具有代表性的传统手工技艺类、传统民间信仰之游艺类以及民间音乐类等方面的内容与社会意义，以及分析了沙湾古镇非物质文化遗产的现状问题。

本章对沙湾古镇的多层级原真空间格局及具有代表性的非物质文化遗产等开展系统层面研究，可为后续沙湾古镇保护与控制要素的分析、提取及相应保护策略与方法的制定提供切实依据。

第四章 沙湾古镇原真历史环境的存续策略

第一节 原真历史环境的存续思路——受中国围棋布局思想的启发

中国围棋历史悠久，作为一种"布局论"，深刻地反映了中国人的人地关系思想。对围棋略有了解的人都知道，围棋世界中强调高效地控制最大化的空间，要达到此目的，每立一棋子或每一步的抉择都要尽力去控制整体"格局"，而良好的"格局"建立在对棋盘"星位"及其他重要节点的整体控制上（图4-1），整个行棋过程都需要基于整体"格局"的大局观下，尽量做到每一步都分轻重缓急、井然有序及步步为营，而判断行棋"格局"好坏的一个重要标准就在于"气"，"气"直接关乎着空间的控制与未来发展是否良好。

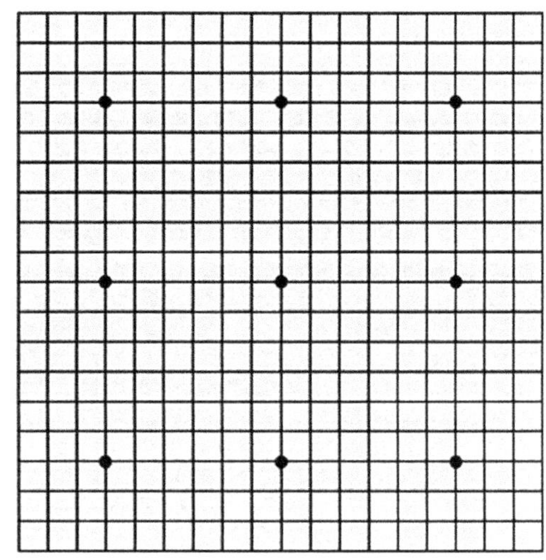
图4-1 围棋棋盘（棋盘中黑点为重要星位）

围棋的布局原理，是否能适用于一般的场地保护规划，国内较早尝试相关方面研究的代表性学者中有北京大学景观设计学研究院的俞孔坚教授，他受中国围棋空间战略的启发，提出通过对空间中关键性格局的控制，以高效地保障某种自然和人文过程的健康和安全的设想，即景观安全格局（Security Patterns），且相关学术研究与实践成果陆续发表在国内外重要的学术期刊上，在学术界造成的影响颇大。①②

针对现今国内历史风貌欠完整传统村镇保护规划方法存在"圈层"保护范围划分方法的局限性、适宜发展建设的空间欠缺梳理、保护发展实施步骤欠缺整体性与不够明晰等主要问题，本书研究借鉴中国围棋布局原理中"格局""星位""气""弃子"等重要思想，探究沙湾古镇原真历史环境的存续思路与方法，主要有以下三个方面。

一是探究"格局"。基于沙湾古镇的形成背景、发展与演变进程及个性特征等因素的综合理解下，探究对沙湾古镇原真历史环境存续具有重要意义的多层级空间格局等系统层面，这些多层级空间格局或系统层面是构成沙湾古镇整体历史信息系统完整性的重要基础。

二是判断"星位"。从对沙湾古镇原真历史环境存续具有重要意义的多层级空间格局等系统层面分别分析、提取保护与控制要素。借助地图叠加法，统一整合从多层级空间格局等系统层面提取的保护与控制要素，并绘制沙湾古镇原真历史环境保护与控制要

① 俞孔坚. 景观十年（上）[N]. 美术报，2009-04-25.

② 俞孔坚，李迪华，韩西丽，等. 新农村建设规划与城市扩张的景观安全格局途径——以马岗村为例[J]. 城市规划学刊，2006（05）: 38-45.

素综合图，借此形成明确的、深化的保护控制范围与保护控制对象及相对整体性的、清晰的保护发展实施步骤。

三是求“气”与“弃子”。在确保沙湾古镇原真历史环境保护与控制要素整体上得到良好存续的前提条件下，进一步寻求沙湾古镇未来发展的“气”，不仅包括原真历史环境保护与控制要素的“气”，也应寻求沙湾古镇未来适宜发展建设空间的“气”，当然“气”之“韵”须传承与发扬当地的传统环境风貌与历史文化意义，也须承认各个历史时期合理的、正当的叠加的积极贡献，同时谨慎地整治与建设更新其中不合理的历史部分，不合理的历史部分主要为20世纪50年代以来产生的“历史性”破坏、“建设性”破坏、“商业性”破坏等，如同中国围棋的“弃子”思想，将行棋过程中难免出现的“恶手”“无理手”给予及时地放弃与修正。

第二节 保护与控制要素的分析、提取及相应的保护策略与方法

基于沙湾古镇的历史发展背景、历史文化遗产状况、当地居民的原真生活形态及主观保护意愿等方面综合考虑，可主要从原真山水格局、原真“宗族—疍民”空间格局、原真商业空间格局、原真民间信仰空间格局、原真户外公共活动空间格局、当地常住居民主观保护意向以及非物质文化遗产等系统层面中分别分析与提取沙湾古镇原真历史环境的保护与控制要素，并提出相应的保护策略及方法。

一、原真山水格局的保护与控制要素

基于原真山水格局历史状况与现状问题的分析，其保护与控制要素可以从“生态、生产价值”“庇护功能”及“自然景观价值”等几个主要方面进行分析、评估与提取。

（一）生态、生产价值

从区域宏观的生态、生产价值考虑，沙湾古镇原真山水格局的保护与控制要素有：①需要保护其中对于维持当地生物多样性与再生能力有积极贡献的、对当地有机农业生产重要的部分区域。现今主要为原真山水格局西南面保存较良好的青萝嶂群山及周边部分农田、菜地、水塘等区域，这些区域内除兴建少量必要的公共服务设施外，应尽量体现自然风貌特征为主，严格控制其他的人工建设活动。②在沙湾古镇及其西南面良好的自然生态、生产资源间营建具有良好通达性的生态文化廊道，从而整合周边优质资源共同发展（图4–2）。沙湾古镇原真山水格局的西南面具有滴水岩森林公园、众多水道、大片的农田、菜地及水塘等良好丰富的自然生态、生产资源，古镇聚居区中心离这

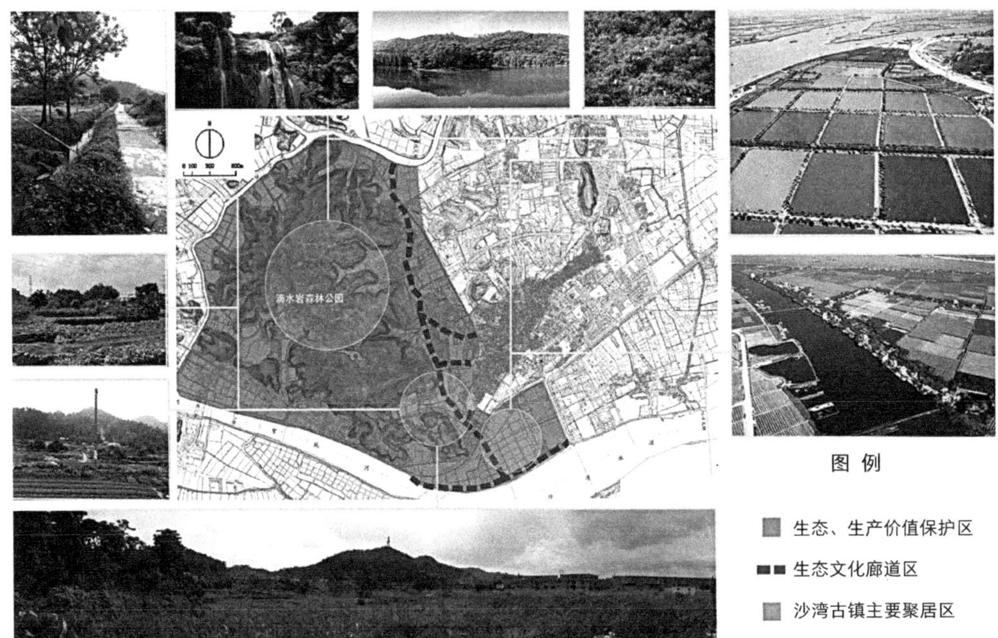

图4-2　沙湾古镇生态、生产价值的保护与控制要素分析
注：部分插图来至《沙湾镇志》，周边河道为更宏观的保护层面，因而未在本图示中标明。

些优质生态、生产资源的直线距离较近，看似非常适宜步行或自行车等休闲方式通行，然而，因它们之间存在着一些新建建筑的不良阻隔又或是自然荒芜状态、杂草丛生，导致古镇主要聚居区与西南面优质的生态、生产资源不管是景观视觉体验的连续性，还是行进中的通达性都较差。因而，要实现整合沙湾古镇与其西南面优质生态、生产资源共同发展这一目标，最重要的是在原真山水格局的西南面精心打造一条与古镇具有良好通达性的生态文化廊道。从古镇原真山水格局西南面的现实状况看，除已建成的滴水岩森林公园具有良好的自然生态环境外，周边其余区域的自然生态环境也大体保存良好，而破坏的历史空间肌理则相对较少，相关整治工作相对容易，操作起来具有较强的可行性。

（二）庇护功能

沙湾古镇原真山水格局历史上长期作为古镇主要聚居区的外围庇护结构，是维持古镇主要聚居内部空间稳定的重要因素之一。因而，宜依据原真山水格局的历史空间肌理状况，适当提取其中对古镇主要聚居区具有重要庇护作用与意义的空间范围进行保护与控制（图4-3）。

依据提取原真山水格局庇护空间范围内现今不同程度的破坏情况，可主要采取以下三种措施与方法。其一，针对历史空间肌理破坏较小的西面庇护范围，在条件允许的前

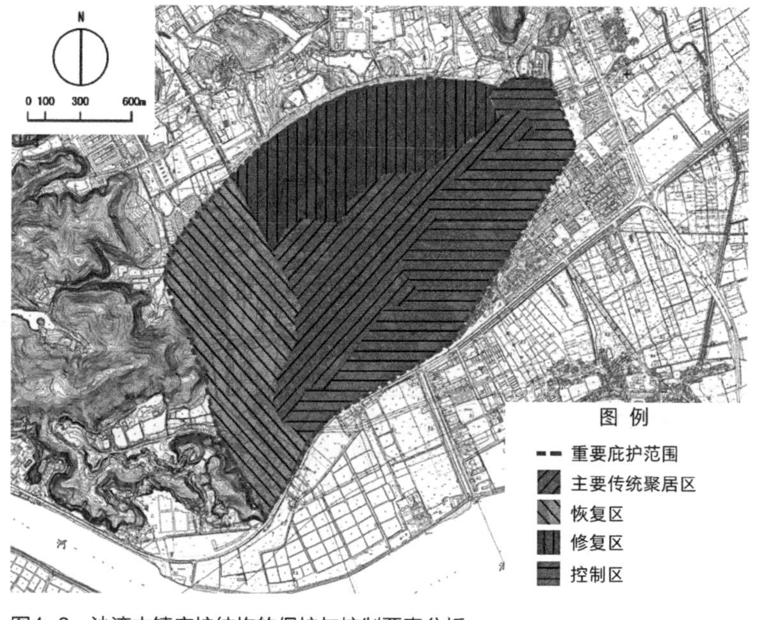

图4-3 沙湾古镇庇护结构的保护与控制要素分析

提下宜采取“恢复”措施为主，具有较强的可行性。其中少量遭破坏的空间肌理主要是兴建了一些大体量工厂的局部区域及恶化的涧水涌等，因而应尽可能地拆除或搬迁严重破坏原空间肌理的大体量工厂、疏浚现有水涌与消除水涌污染等，结合西面生态文化廊道的营建，使沙湾古镇与滴水岩公园等优质自然生态资源间形成良好的通达性。其二，针对历史空间肌理破坏较严重，但原真风貌并未完全消失的北面庇护范围，在“恢复”原空间肌理不现实的情况下，宜采取渐进式地“修复”措施为主。20世纪50年代开始，沙湾古镇北面的文屋山、土地岗等山岗上陆续兴建了许多干扰自然环境风貌的现代建筑，短期内开展大面积的拆除与搬迁工作的困难相当大，但可以对其进行风貌改造，或采用视线遮挡等方式进行暂时处理。如在其前合适距离种植易生长的翠竹、乔木等。而在沙湾古镇北面一些已基本被夷平的山岗所在地，宜建立新的绿化隔离带，以此强化原历史空间肌理的围合庇护作用及自然特征。其三，针对历史空间肌理现已几乎完全消失殆尽的南面、东面庇护范围，在进行“恢复”与“修复”不现实的情况下，宜采取“控制”措施为主。原南面内外两条护镇河及之间大量的水塘农田、东面的岐山形成的庇护结构，现已兴建了大量的现代建筑，对于紧邻古镇历史风貌环境区的周边地块，未来建筑更新活动“应当按照与历史风貌相协调的要求控制建筑高度、体量、色彩等”①，努力打造成为新风土建筑风貌区。

① 住房城乡建设部、文物局文件（建规〔2012〕195号）《历史文化名城名镇名村保护规划编制要求（试行）》[Z].

（三）自然景观价值

沙湾古镇原真山水格局中具有较高审美价值、休闲娱乐价值的景观场所或节点，其实沙湾古镇先人早有明鉴。正如沙湾古镇传统的“青萝八景”（表4-1），清代乡人已将原真山水格局中的一些优质景观点或场所列入其中，且占据“青萝八景”中的七处，七处中的“萝巅旭日”“丹灶遗薪”“瑶台渔唱”“官巷樵归”（图4-4、图4-5）现今基本

沙湾古镇青萝八景概况[①] 表4-1

名称	缘由	现状
萝巅旭日	青萝为境内众山主峰，由红萝嶂（今大夫山）西南来龙，隔江渡下南山峡，卓起五脑芙蓉嶂。萝巅面正朝东，每旭日初升，云霞万状，饶有罗浮见日气象。故曰：萝巅旭日	今存。近年建“滴水岩鸟类自然保护区”和“滴水岩森林公园”，其景色虽有别于古代，但登临仍可追怀古人之诗情
员峤晚钟	青萝趋下，东麓有山削如峭壁，下建员峤古寺，为萝岭东陲，前引夹道青松，末起七层云塔，每山寺钟鸣，沙村向岸，恍惚鹿门已曛景色。故曰：员峤晚钟	员峤山今已荡平，仅存现时象达中学一处高地，古迹俱不存
新村古渡	萝山散布阳基，负山面水，天然一段村落。昔麦氏新村于此水道取逮大涌口，每渔舟趁潮，客船泊岸，成渔梁渡头故迹，今则幽草涧边，野渡无人矣。故曰：新村古渡	麦姓新村俗称“麦埗头”，村已湮没，空留地名而已。址在今沙湾大道北，即江陵里与东安里交界
丹灶遗薪	萝嶂擘脉，鹰冈回结，凤穴其中，盘成岩谷。相传唐仙炼丹，岩下灶遗余薪，化为血虻，虽枯死七日，吸雾复生。有鸡犬聒丹，偕仙羽化灵迹。故曰：丹灶遗薪	今存。为“滴水岩森林公园”的一部分
瑶台渔唱	萝岭南枝滨临海岸，为南屏一派山水，山尽处曜石嶙峋，沿石磴以陟山椒，有巨石横列如台。适临坐眺，下视环乐渔家，逍遥唱晚。故曰：瑶台渔唱	今存。即今西村南牌山“逍遥台”，已为封山育林的树木所遮掩
官巷樵归	萝径幽深，樵路纡曲，而樵者早出晚归多取齐官道，自桃园官巷口，下石路斜埗头，群同牧笠，一路樵歌，宛然见人来青嶂远情景。故曰：官巷樵归	今存。即今“沙湾敬老中心”所在地
天山诗社	青萝之秀间钟于人，传闻端恪公维柏离乡贵显，实由本土钟灵。后忤当道，遁迹南归，取易天山遁义，建书院、设诗社，广集名流，故乡亦相起应声。故曰：天山诗社。或谓人乡山脉接天关山社，以地名别有取义	该址指今西村三槐里、文溪里一带，曾有明进士王渐逵讲学的“樾森楼”和李昴英后裔创办的“黉鸣诗社”，明时该地文运大兴，今古迹已荡然无存
峡口斜阳	萝嶂来龙飞渡过峡，峡前后两山排闼，一水中流，当日落虞渊，与日浴波罗成一对照景象，插天剑气，旋为翻壁江心，不减石门返照景色。故曰：峡口斜阳	今存。但南山峡水道已裁弯取直，水下暗礁已炸平，两岸景色也不复当年

① 部分内容参见《沙湾镇志》中记载的清代何其干《青萝八景总序》。

图4-4　沙湾“官巷樵归”出入口门楼

图4-5　沙湾“官巷樵归”小道

保存良好，仍具有较高的景观价值，“萝巅旭日”与“丹灶遗薪”场所早已纳入滴水岩森林公园的保护规划之中，而“瑶台渔唱”“官巷樵归”场所的自然景观价值有待进一步挖掘。根据自然景观的整体质量分析，大体可将沙湾古镇周边区域自然景观价值分为高、中、低三个级别（图4-6）。

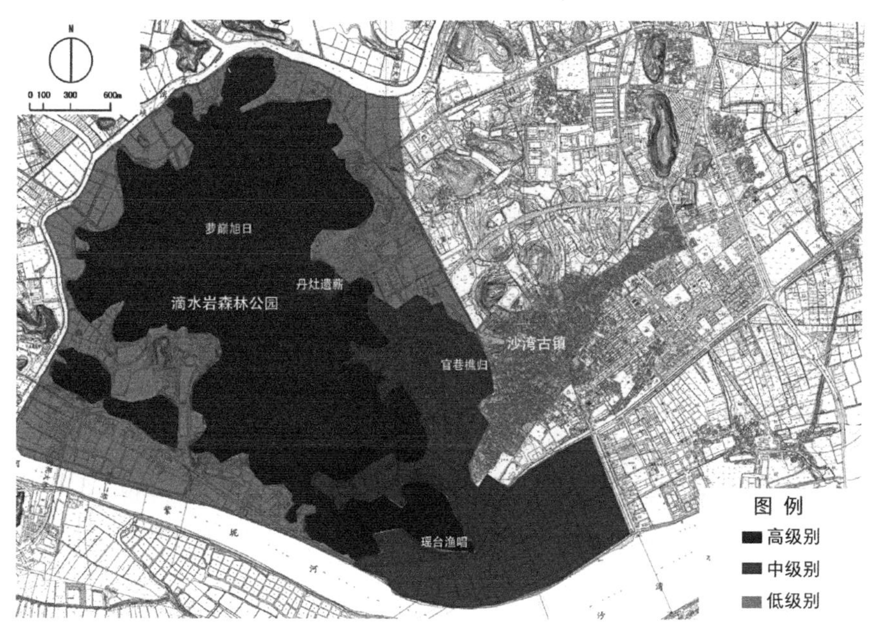

图4-6　沙湾古镇周边自然景观价值分析

二、原真“宗族-疍民”空间格局的保护与控制要素

基于“宗族-疍民”空间格局历史状况与现状问题的分析，其保护与控制要素可以从维持两种聚落类型独立完整性、宗族区、疍民区等几个主要方面进行分析、评估与提取。

（一）维持两种聚落类型独立完整的保护与控制要素

历史上沙湾古镇的疍民区主要分布于宗族区的东南面，宗族区西北面多为山体等自然环境要素，少有人居，宗族区与疍民区长期以来主要以三桂涌、朱涌、亭涌等水系组成二者之间最重要的分界线，分界线两旁在环境风貌、社会文化、居住群体等诸多方面都存在明显差异，二者相对独立，因此保护与控制好二者明确的分界线是维持“宗族—疍民”空间格局独立完整的重要基础之一（图4-7）。然而，三桂涌、朱涌、亭涌等早已被填涌筑路，传统建筑风貌区与其外之后兴建的现代建筑风貌区的时空界线日益变得模糊，传统建筑风貌区不断被外部蚕食（图4-8），恢复这些水涌现已变得不太现实，但其历史空间界线未被完全模糊，仍有迹可循。因而，宜强化已模糊历史空间肌理的辨识度，主要是通过强化与区分界线两旁各自不同历史时期的建筑风貌特点，即传统建筑风貌与新风土建筑风貌，二者气韵相合、和而不同。

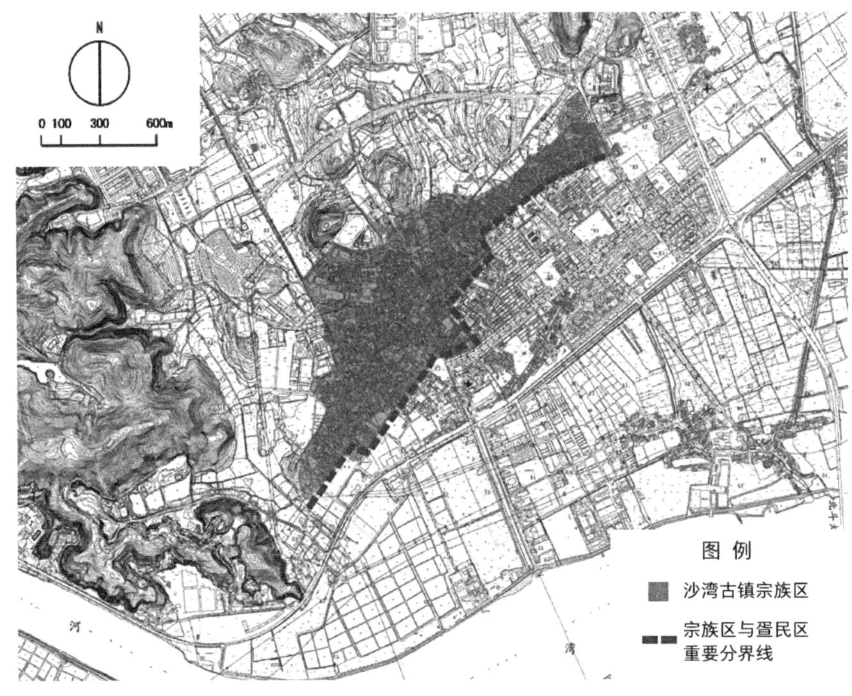

图4-7 沙湾宗族区与疍民区的重要历史分界线示意

图4-8　沙湾朱涌两旁现状

（二）宗族区的保护与控制要素

1．整体保护与控制的范围

沙湾古镇宗族区主要指“一居三坊十三里”的空间范围，现今该范围内的历史遗存主要集中于中部，而东西两端的历史遗存相对零散，尤其是东端的“江陵里”被20世纪90年代兴修的沙湾大道从中穿过，从此分离出的“东安里”与“江陵里”的部分区域变得相对孤立，严重破坏了原聚居区的空间结构。面对沙湾古镇宗族区的传统空间结构及历史遗存的现实状况，相关部门对是否需要将“一居三坊十三里”划入保护与控制范围曾产生过争议，并最终在通过的原历史保护规划中完全排除了分离出的“东安里”与“江陵里”的部分区域，当时有关部门认为分离出的区域相对孤立、历史遗存少、缺乏保护价值等。然而，从现今进一步对分离出的“东安里”与“江陵里”的深入调研发现，除“东安里”保存着当地壁画名家杨瑞石众多珍贵真迹的文物保护单位“北帝祠”外，还因20世纪50年代南海县（今佛山市南海区）建沙堤机场，造成大量外来新居民整体迁入“东安里”东北边空地与推平的山体空地建立沙坑村，在“东安里”范围内兴建了重要的历史建筑沙坑会场（图4-9）和一批现今仍保存较完好的传统风貌建筑等，但是由于这些建筑建造时间偏晚，过去并未引起当地相关部门的足够重视。综合上述多方面因素考虑，分离出的“东安里”与“江陵里”部分区域仍具有保护价值，仍可将原“一居三坊十三里”的整体空间范围纳入宗族区的保护与控制范围，这更利于原空间结构的完整性保护，但前提是需要细心梳理出内部空间的保护与控制要素及适宜发展建设

图4-9　沙湾古镇东安里沙坑会场

的空间。

2．传统路网结构

在沙湾古镇宗族区，这个历史悠久的传统生活性社区内，长期以来各里坊社区、家庭及个人之间通过传统路网产生密切联系，同时主要依赖传统路网等建立与划分了几大宗族各自聚族而居的独立团块空间结构，以及以下各族姓内部各房各支的进一步空间分化结构。因而，针对那些对社区联系与内部空间结构稳定具有重要意义的传统路网必须给予重点保护与控制。正如里坊分界线街道、富户聚居与广厦连绵的传统“三街”[①]以及其他一些使用频率较高的传统街道等。通过综合评估沙湾古镇宗族区传统路网对社区联系、维护内部空间结构稳定、环境质量、历史文化等方面的作用与意义，可以绘制出沙湾古镇宗族区传统路网价值分析图（图4-10）。

庆幸的是现今沙湾古镇大多数的传统路网未有太大改变，基本都保持为适宜步行、幽静的小街、小巷，且在前一轮的保护工作中路网的地面石铺装大多数都得到了整修。在之后进一步的保护工作中，首先，应按《历史文化名城名镇名村保护规划编制要求》提出“交通性干道不应穿越保护范围，交通环境的改善不宜改变原有街巷的宽度和尺度”；其次，宜着重打造前一轮保护工作尚未涉及的里坊分界线街道与传统“三街”，保护控制及整治协调这些街道两旁的建筑物与构筑物等，有利于建立各里坊社区间良好的联系性及长期维持传统宗族区内部空间结构的稳定。

3．建筑与构造物

通过对沙湾古镇宗族区建构筑物展开全面的、大规模的专项调查，不仅包括单个建筑的年代、风貌、质量、高度等方面的基本状况（图4-11～图4-14），也不能仅从古老、高档、精致、美观等某一片面进行单个对象孤立地评价，而需要基于古镇整个历史信息系统，反复论证相关对象历史、艺术、科学等多方面的价值以及对象所处地块的历

① 指沙湾古镇内车陂街、元善街、新街（新街巷）。

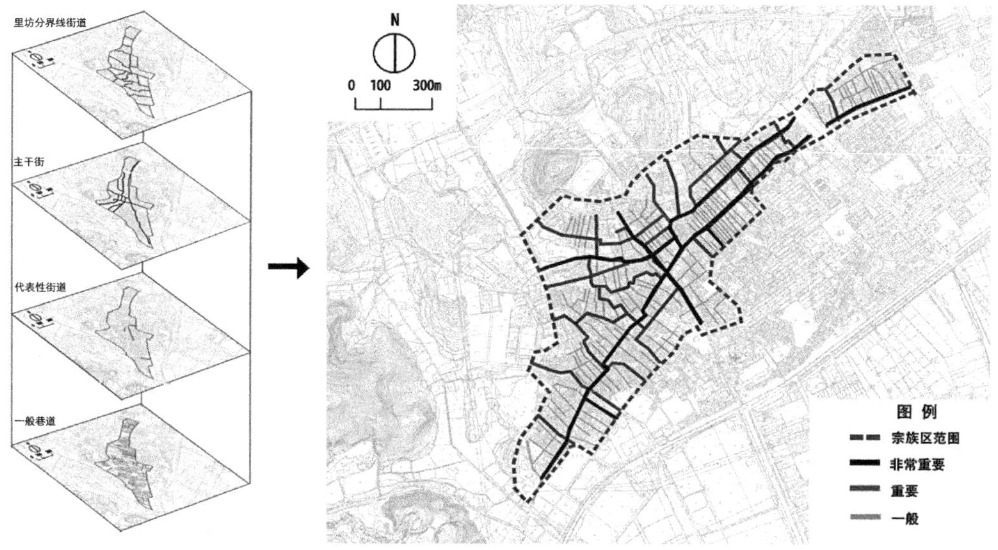

图4-10　沙湾古镇宗族区传统路网价值分析

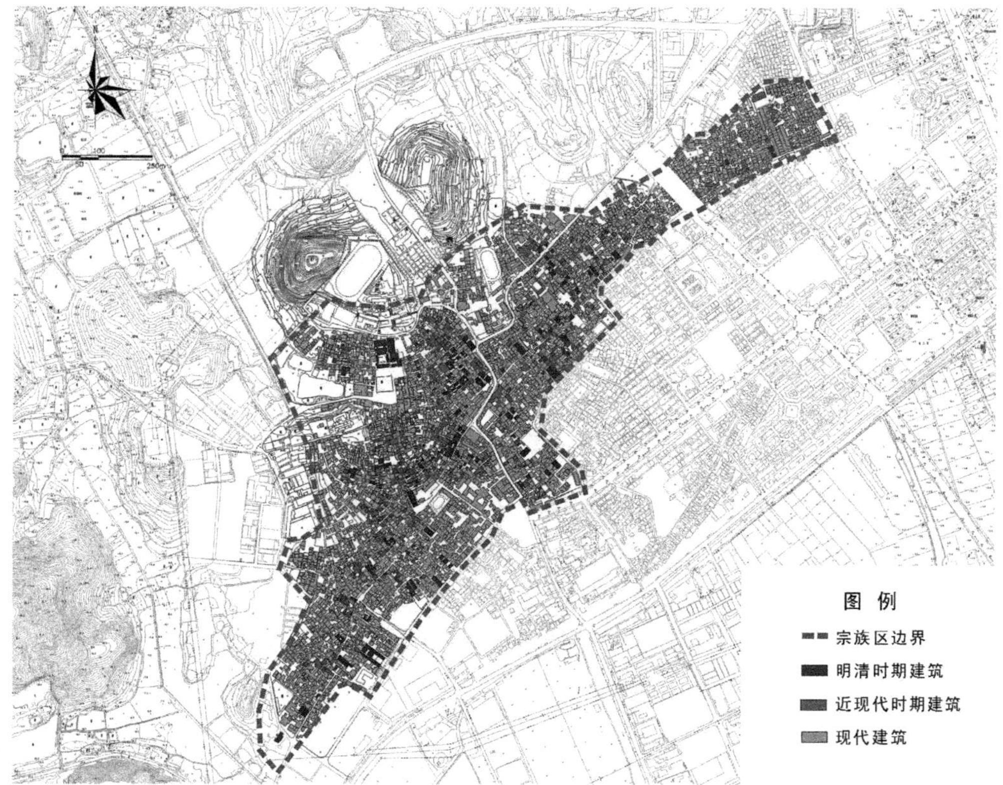

图4-11　沙湾古镇宗族区现状建筑年代①

① 由华南理工大学历史环境保护与更新研究所提供。

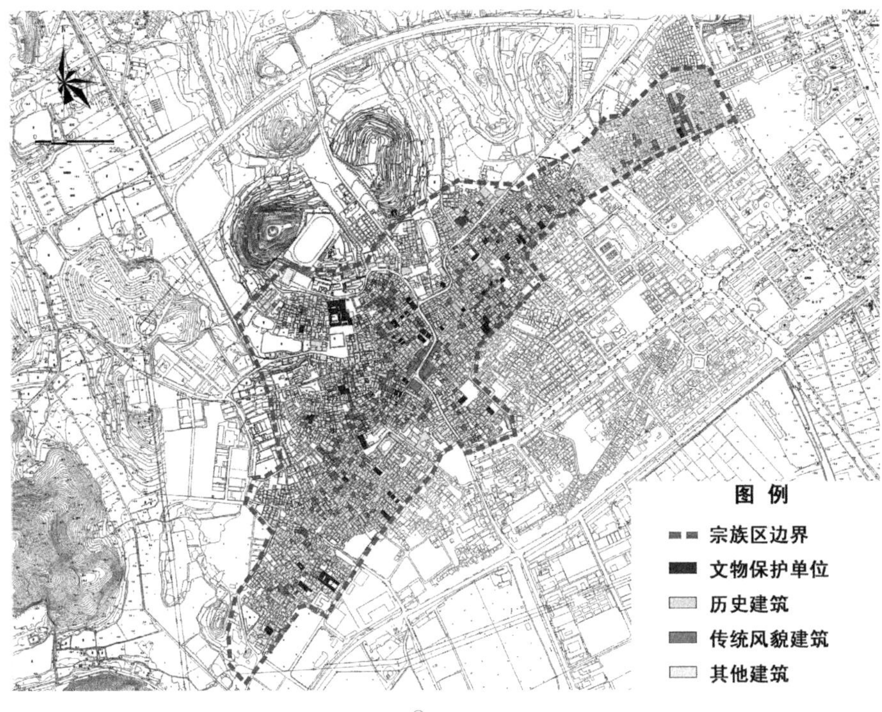

图4-12　沙湾古镇宗族区现状建筑风貌分类①

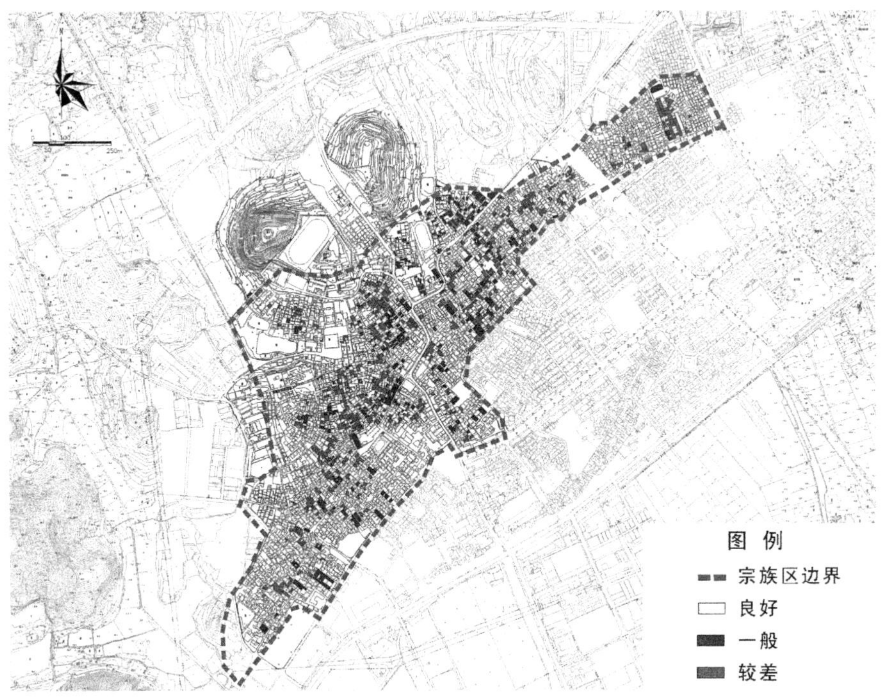

图4-13　沙湾古镇宗族区现状建筑质量分类②

①② 由华南理工大学历史环境保护与更新研究所提供。

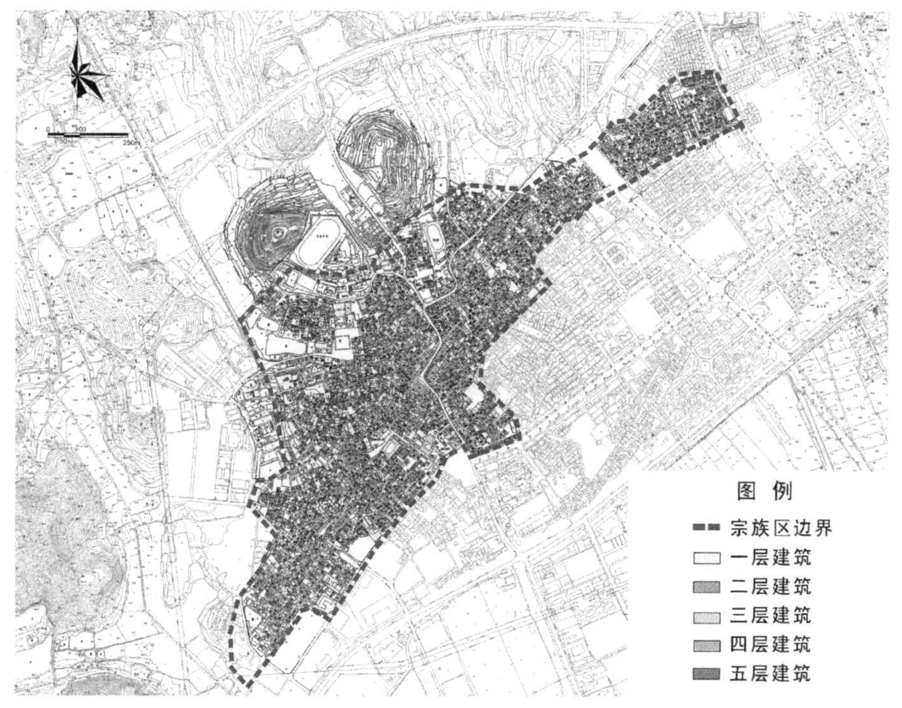

图4-14　沙湾古镇宗族区现状建筑高度[①]

史作用与意义[②]。正如镇中一些简陋的里坊门（图4-15），孤立地看似乎“价值不大”，但其作为宗族区内部空间结构分化的重要标志，在古镇整个历史信息系统中的地位与作用毋庸置疑。又如，镇中一面看似粗糙的残墙（图4-16），体现了多个历史时期的叠

图4-15　沙湾分界巷里坊门

图4-16　沙湾古墙

① 由华南理工大学历史环境保护与更新研究所提供。
② 陈志华，李秋香. 乡土建筑遗产保护[M]. 合肥：黄山书社，2007：16.

加，为沙湾古镇历史发展的有力见证之一。再如，镇中一些风貌质量较差的现代建筑，粗看其似乎可有可无，但结合其所处位置的历史意义与功能考虑，有可能该处的历史意义远远大于其现实状况的意义，同样应将其纳入重点控制地块与整治对象范畴。沙湾古镇所有的建构筑物同样可按照《历史文化名城名镇名村保护规划编制要求》，确定出文物保护单位、历史建筑、传统风貌建筑、与传统风貌协调的建筑及干扰传统风貌的建筑这几个级别与类别（表4-2），做好登录工作及制定相应的保护与更新的策略。最后，经多层面的综合分析研究梳理出宗族区建筑物与构筑物的保护与控制要素（图4-17），这些保护与控制要素与过去惯用建筑风貌分类划分的区别在于：不仅涉及保护与维护历史风貌较好的对象，同时还基于沙湾古镇宗族区整个历史信息系统、传统空间结构等方面因素综合考虑，明确指出需要重点控制与整治的地块及对象。

沙湾古镇建构筑物分类保护与更新的方式　　表4-2

分类		保护与更新方式
文物保护单位（含推荐）		按文物法保护
历史建筑		保护、修缮
传统风貌建筑		维护、改善
其他建筑	与传统风貌协调	保留
	干扰传统风貌	整治、拆除

图4-17　沙湾古镇宗族区建构筑物的保护与控制要素

（三）疍民区的保护与控制要素

1. 保护与控制的范围

历史上沙湾古镇的宗族区与疍民区虽相互分隔，却又相互依存、关系密切，反映了同一区域内不同的空间文化与空间特征，同为沙湾古镇不可或缺的重要历史组成部分。然而，在很长一段时间内，人们似乎仅关注宗族区的价值及保护，而忽视了疍民区对维持沙湾古镇传统风貌完整性的重要作用，原疍民区广袤的沙田被任意地改作建设用地，其内众多水涌也被填塞，传统的茅寮、松皮屋建筑样式更被视作贫穷落后的象征，连同它们的优点都被人们彻底地遗弃。今驻足沙湾古镇的观光者或许只能知晓该地为声名显赫的大宗族聚居区，而不知其还是岭南远近闻名、自然风光秀美、还曾述说着疍民文化生活的山水村镇。因此，在保护沙湾古镇宗族区的同时，也应将周边现今仍反应一定疍民区风貌的适当范围纳入保护与控制范围中。

现今，原沙湾古镇疍民区破坏严重，仅古镇西南面保存了部分沙田与水涌，这部分区域除茅寮与松皮屋等原主要建筑类型丧失殆尽外，其余仍大体反映了原疍民区所呈现的自然环境风貌。因此，结合沙湾古镇西南面营建生态文化廊道的构想，在古镇西面适当恢复原疍民区的部分历史风貌特征，并加以保护与控制，这条生态文化廊道营建的重要内容之一就是述说疍民区的渔农文化，这不仅述说了真实的历史场景，又丰富了古镇历史风貌的多样性，且多样的环境体验更利于古镇发展多元化旅游（图4–18）。

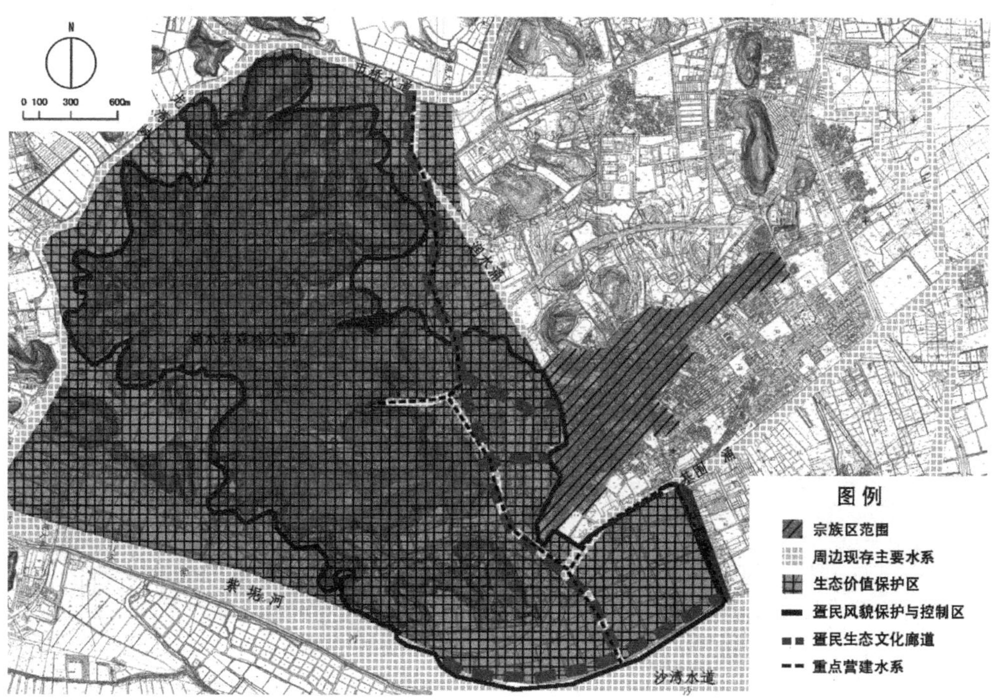

图4–18 沙湾古镇疍民区的保护与控制要素

2．传统水网结构

有别于宗族区以传统路网交通作为内部空间结构的重要基础，疍民区过去长期以传统水网交通作为内部空间结构的重要基础。疍民依水而居，有利于取水、纳凉及出行等，这也充分体现了疍民区居住空间最重要的布局特征。因而，疍民区保护与控制要素的提取离不开传统水网结构。

现今，沙湾古镇西面与南面虽保存有润水涌、基围壆涌、部分大巷涌及一条山边未命名的小水涌等，但原润水涌、基围壆涌、部分大巷涌已经出现裁弯取直、改道、面阔缩窄及污染较严重等问题，部分水流段明渠改为暗渠，虽西面山边一条未命名的小水涌水质较为清澈，但面阔较窄。因而，宜结合营造西南面生态文化廊道的构思，贯通与扩宽水涌、疏浚水涌及消除污染，恢复水涌的生态功能，将其打造成为吸引人们亲水的休闲活动场所。

3．建筑与构筑物

现今，沙湾古镇原疍民区的茅寮、松皮屋等建筑与构筑物已被彻底拆除，已无传统建构筑物需展开保护与控制，仅需尽力拆除或搬迁周边一些干扰自然环境风貌的大体量工厂，尤其在面临珠三角产业结构调整、淘汰落后产能工业的大背景下，一些工厂已基本停业闲置，符合广东省大力提倡的“三旧”改造政策。

未来疍民区的主要建筑活动：首先，宜延续零散的、超低建筑密度的空间布局方式，除兴建一些必要的小型公共服务设施外，应减少与严控其他人工建设活动，区内以呈现自然风貌特征为主；其次，建筑风貌的传承应乐于吸取疍民区传统茅寮、松皮屋小巧玲珑及融于自然的风貌特征，这种传统建筑样式现今仍具有价值，通过改进与发展仍能适应现代人的生活，这早已在沙湾古镇附近的“广东省宜居示范村庄”大稳村中得到有力的实践证明（图4-19、图4-20）；再次，应谨防未来疍民区风貌被宗族区风貌吞噬，避免因主观认同的偏差与急功近利地发展旅游，而导致现存疍民区内盲目地兴建大量具有宗族区建筑风貌的假古董。

图4-19　大稳村绿道之沙田风貌驿站

图4-20　大稳村湿地公园之沙田风貌驿站

三、原真商业空间格局的保护与控制要素

基于原真商业空间格局历史状况与现状问题的分析，其保护与控制要素可以从带状商业街、点状里坊市井及零散状墟场等几个主要方面进行分析、评估与提取，并依据对象的重要性，可划分为保护级、维护级、控制级三大级别（图4-21）。其中保护级，指具有代表性的、杰出的传统商业建筑或公共建筑；维护级，指体现传统风貌环境的商业建筑或公共建筑；控制级，原真商业空间格局的重要范围。

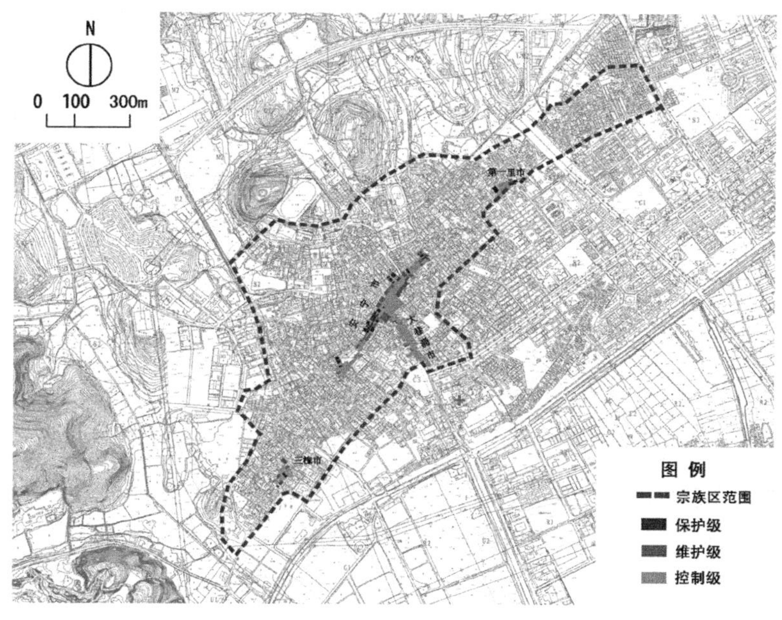

图4-21 沙湾古镇原真商业空间格局保护与控制要素

（一）带状商业街

历史上“安宁市”长期作为沙湾古镇乃至周边地区的商业活动中心，形成了极具地方特色的传统村镇商业街风貌，整条商业街百业兴旺、通达连续，现今用地属性仍以商业用地为主，并沿街保存有许多古建筑。因此，其一应保护与控制好“安宁市”商业街历史风貌的完整性与通达性，积极整治其中一些干扰传统环境风貌的现代建筑，及维持街道两侧地块以商业用地性质为主；其二着重保护重要的、代表性的商业建筑及其他建筑类型，如各类商铺、宗祠、庙宇及少数民居大屋等，以此保证整条商业街内容的丰富性与多样性。

（二）点状里坊市井

历史上沙湾古镇曾有“萝山市”“第一里市”“三槐市”，其中“萝山市”现今仍以商业用地性质为主，而“第一里市”“三槐市”从清中叶以后商业功能开始逐渐退化。经实地观

察发现，这些点状里坊市井均处于通达性较好的空间节点，具有较好的空间围合感，且周围通常建有重要的公共建筑，因而一直以来这些空间节点都是当地居民日常公共活动的重要场所。因此，首先，应保护与控制好“萝山市”“第一里市”“三槐市”的基本空间范围，积极提升空间内的环境质量，排除与减少影响环境整洁与卫生的不良因素，在围合空间内适宜地加强绿化及添置坐凳等简易的公共服务设施，以便更好地服务于当地居民；其次，着重保护与控制好围合“萝山市”“第一里市”“三槐市”周边的重要历史建筑与积极整治干扰传统环境风貌的现代建筑；再次，维持“萝山市”地块仍以商业用地性质为主，而“第一里市”“三槐市”早在清末前商业功能已退化，其现今仅需突出公共用地性质即可。

（三）零散状墟场

沙湾古镇水路及埗头周边曾兴盛有“永安市”“云桥市”以及“大巷涌市”，其中“永安市”“云桥市”因翻天覆地的水网改造，商业功能与原真风貌早已丧失殆尽，而“大巷涌市”，虽大巷涌大部分流段已填涌筑路，但却成为了现今镇中居民通往外部的主要道路，又因“大巷涌市”与“安宁市”紧邻，二者之间的通达性良好，使得“大巷涌市”商业气氛不仅没有减弱，反而在填涌筑路后更为兴旺，由零散的摊档发展成为连续的商业街，只是两旁新建的大多数商业建筑与传统建筑风貌格格不入。因此，针对沙湾古镇原三大零散状墟场的现状，现今主要需控制好“大巷涌”两旁的商业建筑风貌，针对干扰传统风貌环境的现代建筑应积极整治，使之与传统风貌环境和谐（图4-22），并维持好“大巷涌市”两旁地块仍以商业用地性质为主。

大巷涌东面局部原状

大巷涌西立面局部原状

大巷涌东面局部整治现状

大巷涌西立面局部整治现状

图4-22　沙湾古镇大巷涌路局部整治前后对比
注：其中原状照片由华南理工大学历史环境保护与更新研究所提供。

四、原真民间信仰空间格局的保护与控制要素

基于原真民间信仰空间格局的历史状况与现状问题分析，其保护与控制要素主要包括："五位四灵"、社稷坛、供奉"祖先灵位"的大小宗祠、其他古庙宇及周边场地等（图4-23、图4-24）。这些内容或要素反映了传统乃至当今社会镇内居民潜在认同的重要空间，而借助民间信仰的力量来表达与强化镇中这些重要的空间结构、空间秩序及空间节点，这实则为沙湾古镇传统文化与社会行为的一种特殊表现，与当地民间信仰紧密相关。

（一）"五位四灵"

历史上沙湾古镇盛行的"五位四灵"说法在很大程度上确立与限定了沙湾古镇空间的基本发展范围与边界，同时也是古镇原真山水格局得以形成与长期稳定发展的重要因素之一。现今，虽原"五位四灵"中大部分节点的传统建筑早已被拆除，但对沙湾古镇传统空间格局产生过限定作用的这些空间节点或区域理应得到相应的保护与控制，这其实就是古镇原真山水格局形成的围合庇护结构，必要时甚至可以在原址建立起新的隔离带，譬如采用绿化隔离等方式，以此承接其历史作用。

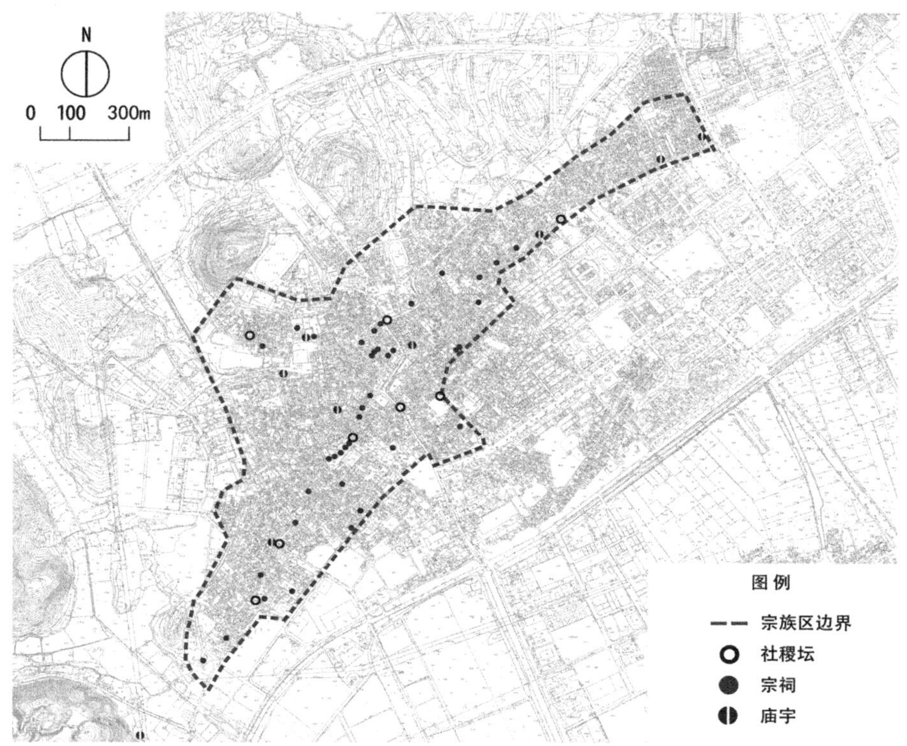

图4-23 沙湾古镇民间信仰场所分析

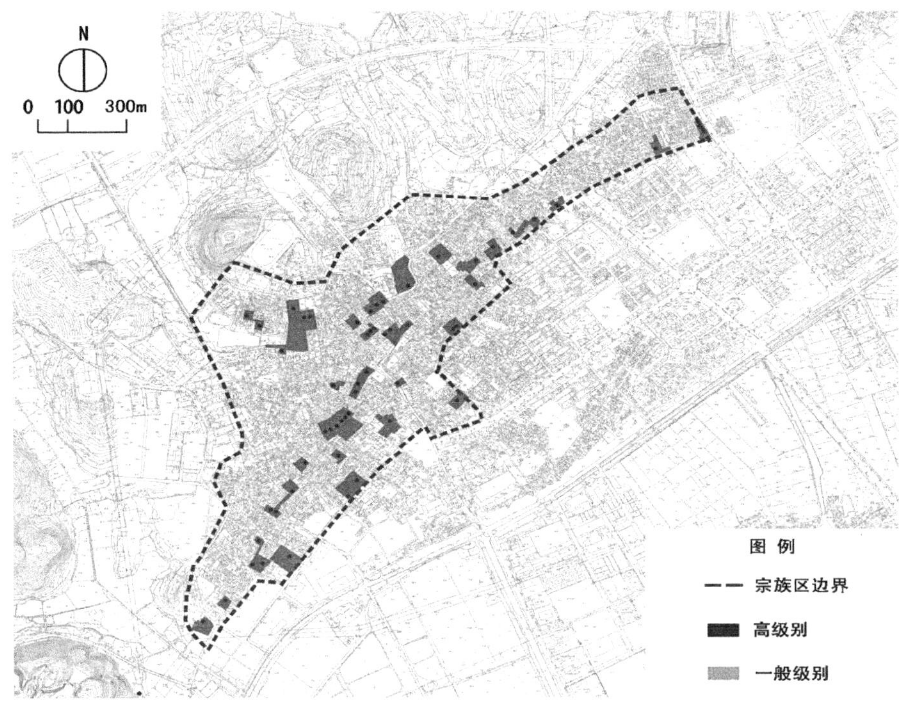

图4-24　沙湾古镇原真民间信仰空间格局保护与控制要素

（二）社稷坛

历史上沙湾古镇社稷坛除祈求农作物丰收外，还被视作各宗族领地的守护神，保护好社稷坛的重要现实意义在于：有利于后人解读各族姓空间的历史边界及发展过程。现今，社稷坛的保护与控制方式主要可分以下两种：第一，针对现存的社稷坛，例如“承芳里”“三槐里”“第一里”的社稷坛，这些社稷坛都处于内部交通汇聚的空间节点上，平日里当地村民常在此会友纳凉等，为当地居民日常活动的重要公共场所，但现社稷坛周边的环境卫生却普遍较脏乱，随意堆放垃圾的现象普遍，因而在保护社稷坛的同时，更需注重提升周边环境质量与休闲功能，通过改造设计使其成为适宜当地居民日常休憩的公共活动场所；第二，针对一些早已被拆除的社稷坛原址，虽不一定有重建的必要性，则可以借助一些标示符号或文字表述等方式明示后人，现实操作起来简单易行，以此长期留存这些易被人们遗忘的、宝贵的历史信息。

（三）供奉“祖先灵位”的大小宗祠

沙湾古镇宗族区众多大大小小的各族宗祠，其历史上不仅为各级团块成员公共活动的核心区域，同时也是维持古镇内部各级团块结构稳定的重要基础之一。保护与控制好现存的各族大小宗祠，能够增强社区凝聚力、促进乡人的思乡爱乡情结及利于创建良好文明的社会风气与精神家园，其保护与控制要素不仅局限于建筑物本身，还需结合其周边的环境要素进行整体性保护，如宗祠前常用作举办各种宗族与庆典活动的小广场、水塘、功名旗杆、牌坊、石碑、古井及古树等。

（四）其他庙宇

沙湾古镇宗族区内兴建的庙宇众多，其中的大多数都建于通达性较良好的十字路口附近、里坊分界节点或主干街旁，多数庙宇建筑周边会有小块空地，原每逢镇中重大节日期间，一些庙宇的前面还常有搭台唱戏等公共活动举行，作为镇中居民重要的公共活动场所之一，其建筑及周边附属区域同样应得到保护与控制。

五、原真户外公共活动空间格局的保护与控制要素

沙湾古镇地处北回归线以南，一年四季气候温和，户外活动在当地人的日常生活习惯中十分重要，保护与控制好镇内原真户外公共活动空间格局是构建良好社区交流与维持当地原真生活形态的重要物质基础。通过对沙湾古镇“村镇级”“社区级”及“邻里级”三种户外公共活动空间类型的长期观察与分析，依据其承载功能、历史意义、现实状况等多方面因素综合考虑，最终在沙湾古镇原真户外公共活动空间格局中确立了“非常重要”“重要”“一般”三个级别的保护与控制要素（图4–25）。

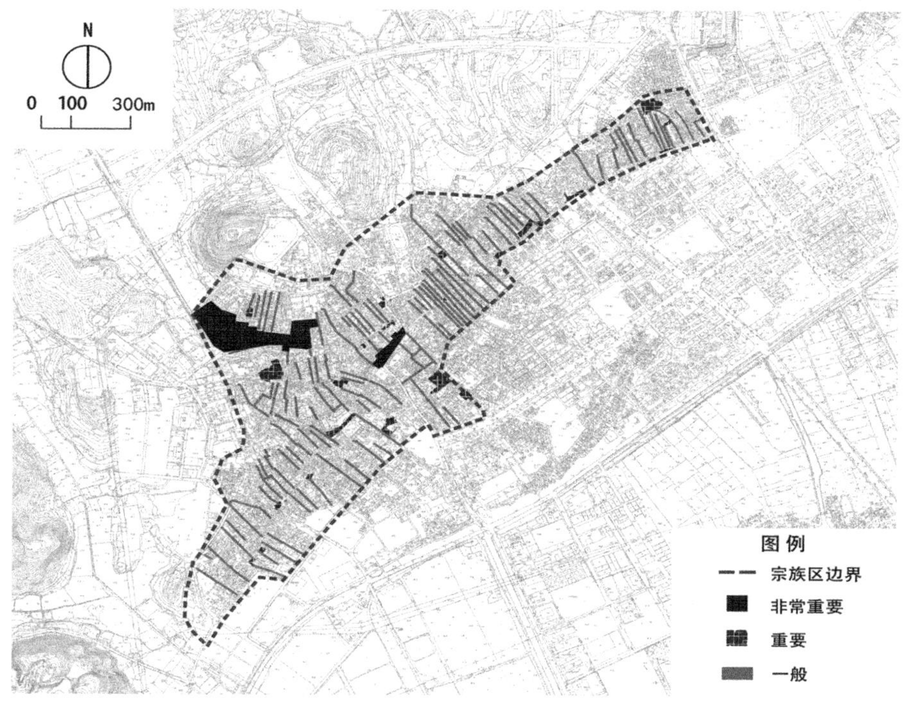

图4–25　沙湾古镇原真户外公共活动空间格局保护与控制要素

六、当地常住居民主观意向的保护与控制要素

通过对沙湾古镇常住居民（主要指当地土生土长或在当地居住10年以上的人群）进行深度访谈，了解当地常住居民主观意向上倾向于保护与控制沙湾古镇哪些重要对象与内容，这既可以更深入地了解当地的历史文化遗产状况，又能尊重与吸取当地居民的宝贵意见与建议，从而更有利于得到当地居民对相关保护与发展工作的支持。

整个访谈过程主要分为两个阶段：第一阶段，通过简单设问了解受访者是否关心沙湾古镇的保护发展事业，目的是为了从中选取比较理想的访谈对象，该阶段初步访谈的对象相对广泛；第二阶段，经初步筛选后，仅针对其中较为关心沙湾古镇保护发展事业的受访者作出进一步的深度访谈，以便获取更为准确、真切的有效信息及建设性的保护发展意见与建议等。

从深度访谈对象的反馈内容来看，了解到镇中常住居民主观意向的保护与控制要素主要有以下几个方面：第一，在建筑方面，主要倾向于保护与利用好历史上各大宗族陆续兴建的大大小小的宗祠、古寺庙及一些具有当地特色的民居大屋等；第二，在古街巷方面，主要倾向于保护与利用好传统建筑风貌相对完整的车陂街、安宁西街、安宁中街鹤鸣街、文林坊大街及进士里巷等；第三，在日常休闲、娱乐的室外开放空间方面，主要倾向于保护与利用好“留耕堂”前广场及周边绿地、“安宁市”广场等；第四，在其他环境要素方面，主要倾向于保护镇内古树、古井等；第五，在非物质文化遗产方面，主要倾向于保护与利用好“沙湾飘色”“三雕一塑”传统手工技艺、民间音乐等。最后，依据比较关心沙湾古镇保护发展事业的当地常住居民提供的保护与控制要素，进行统一整合，从而了解集体普遍较为关心的部分，并绘制当地常住居民主观意向的保护与控制要素图（图4–26）。

七、非物质文化遗产的保护与控制要素

（一）原真历史环境

沙湾古镇非物质文化遗产的存续离不开与其产生、生存与发展息息相关的整体原真历史环境，非物质文化遗产的理想保护模式理应结合其原真的历史环境共同保护发展。正如沙湾“三雕一塑”等传统手工技艺是古镇历史风貌环境延续与发展的重要前提条件之一，与此同时，古镇历史风貌环境的存续又能够为这些传统手工技艺的生存发展提供可持续的市场需求，且原真历史环境也是相关传统手工技艺历代从业者学习的重要蓝本，二者相辅相成、缺一不可。

因而，沙湾古镇非物质文化遗产的保护，宜结合古镇非物质文化遗产集中孕育的传统聚居区“一居三坊十三里”的范围进行整体保护与控制，确保非物质文化遗产生存与

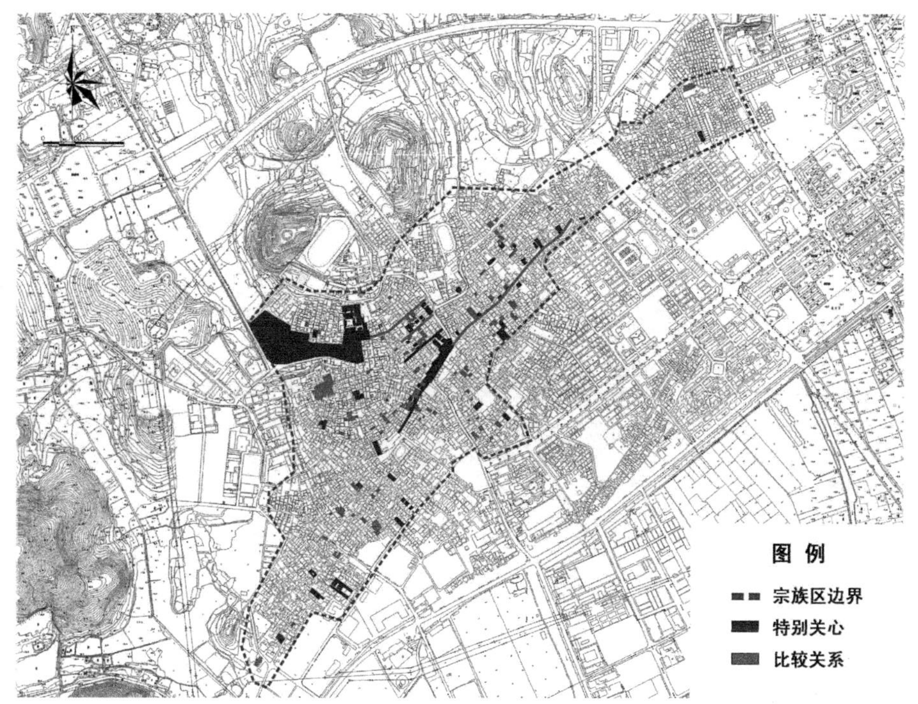

图4-26　沙湾古镇常住居民主观意向的保护与控制要素
注：本图未标明沙湾古镇内重要古树名木，详见附录4。

发展的必要土壤，其中尤其需要梳理与保护好古镇非物质文化遗产必要的传承活动场所。例如沙湾“北帝诞迎神赛会”历史习惯的巡游路径、逗留的地点及其他相关活动的场所，本地民间音乐、“三雕一塑”的活动场所等（图4-27）。

（二）非物质文化遗产的代表性项目

在2004年我国正式加入联合国《保护非物质文化遗产公约》、2005年国务院出台《关于加强我国非物质文化遗产保护工作的意见》以及2005年沙湾古镇被建设部和国家文物局评为“中国历史文化名镇”等大背景下，沙湾古镇也几乎同时正式启动了镇内非物质文化遗产项目的申报与保护工作，截止到2015年6月，沙湾古镇正式纳入国家、省、市、区级非物质文化遗产保护名录已有7项（表4-3），针对这些已列入保护名录的非物质文化遗产项目，应严格按照2011年实行的《中华人民共和国非物质文化遗产法》实施保护，包括对其进行详细记录、建档、将保护与保存经费列入本级财政预算并落实到位等。

然而，面对沙湾古镇历史积淀下来丰富的非物质文化遗产，现今已列入级别体系进行保护的项目毕竟还只是其中的少数，一些暂时还未被列入级别体系的潜在非物质文化遗产项目，正如鳌鱼舞、沙湾花灯传统手工技艺、“华光诞烧炮”习俗、灰塑与木雕传统手工技艺及地方具有代表性的特色美食制作工艺等，当地文化主管部门应尽快组织相

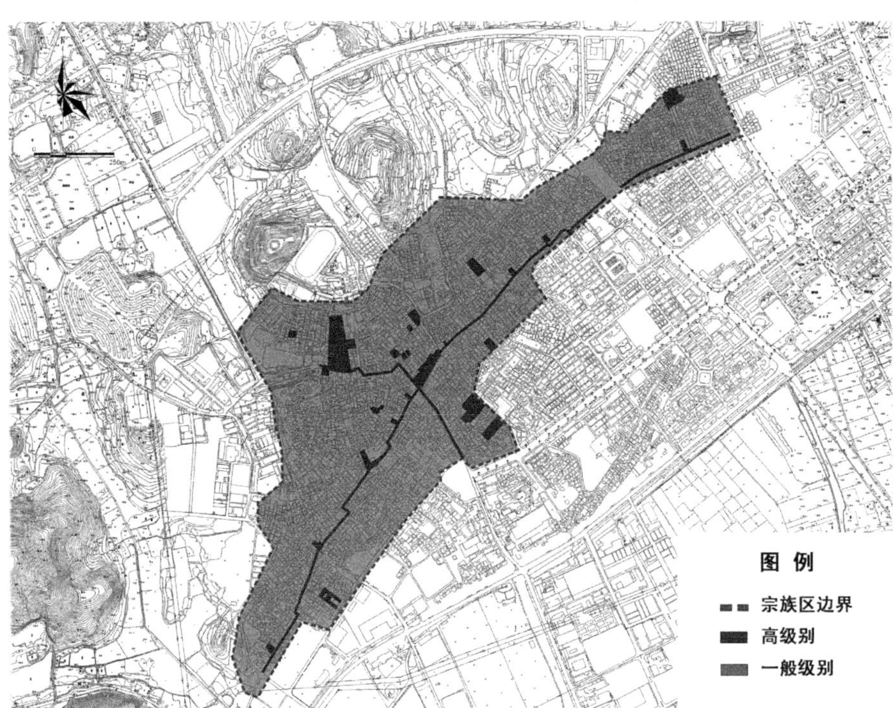

图4-27 沙湾古镇非物质文化遗产活动场所的保护与控制要素

沙湾镇非物质文化遗产代表性项目名录名单[①] 表4-3

序号	项目类别	保护单位	项目名称	备注
1	民俗（Ⅹ）	沙湾镇社会事务服务中心	沙湾飘色	省级第一批（2006年5月10日）、市级第一批（2007年5月9日）
2		沙湾镇文化体育服务中心	沙湾何氏姑嫂坟崇拜	
3	传统舞蹈（Ⅲ）	沙湾文化中心	广东醒狮（沙湾）	国家级第一批（2006年5月20日）、省级第一批（2006年5月10日）、市级第一批（2007年5月9日）
4	传统音乐（Ⅱ）	沙湾文化中心	广东音乐（沙湾何氏广东音乐）	省级第五批（广东音乐扩展项目，2013年11月22日）、市级第四批（2013年5月16日）
5	传统美术（Ⅶ）	沙湾世良工艺美术工作室	广州砖雕	省级第二批（2007年6月18日）、市级第一批（2007年5月9日）
6	传统技艺（Ⅷ）	沙湾镇文化体育服务中心	沙湾水牛奶传统小食制作工艺	市级第四批（2013年5月16日）
7	曲艺（Ⅴ）	沙湾镇社会事务服务中心	地水南音（平腔南音）	

① 广州市番禺文化馆. 番禺区第一、二、三批非物质文化遗产代表性项目名录名单[EB/OL]. http://www.gzpyqwhg.com/index.php/Home/Culture/cinfo.html，2015-07-18.

关调查工作，对其予以认定、记录、建档及收集属于非物质文化遗产组成部分的代表性实物与相关资料，对于调查中发现的一些濒临消失的重要非物质文化遗产项目应第一时间展开抢救性保护。

此外，沙湾古镇一些难以纳入非物质文化遗产保护名录的重要历史文化信息同样具有保护价值。沙湾古镇传统的里坊名、道路名称等都是反映自身历史信息的重要来源之一，历史上乡人对其命名尤为讲究，正如“文溪里”为纪念与缅怀李氏南宋高中探花的名臣李昴英，“进士里巷”指明原为明初进士何子海的居住地，“鸡䳘巷”指明原为市场边买鸡蛋的巷子，“升平人瑞巷”指原巷内居住有百岁以上长者等。因此，没有特殊情况一般不能随意改变历史上长期使用的道路名称。相反，随意改变传统道路名称则很可能会导致部分历史信息丧失，正如沙湾古镇原“亭涌街”改为“汇源街”，会逐渐让人遗忘此地界原为水涌，又如原“麦埗头巷”改为“麦步头巷”，一字之差却让人不知此地原为沙湾古镇水路交通的重要水上埗头之一。

（三）非物质文化遗产传承人

非物质文化遗产作为一种无形的文化资源，其重要特点之一在于以人为本的活态化传承，即一代又一代人的心口传授，因而，非物质文化遗产保护的关键在于传承人。近年来沙湾古镇相关部门一直都较为重视当地非物质文化遗产传承人的保护工作，截止到2015年6月，沙湾镇已先后申报成功各类各级非物质文化遗产项目代表性传承人14位（表4-4），传承人人数较周边其他乡镇遥遥领先。即便如此，却不难发现沙湾镇相关非物质文化遗产传承人的年龄普遍偏大，大多数为20世纪四五十年代出生，较年轻的“80”后仅有一人而已，反映了现今少有年轻人对传统非物质文化遗产传承感兴趣这一普遍现象，传统非物质文化遗产正面临着失传的窘境。究其原因，这主要是因为非物质文化遗产传承人的工作环境不理想，生活基本收入没有保障，产出价值与现实市场还未形成良好的对接，导致非物质文化遗产传承呈现后继无人的怪圈。

沙湾镇非物质文化遗产项目代表性传承人名单[①] 表4-4

分类（代码）	序号	项目名称	传承人资料				级别
			姓名	出生年月	性别	所在镇（街）	
传统音乐（Ⅱ）	1	广东音乐	何崇健	1953年07月	男	沙湾镇	区级
	2		何智强	1945年07月	男	沙湾镇	
	3		何滋浦	1946年01月	男	沙湾镇	市级第四批

① 广州市番禺文化馆．番禺区第一、二批非物质文化遗产项目代表性传承人名单[EB/OL]．http://www.gzpyqwhg.com/index.php/Home/Culture/cinfo.html[2015-07-18].

续表

分类（代码）	序号	项目名称	传承人资料				级别
			姓名	出生年月	性别	所在镇（街）	
传统舞蹈（Ⅲ）	4	广东醒狮	周镇隆	1944年10月	男	沙湾镇	省级第一批、市级第一批
	5		周伟强	1981年04月	男	沙湾镇	市级第四批
	6		周锐东	1978年08月	男	沙湾镇	市级第四批
民俗（Ⅹ）	7	沙湾飘色	黎汉明	1946年09月	男	沙湾镇	省级第三批、市级第二批
	8		何达权	1938年	男	沙湾镇	省级第四批、市级第三批
	9		何达荣	1950年06月	男	沙湾镇	
	10		何燮和	1948年10月	男	沙湾镇	
传统美术（Ⅶ）	11	广州砖雕	何世良	1970年02月	男	沙湾镇	省级第一批、市级第一批
	12		高平	1978年11月	男	沙湾镇	
传统技艺（Ⅷ）	13	沙湾水牛奶传统小食制作技艺	王秀甜	1959年04月	女	沙湾镇	
	14		曾惠庄	1953年10月	女	沙湾镇	市级第四

因而当务之急，首先，相关政府部门应进一步发挥主导作用，继续或加大给予传承人政策与资金等方面的合理支持，提供必要的传承场所，致力于搭建非物质文化遗产与现代市场沟通合作、互利互惠的平台，支持传承人参与社会公益性活动；其次，传承人也应打破一些不利于非物质文化遗产传承的落后陈规，能做到无论男女，无论本地人或外地人，只要对其自身艺术门类具有天赋、兴趣及发展潜力，均可以发展成为手艺的传承人。

第三节 保护与控制要素的整合

基于沙湾古镇原真历史环境多层面保护与控制要素的分析与提取，采用地图叠加法将提取的保护与控制要素进行统一整合，叠加次数越多的地块或对象说明其在沙湾古镇整个历史信息系统中的地位和作用越重要。最终，绘制出沙湾古镇原真历史环境保护与控制要素综合图（图4-28、图4-29）。

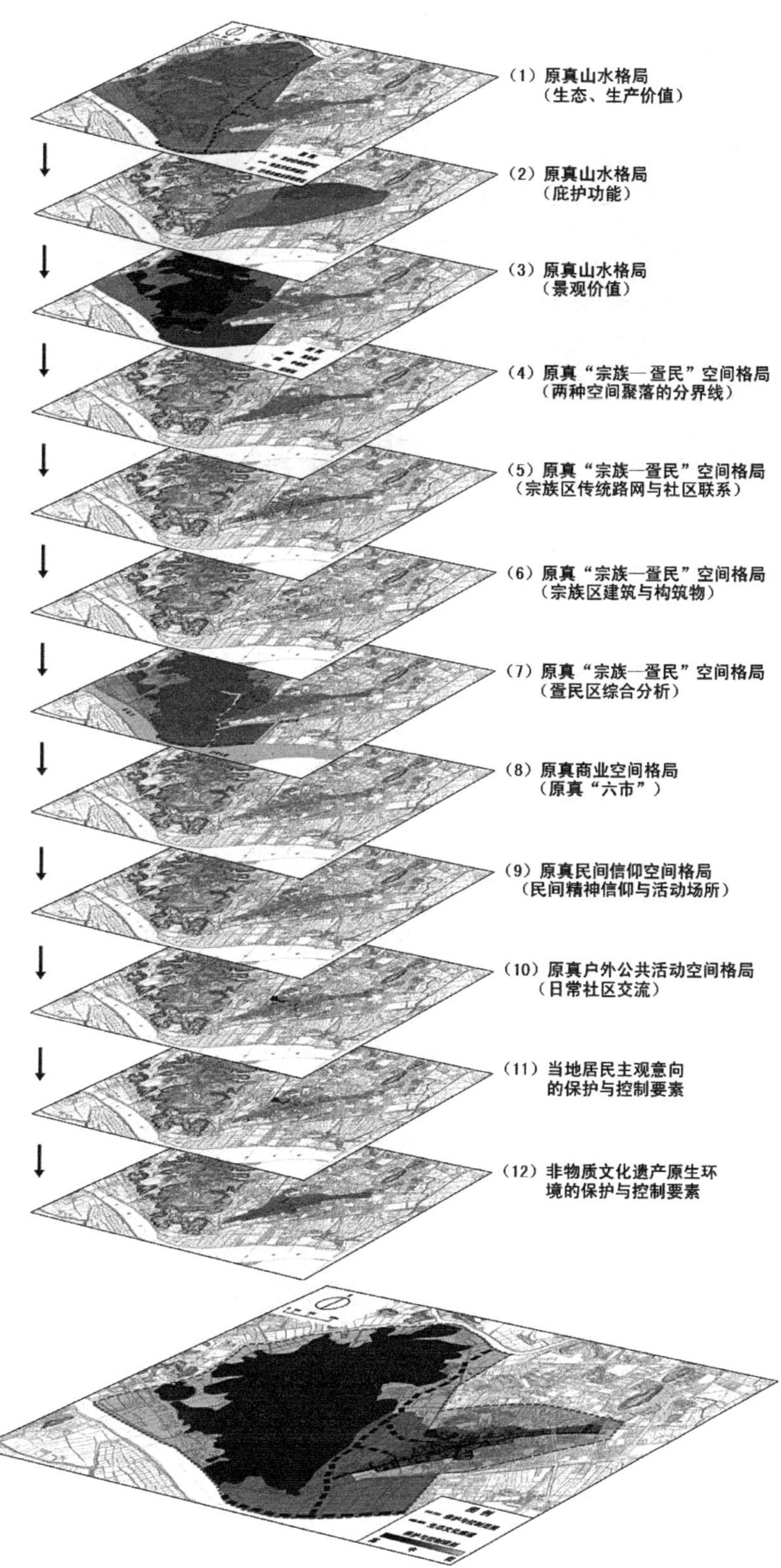

图4-28　沙湾古镇原真历史环境保护与控制要素整合

图4-29 沙湾古镇原真历史环境保护与控制要素综合示意图
注：周边河道上升至更宏观、系统的保护层面，因而未在本图示中标明。

第四节 原真历史环境存续的主要问题及其解决思路与方法

一、"圈层"式保护范围划分的问题及其解决思路与方法

（一）原历史保护规划的形成背景

2000年，广州市政府正式将番禺区沙湾镇"安宁西街"纳入"内部控制历史文化保护区"[①]；2004年前后，由华南理工大学历史环境保护与更新研究所开始正式承编《广州番禺区安宁西街历史文化保护区保护规划》；在各部门的共同努力下，2005年，沙湾古镇被国家文物局、建设部评为"中国历史文化名镇"。然而，过去沙湾古镇在编制相关历史保护规划时，我国传统村镇保护规划针对性的法规、规章等均未形成（主要指：《历史文化名城名镇名村保护条例》《历史文化名城名镇名村保护规划编制要求》及《传统村落保护发展规划编制基本要求》），此前相关的历史保护规划主要参照1994年建设部和国家文物局颁布的《历史文化名城保护规划编制要求》等，在国内传统村镇保护规划欠缺确切的参照依据与编制规范的背景下，当地有关部门基于沙湾古镇文化遗产现实遗存状况及其他各种复杂因素，经反复讨论，最终仅决定编制《广州番禺区安宁西街历史文化保护区保护规划》，主要认同安宁西街周边片区存在较高的文化遗产保护价值，而同时几乎否定了沙湾古镇整体保护的必要性，以至于沙湾古镇虽作为"中国历史文化名镇"，过去长期却未曾正式编制与通过整体性的历史保护规划。

① 广州市人民政府文件（穗府〔2000〕55号）《关于公布广州市第一批历史文化护区的通知》[Z].

（二）“圈层”式保护范围划分的问题

从《广州番禺区安宁西街历史文化保护区保护规划》已划定的保护范围看（图4–30），采用了惯用的“圈层”式保护范围划分方法，主要是依据历史遗存的多寡及集中状况等因素仅划定了小范围的核心保护范围（优）、建设控制地带（良）及环境协调区（一般），各级“圈层”范围并未完全涵盖历史上沙湾古镇的主要聚居区“一居三坊十三里”及与其相互依存、联系紧密的外部自然环境，这种层层外扩的、笼统的、一刀切式的保护范围划分方法，进一步破坏与割裂了沙湾古镇多层次的、复杂的、原真的整体格局，又由于沙湾古镇的历史遗存零散、被破坏历史空间肌理状况十分复杂，显得各“圈层”范围间的界线划定具有一定的不确定性，一些未被划入保护范围的零散历史建筑、传统风貌建筑及具有良好自然环境风貌的周边区域正处于被破坏或彻底消失的风险之中。

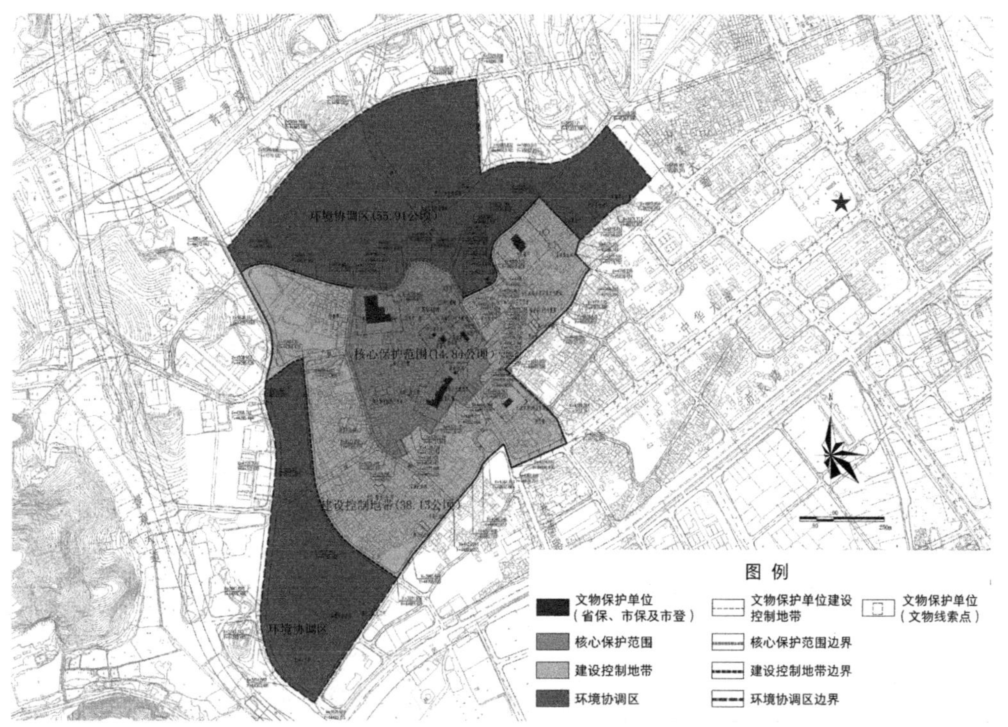

图4–30　沙湾安宁西街历史文化保护区保护范围划分①

（三）解决思路与方法

针对过去惯用的“圈层”式保护范围划分方法在历史风貌欠完整的沙湾古镇中存在的问题，本书研究基于跨学科交叉研究的视野与方法，以及借鉴中国围棋布局原理中“格局”“星位”“气”“弃子”等重要思想，从对沙湾古镇原真历史环境存续具有重要意

① 由华南理工大学历史环境保护与更新研究所提供。

义的多层级空间格局等系统层面分别分析、提取保护与控制要素，并进一步采用地图叠加法将提取的保护与控制要素进行统一整合，叠加次数越多的地块或对象，说明其在沙湾古镇整体历史信息系统中的地位和作用越重要，最终绘制出沙湾古镇原真历史环境保护与控制要素综合图（图4-29），并提出在历史风貌欠完整沙湾古镇中宜以整合绘制原真历史环境保护与控制要素综合图的方法来替代惯用的“圈层”式保护范围划分方法，这种替代方法的优势在于：面对沙湾古镇零散的历史遗存与大量被破坏的历史空间肌理交织混杂在一起的复杂状况，其突破了“圈层”式保护范围划分方法仅局限于核心保护范围、建设控制地带及环境协调区三个简单的、各自成片的层次划分，改变了各级“圈层”范围之间一刀切式的、机械的常见划界方式，并基于沙湾古镇整体历史信息系统，达到深化与细化保护控制范围与保护控制对象的目的。

二、适宜发展建设的空间欠缺梳理的问题及其解决思路与方法

（一）适宜发展建设的空间欠缺梳理的问题

沙湾古镇采用的“圈层”式保护范围划分方法，导致过去偏重于成片地、笼统地保护，而未充分重视其零散的历史遗存与大量被破坏的历史空间肌理交织混杂在一起的复杂状况，内部哪些空间适宜合理的发展建设，普遍欠缺梳理，似乎仅仅在保护范围外建立起一道封闭的“防护墙”。由于未协调与平衡好保护与原居民合理发展建设各自所需的空间，当地居民对残缺历史环境保护价值的认同感普遍较低、保护意识相对薄弱，从而一方面，导致大量原居民外迁，众多古建筑“老龄化”“空心化”“异质化”等现象严重，另一方面，导致许多原居民十分对抗保护，进而使得大量古建筑被拆旧建新，最终造成无可挽回的严重局面。沙湾古镇既是历史文化遗产，同时也是当地居民长期以来的生活性社区，随着社会的进步、人们生活水平的不断提高，在注重保护的同时，也不能忽视现今当地居民对传统村镇环境合理的发展与更新需求。任何人都有权利享受现代化带来的生活便利，若只讲究保护，不重视发展与更新，最终将丧失传统村镇风土形态与文化意义的持续发展活力及当地居民对传统村镇保护工作的支持。“遗产保护的最终目的并不是要在今天的现实生活中，在遗存外围建一道防护墙，而应成为一种非常现代的生活模式：心存过往，并不断有新的认知与创新。”①

（二）解决思路与方法

依据整合绘制的沙湾古镇原真历史环境保护与控制要素综合图中各要素重要性的明晰指示，在确保沙湾古镇原真历史环境保护与控制要素整体得到良好存续的前提条件

① 邵甬. 法国建筑·城市·景观遗产保护与价值重现[M]. 上海：同济大学出版社，2010（01）：96.

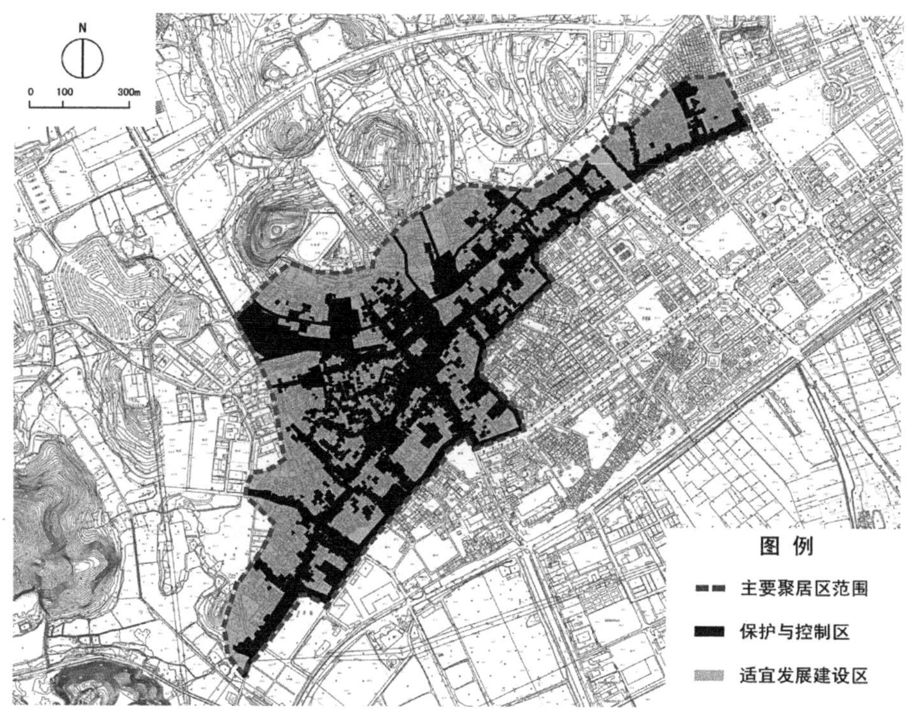

图4-31 沙湾古镇适宜发展建设的空间示意

下，进而从中梳理出沙湾古镇未来适宜发展建设的空间，以此改变过去惯用的“防护墙”式的保护（图4-31）。在沙湾古镇，梳理出的适宜发展建设的空间与保护与控制要素的空间之间其实并不存在根本矛盾，其主要来源于以下两个方面：其一，历史空间肌理早已被严重破坏的地块，沙湾古镇传统风貌环境完整度的欠缺，既是保护整治工作中的难点与棘手问题，同时却也为沙湾古镇的未来发展带来了机遇，包括增建必要的现代公共服务设施等；其二，历史、科学、艺术价值不大的传统建筑占地，沙湾古镇风土形态与文化意义的整体性、原真性保护，并不需要将沙湾古镇所有的传统元素都进行保护，传统村镇不能简单地等同于文物保护单位，这是基本概念的混淆，故不是沙湾古镇中所有的传统元素都具有保护价值，其中一些历史、科学、艺术价值不大的传统建筑，可通过研究沙湾古镇传统文化、空间肌理、其他高密度与低层社区的先进经验等，在传承历史风韵、适应现代生活需求的基础上，进行合理的建设更新与改造工作。

三、保护发展实施步骤欠缺整体性与不够明晰的问题及其解决思路与方法

（一）保护发展实施步骤欠缺整体性与不够明晰的问题

沙湾古镇在制定原保护发展实施计划时，主要是基于核心保护范围、建设控制地带及环境协调区各“圈层”范围的重要性依次展开。然而，过去很长一段时期内保护发展

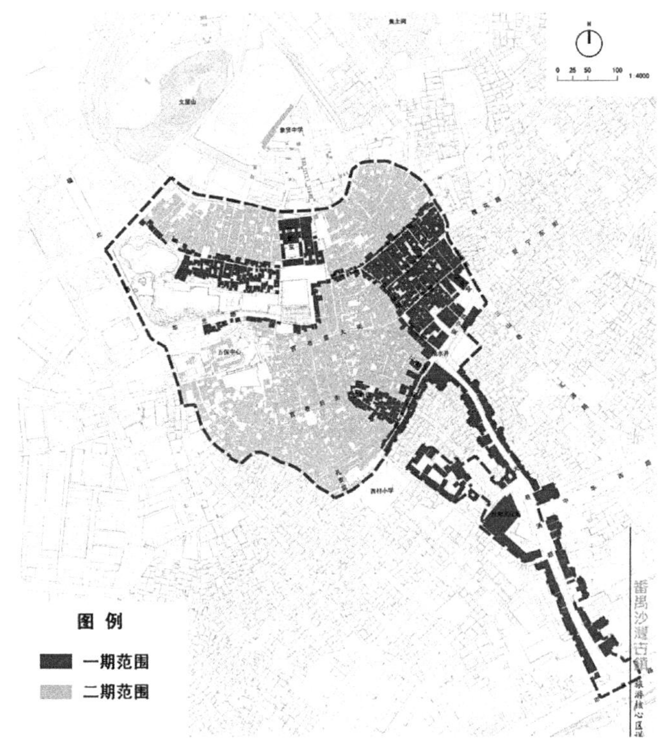

图4-32　沙湾古镇前期保护规划范围[①]

工作过于集中在核心保护范围内，未能兼顾与统筹好之外的建设控制地带及环境协调区共同保护发展，这非常不利于沙湾古镇的整体性保护与发展。从沙湾古镇的前期保护规划范围上看，基本为原划定的核心保护范围，主要针对大巷涌路、安宁西街、安宁中街、文峰塔、车陂街、留耕堂周边区域及沙湾古镇西面入口等区域进行了重点的保护与整治工作（图4-32），这些区域历史遗存相对集中，地理位置上相互间联系较为紧密，形成了一条由东南至西北穿越古镇中心区域的旅游体验线路。从开发旅游与经济利益的角度出发，沙湾古镇前期保护规划的范围与旅游体验线路看似合理，周边历史资源丰富，投入相对较少，操作较易，收效快而显著；然而，从整体性保护的角度出发，前期保护规划的范围与旅游体验线路不利于传统格局的整体性保护，对前期保护规划范围外的保护与控制要素没有做到及时兼顾，导致现今前期保护规划范围外的原真历史环境正在不断地恶化。

此外，面对沙湾古镇零散的历史遗存、大量被破坏的历史空间肌理等复杂状况，各级“圈层”范围内又缺乏相对具体的、明晰的保护发展实施步骤，在现实操作过程中常出现“东一榔头、西一棒槌”的无序现象。

① 由华南理工大学历史环境保护与更新研究所提供。

（二）解决思路与方法

依据整合绘制的沙湾古镇原真历史环境保护与控制要素综合图中各要素重要性的明晰指示，从整体历史信息系统中探索构建保护与控制要素的各级串联网络（图4-33），希望以此方式形成沙湾古镇顾及整体性的、分步有序的保护发展实施步骤，旨在注重整体性保护的同时又兼顾保护效率。这些构建的串联网络宜作为沙湾古镇原真历史环境保护与发展的基本底线，它不仅充分尊重了沙湾古镇的多层级原真空间格局与利于沙湾古镇的整体性保护，而且可以为旅游者提供较为完整的体验线路，也有利于沙湾古镇旅游业未来的长远发展。尽管这种保护规划方式前期资源投入相对较大、收效较慢，但是面对历史风貌欠缺完整沙湾古镇的现实状况，我们理应意识到在未来很长一段时期内都应该侧重于保护与改善工作，而不是急功近利地开发旅游。

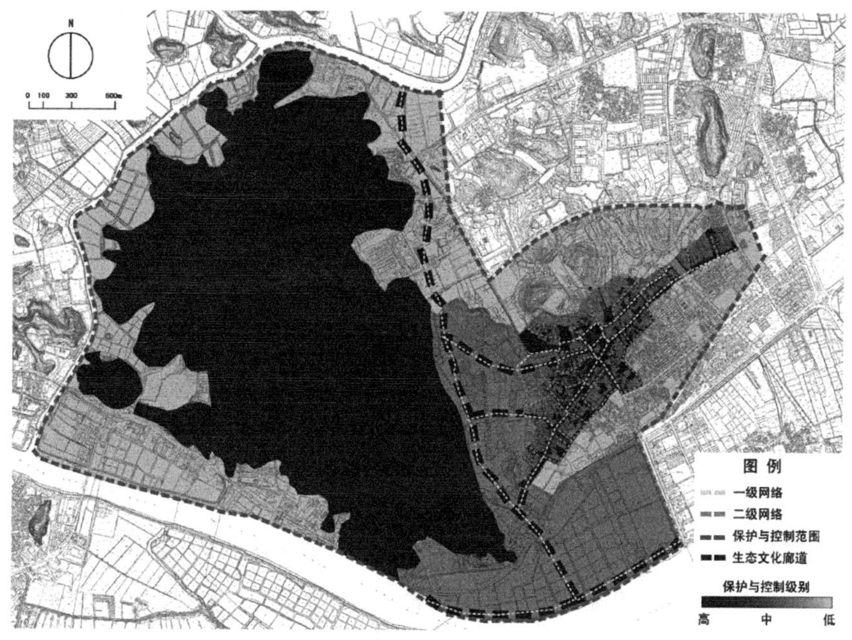

图4-33　沙湾古镇保护与控制要素的串联网络分析

四、保护力度的决策问题及相关建议

（一）保护力度的决策问题

1. 未充分重视保护策略的地域化差异

传统村镇的价值评估与制定保护策略应该具有地域化差异，在此先举一个例子进行说明：A、B两个传统村镇在历史风貌保存状况、规模等方面均表现一般，二者不相上下；A所在区域现存的传统村镇数量多、质量优，A的历史风貌保存状况、规模等与其所在区域的其他众多传统村镇的比较中十分一般，不具有地方代表性与突出的价值；而

B所在区域现存的传统村镇数量少、质量也较差，B的历史风貌保存状况、规模等与其所在区域的其他传统村镇的比较中相对完整，相比之下更具有地方代表性与突出的价值；面对地域化差异的背景下，A与B在价值评估与制定保护策略时显然不能按某种既定的标准一概而论，因而，为什么处于不同区域、历史风貌保存状况相类似的两个传统村镇的保护策略与保护力度很可能截然不同。

然而，在过去沙湾古镇的保护发展过程中，谈论较多的往往集中于具体保护方法与措施上存在的地域化差异，相反，在起初制定保护策略时，忽视了传统村镇价值评估的地域化差异，惯以某种既定的标准去确定其保护范围与保护力度，导致历史风貌虽欠缺完整、但历史遗存在其所处区域内却是弥足珍贵的、具有区域代表性的沙湾古镇欠缺应有的重视与保护力度，过去长期仅注重安宁西街周边具有较高保护价值的小范围片区，许多重要的历史区域及对象至今仍未纳入保护控制领域，保护现状不尽理想。

2．历史局限性影响

沙湾古镇在初编相关历史保护规划时，我国传统村镇保护规划针对性的法规、规章等均未形成，由于欠缺确切的参照依据与编制规范，一定程度上也影响了过去沙湾古镇保护力度的决策，但这并不是最关键的影响因素。

（二）相关建议

沙湾古镇的保护与发展能否取得成功，首要的决策性因素在于保护力度的合理确定，这直接关乎着保护内容选取的广度与深度。沙湾古镇保护力度的确定，可主要基于以下几个方面考虑：①代表性。沙湾古镇，虽然在历史风貌保存的完整度方面，较江南及其他内陆地区的绝大多数“中国历史文化名镇”还存在明显差距，但较广东省内，尤其是省内沿海地区的大多数传统村镇，其历史风貌整体保存水平、历史遗存的价值等却实属上层，仍可作为区域传统村镇的突出代表，十分稀有与珍贵，作为广东省首批申报成功的“中国历史文化名镇”，其在所属区域的重要性与代表性毋庸置疑。②特色价值。其一，非物质文化遗产极为丰富，沙湾古镇历史发展悠久、人文荟萃，素有“中国民间艺术之乡”“广东音乐之乡”“民间雕塑之乡”“飘色之乡”及“中国龙狮之乡”等美称；其二，原真生活形态、文化生态保存较好，现今区域内仍为原居民生活性社区的本质依然没有改变，并没有因为城镇化发展导致其传统用地性质大量转变，暂时也没有因为过度的旅游开发导致其过度商业化；其三，宗族文化突出，历史上作为番禺地区声名显赫的四大旺族之首何氏及其他几大宗族的主姓聚居村镇，村镇内形成了浓郁的宗族文化及完整的宗族空间结构，为研究地方传统宗族文化及主姓宗族聚居村镇难得的案例。③区域条件。沙湾古镇位于广东省珠江三角洲腹地，虽区域内快速的城镇化发展曾对其造成了不少冲击与破坏，而现今广东省经济发达，相关部门早已认识到当地经济与文化的发展不匹配，并决定在文化领域方面奋起直追，2003年由广东省委、省政府共同发布了《广东省建设文化大省规划纲要（2003—2010年）》，正式提出建设文化大省，又于2010年发布了《广东省建设文化强省规划纲要（2011—2020年）》，在此背景下为包括沙湾古镇在内的传统村镇的保护与发展提供了政策、资金等方面的有力支持。

因而，基于沙湾古镇的代表性、特色价值、区域条件等主要因素考虑，沙湾古镇的保护力度与保护内容理应尽量做到完整、全面与深入，宜将其作为地区文化与生态环境的标杆进行打造，整合周边优质资源协同发展，这也应该成为制定相关保护规划的重要指导思想。

五、保护投入与收入的问题及相关建议

（一）保护投入与收入的主要问题

1．需投入的保护金额巨大

沙湾古镇需要巨大保护金额投入的主要原因有：第一，自身面域广、涉及对象多，沙湾古镇作为历史上岭南沿海地区远近闻名的重镇之一，原主要聚居区的占地面积约70公顷，面域较一般传统村镇宽广许多，且镇内建筑布局紧凑而有序，保护过程中涉及的具体对象也较松散布局的传统村镇多出不少；第二，传统风貌环境破坏相对严重，较传统风貌环境保存良好的传统村镇，其修缮与整治的费用势必较高。根据沙湾古镇旅游开发有限公司何卫球总经理介绍，以留耕堂和清水井广场为重点的沙湾古镇保护修复和旅游开发第一期工程已投入1.6亿元左右，大约涉及传统沙湾古镇面域的1/3而已，后期仍需要大量保护资金注入[①]。

2．保护资金来源较为单一

目前，沙湾古镇的保护资金主要来源于当地区、镇两级政府，缺乏民间的多元化投资，这种较为单一来源的保护资金前期能够良好运行主要得益于前些年沙湾古镇周边地价纷纷上涨、房地产业繁荣发展，当地政府每年都将房地产发展获得的财政收入投入到沙湾古镇的保护与旅游开发当中。然而，近几年整个珠江三角地区房地产业发展放缓，甚至倒退，许多土地流拍的现象时有发生，原政府每年丰厚的地产收入明显下降，加之当地正面临经济结构转型、经济增速放缓等综合因素，日后仅依靠政府大力补贴沙湾古镇保护资金的单一模式恐怕难以长期有效维持。

此外，沙湾古镇的现有旅游收入对保护资金的支持可谓杯水车薪。沙湾古镇于2008年正式成立了广州市沙湾古镇旅游开发有限公司，该公司为当地政府所属企业，在当地

① 华南城市论语．番禺沙湾古镇发展模式和前景探讨[EB/OL]．http://news.dichan.sina.com.cn/2013/03/18/674802.html，2014-06-23.

政府部门主管下负责具体的旅游经营业务，从2012年元旦沙湾古镇正式启动旅游以来，因旅游产业开发还欠缺完善、旅游市场还处于初级阶段的培育期等因素，其旅游收入并不理想，前期一直出现整年亏损现象，在很长一段时间内还须依赖于当地政府补贴旅游公司运行，以开发旅游产业促进保护发展之路暂时还未打通。

3．急于收益与后续投资乏力

面对盈收压力，2013年期间当地有关部门原希望采用围蔽收费方式来提高旅游收入，缓解保护资金困难，但结果却适得其反，旅游收入不但没有增加，反而造成游客数量锐减，镇内的商铺经营者更是怨声载道，最终这种收费方式被迫取消[①]。沙湾古镇在经历了前一轮声势浩大的保护与旅游开发工作后，由于前期投入巨大而旅游收入却未达到预期效果，以及政策的延续性等各种复杂因素，在一定程度上导致后续投入的资金与工作热情相比前期明显有所减少，相关保护工作缺乏良好的、长期的延续性，这都给古镇未来的保护与发展带来了较大的困难与挑战。

（二）相关建议

1．引入多元化的民间投资

历史文化遗产的保护工作，不仅是相关政府部门的责任与义务，同时也需鼓励与引导各界社会团体、个人等共同参与。为改变目前沙湾古镇保护资金来源较为单一的不良现象：首先，对内需要加强培养当地居民保护意识，充分尊重与提升当地居民对古镇保护发展事业的话语权，引导与鼓励当地居民自发出资参与古镇的保护与更新进程，这就需要做到当地居民不仅是古镇保护发展事业的投资者之一，同时也是古镇保护发展事业的决策者与红利分享者之一，无论从沙湾古镇漫长的历史发展上看，还是从国内外一些传统村镇保护与发展的成功经验上看，都足以说明传统村镇可持续地保护与发展离不开当地居民的参与及有力支持；其次，对外需要扩宽吸纳保护资金捐助的渠道，可以借助网络化进行大面积宣传及软件平台快速完成相关资助操作，例如给每一栋重要的历史建筑建立完整的档案资料，可以通过相关网站及扫描每栋历史建筑门口张贴的二维码铭牌查询与分享其相关历史信息，如果有人对某栋历史建筑感兴趣并乐意资助保护，则可以直接利用便利的网络实现快速支付，并可借助原数据平台持续关注该历史建筑保护捐助资金的具体支出状况，以便于出资人及社会群体集体监督，力保所有保护支出透明、高效；再次，为鼓励广泛的社会团体及个人参与及资助古镇保护发展事业，当地部门可针对为古镇保护发展事业做出巨大贡献的社会团体、个人等给予公开表彰，以及受表彰者若在当地从业可享受一定的福利政策，例如优先参与镇内的旅游开发事业、减免一定的税额等。

---

① 吴广宇，许方健．围城百日沙湾退防[N]．南方都市报，2013-4-28（AⅡ04-06）.

2. 持续投入保护资金

传统村镇的保护与旅游开发利用是一个持续发展的动态过程，呈现出长期性、复杂性、动态性等，正常情况下传统村镇的保护与旅游开发利用通常会经历以下三个阶段：①投入期。期间通常需要引入大量的资金对传统风貌环境进行保护与整治、提升基础服务设施水平等，以及逐渐培养当地居民的环境保护意识，同时由于旅游市场正在初步培育，一般旅游收入甚微，难以满足保护资金需求，故这一阶段当地政府与相关机构的投入或引入外来保护资金至关重要，这也是大多数公益事业前期发展的一般规律；而影响这一阶段时间长短的主要因素有传统村镇传统风貌环境完整度的状况、保护开发的资金保障及执行力等，其中尤以传统村镇传统风貌环境完整度状况的影响最为重要，因为传历史风貌欠完整的传统村镇，一般保护与开发过程中需要维护与整治的对象多、相应保护开发的资金数额更大，且当地居民对历史环境的保护意识也较薄弱，综合起来造成其投入期时间普遍较长。②收支平衡期。传统村镇保护与旅游开发利用能够正常运转，这一阶段因传统风貌环境得以基本协调、基础服务设施的功能大幅提高、当地居民的环境保护意识不断加强等利好因素，促使旅游影响力与旅游市场初步形成，基本能依靠旅游收入平衡保护资金需求。③回馈期。为传统村镇保护与旅游开发利用追求的理想目标，这一阶段传统风貌环境、基础服务设施基本完善，当地居民的环境保护意识基本形成，旅游影响力强大与旅游市场发育成熟，丰厚的旅游收入不仅能够满足保护资金需求，此外多余的部分还可以用以回馈当地物质文明与精神建设，整体上带动周边区域共同协同发展；但进入回馈期的同时，也需注意传统村镇因过度商业化、过分追求经济利益，而导致其原真的生活形态与传统精神特质等核心价值悄然地丧失，随着游客文化素养、体验需求等方面的不断提高，其对游客的吸引力将很可能逐渐丧失。

具体到沙湾古镇，虽前期的保护开发工作取得了一定成绩，但从其现今传统风貌环境的完整度、当地居民的保护意识、旅游影响力及旅游市场培育程度等方面综合来看，仍存在明显的不足。因而，当地政府部门与相关机构应充分认识到：沙湾古镇保护与旅游开发利用事业仍处于前期较为困难的投入期，其短时期内是难以取得立竿见影的显著成效，应尊重其长期性、复杂性、动态性发展的一般客观规律，这一阶段不能过于急切地追求经济回报，不宜简单地依赖提高旅游门票收费来解决保护资金困难的问题，事实已证明这样做结果适得其反，而现阶段仍需要持续、有效地投入保护发展资金，并致力于吸引民间资本参与其中，用以保护与改善传统风貌环境、提升基础服务设施水平及培养当地居民的环境保护意识、扩大旅游影响力及培育旅游市场等方面的工作。

六、旅游开发利用的问题与相关建议

（一）旅游开发利用的主要问题

1．旅游开发者的主体结构单一

目前，沙湾古镇旅游开发基本完全由镇属的旅游开发有限公司掌控，当地居民既不是旅游开发的参与者与投资者，更不是旅游开发红利的最大享受者，导致当地大多数居民对古镇的旅游开发事业漠不关心，在实地调研访谈中发现部分当地人甚至排斥旅游开发工作，正如沙湾古镇前段时间采取围蔽收费一事，许多当地居民事先并不知情也不赞同。现阶段沙湾古镇旅游开发有限公司正在大力收购与控制相关物业产权①，进而其中大多数转租于外来资本经营，这种模式在一定程度上很可能会使当地居民丧失长期以来生存发展的基本空间，并影响当地原真的生活形态。

2．旅游开发利用的资源单一

目前，沙湾古镇旅游开发的资源利用主要集中在小范围内文物古迹及重要历史建筑的观光领域，而在深度旅游体验、非物质文化遗产与周边其他资源的开发利用等方面显得尤为不足，导致沙湾古镇现今的大部分游客为"日归型"，即当天来回，其中的大部分又属于"路过客"，即游玩地点少、逗留时间短及消费低，这也是导致沙湾古镇旅游收入欠佳的主要因素之一。

3．旅游商业活动异质化

现阶段由于沙湾古镇旅游市场正处于初期培育阶段，外来到访的游客有限，镇内旅游商业活动并不十分兴旺，面对盈收压力，当地在引入外来资本投资本地商业活动时显得较为急切，选择投资商时往往偏重于经济利益，欠缺应有的准入门槛及必要的约束条件，从而导致一些与本地无任何关系的商业活动介入，商业活动异质化开始显现。例如沙湾古镇安宁中街原菜市场，经当地部门整治改造后转租于外来资本经营"一零一印象、宝岛美食馆"的台湾美食城（图4-34），可谓与当地地域文化、传统饮食习惯等毫不相关，短期内似乎得到了一定的经济利益，但长远看非常不利于地方历史与特色文化氛围的综合营造，长此

图4-34　沙湾安宁中街"一零一印象、宝岛美食馆"

① 华南城市论语．番禺沙湾古镇发展模式和前景探讨[EB/OL]．http://news.dichan.sina.com.cn/2013/03/18/674802.html，2014-06-23.

以往终将丧失对外来游客的核心吸引力。

4．旅游商业活动空间无序插入初显

从沙湾古镇历史上原真商业空间格局的整体布局上看，镇内商业空间与居住空间可谓闹静布局合理，是一个十分宜居的生活性社区。然而，随着沙湾古镇大力开发旅游，原居住空间中正面临着商业活动空间的无序插入，如果前期不重视用地性质合理的规划与必要的约束，随着未来旅游市场的不断拓宽，越来越多的旅游商业活动任意发展，原居民现有安宁的生活环境日后很可能会被无序的、过度的旅游商业活动干扰与影响，正如旅游市场开发兴旺的意大利威尼斯水城、我国云南丽江古城等地现今都深受无序的、过度的旅游商业活动困扰，导致大量的原居民迁出，从而原真的生活形态悄然丧失。

（二）相关建议

1．注重旅游开发者的主体结构多元化

传统村镇理想的旅游开发模式宜是主管政府部门引领与宏观调控、当地居民深入参与及各类社会组织机构支持与配合。

在主管政府部门方面，过去沙湾古镇以政府主管部门及其所属的旅游开发有限公司掌控的单一主体旅游开发模式已不可取，主管政府部门在古镇旅游开发中应该主要扮演引领与宏观调控的角色，确保“保护为主、合理利用”的基本原则，集思广益制定相关政策，有效地管理与约束旅游开发过程中的不良行为，整体上协调与平衡好各方的利益，帮助与督促相关工作顺利开展。其中尤其要注意：第一，逐步简政放权，旅游开发权不是主管政府部门专有，而应分散下放至当地居民、相关专业团队及热心参与其中的任何个体与组织，权利的分散有利于不同的利益群体进行平等的对话，这种充分的集体参与合作机制同时也有利于提高工作效率，当然，简政放权不可能一步到位，因为长期形成的思想观念与相应政策的制定都需要时间，切实可行的办法是进行阶段性的分步改革；第二，依法管理，在处理古镇集体利益与个体利益之间的矛盾时，应该基于法制体系的大框架下展开，从而避免不必要的纷争与建立政府部门的权威；第三，加强自身相关知识的学习与教育，主管政府部门作为古镇旅游开发的主要责任人与最终决策者，只有不断地加强相关知识的学习与教育，才能真正做到转变落后思维、提高正确认识，从而科学地引领古镇的旅游开发事业能够沿着基本正确的方向顺利发展[①]。

在当地居民方面，作为沙湾古镇旅游开发最直接的利益关联者，其理应成为当地旅游开发团体的主体成员之一，不仅需要其深入参与与支持当地旅游开发事业，而且其理应成为当地旅游开发的最大受益者。其参与的主要内容与方式包括：第一，参与古镇旅

① 郭谦，林冬娜．全方位参与和可持续发展的传统村落保护开发[J]．华南理工大学学报（自然科学版），2002（10）：38-42.

游开发事业的主要政策制定，政府部门需尊重与采纳当地居民的合理意见与建议，当地居民也可以通过建立各种民间协会提升自身的话语权与影响力，古镇的旅游开发直接关乎着当地居民经济、生活等各个方面的切身利益，基于当地广泛民意基础形成的政策通常具有更高的科学性与实施效率；第二，参与开发与经营具体的旅游项目，鼓励当地居民自己投资或在政府帮助与引导下合理有序地进行，这不仅有利于古镇旅游开发事业快速健康发展，同时也利于改善当地居民的就业机会与生活收入。

在各类社会组织机构方面，这些组织机构可主要分为两大团队，即专业技术指导团队与外来资本运作团队。其一，专业技术指导团队，通常由政府主管部门与当地居民出资聘请而来，一般具有丰富的专业知识与工作经验，又由于专业技术指导团队通常情况下不牵扯古镇旅游开发的任何相关利益，因而能为古镇的保护与旅游开发给出较为客观、中肯的各类技术指导，相关建议一般对当地的保护与旅游开发事业具有较高的指导意义与参考价值，当地可结合现实状况及条件适宜采纳。其二，外来资本运作团队，一方面需认可他们的介入有利于带来旅游开发所需的资金、先进的企业化管理经验以及资源高效利用的市场化运行模式等；另一方面也需意识到大多数的外来资本运作团队着眼于短期的经济利益，而不是以保护为主要目的，因而不能完全依赖于他们操纵旅游开发，虽然他们或许可以快速地给当地带来可观的短期经济收益与解决前期旅游开发的一定困难，但疏于监管与约束的旅游开发，很可能会导致过度商业化、发展红利分享不均的风险，这既不利于当地居民分享旅游开发创造的成果，也不利于古镇保护与旅游事业长远的健康发展。

2．扩宽与深化旅游开发利用的资源

针对沙湾古镇前期旅游开发的资源利用主要集中在小范围内单一的文物古迹及重要历史建筑的观光领域，后期古镇的旅游开发宜注重为到访游客提供相对完整的传统村镇生活环境的体验，在进一步提升与完善古镇传统风貌环境完整度的同时，更需要注重挖掘镇内丰富的非物质文化遗产及整合周边自然资源共同发展。在非物质文化遗产的旅游开发方面，可采用博物馆等静态展示模式、舞台等动态展演模式、生产性保护模式等多样化的模式；在利用周边自然资源进行旅游开发方面，可利用古镇周边拥有的山林、河流、农田及水塘等开发非常适合大都市人群的生态休闲旅游产业，例如风景写生与欣赏、野外摄影、垂钓、农作物摘采等，以此促进“日归型”的“过路客”向“体验型”与“滞在型”游客转变。

3．合理管控镇内的旅游商业活动

利用历史文化资源的优势积极发展旅游商业活动是目前我国绝大部分传统村镇保护开发的重要手段之一。一方面，需要认可开发适宜的旅游商业活动对拉动当地经济发展、增加当地居民就业机会及增强社区活力的作用明显；另一方面，也需要谨防旅游商业活动“异质化”“过度化”“无序化”等突出问题对传统村镇的保护与健康发展所产生的不良影响。

沙湾古镇的旅游商业活动现正处于初期快速的发展阶段，前期当地主管部门宜带领当地居民共同对镇内的旅游商业活动进行合理的控制，并逐渐形成相应的商业规范与民间约定，这可以有效避免：沙湾古镇与国内其他的一些传统村镇一样，因旅游商业活动肆意发展，而造成原真生活形态悄然丧失，且几乎到达无可挽回的地步。面对沙湾古镇旅游商业活动现已初显的“异质化”“无序化”，及预防将来旅游商业活动“过度化”，宜注重与强调：第一，镇内绝大部分的旅游商业活动需要反映当地风土人情，这有利于维护当地的传统文化与地域特色及增添对外来游客的吸引力，其中尤其要保护好当地的传统店铺，必要时当地政府可适当地给予其一定的政策扶持等，相反应尽量减少像国内其他的一些传统村镇一样随处都充斥着雷同的、与当地无关的劣质纪念品店等；第二，旅游商业活动应以当地居民自主经营为主，镇内的旅游商业活动开发主要目的是为了更好地促进古镇保护、提升当地居民的生活水平等，而不应成为外来资本的谋利场，因为外来商贩通常着眼于经济利益，相比当地居民对古镇缺乏足够的认识、理解及情感，也较少关心古镇的保护与发展事业，且大量外来商贩的到来一定程度上势必会挤压与抢占了当地居民的基本生存空间，不利于维持当地原真的生活形态，这方面可以大体借鉴日本长野县重要传统建筑物群保存地区妻笼的先进经验，由村民自发组建“热爱妻笼会”保护组织，始终将“改善本地居民的生活条件”作为基本方针之一，并制定了对传统建筑“不卖、不租、不拆”三原则，防止外来资本的不良介入，现今约有2/3的当地居民从事旅游业并从中受益，有力地保障了当地居民的传统生活场景，当然，“不卖、不租、不拆”三原则由于涉及中国“物权法”，能否在沙湾古镇顺利实施，一切都要基于当地居民自愿与共同认可①；第三，在旅游开发前期就应对镇内商业性质用地进行合理控制，这可以有效地防止古镇未来旅游商业活动“过度化”“无序化”，宜将古镇历史上长期稳定的原真商业空间、主要聚居区东南面临近外部主干街的少许区域等划定为商业性质用地（图4–35），其余用地除允许少许类似于民宿等对原居民生活干扰不大的商业活动外，一般情况下不允许进行其他的商业活动，因为不管是古镇的过去还是将来，闹静合理分区的空间布局方式都是维持古镇宜居生活环境的重要因素之一。

4．采用小规模渐进式的旅游开发利用原则

沙湾古镇的旅游开发利用需要考虑其自身的承载能力与适应能力，大规模过快的旅游开发，易因经验不足、调查不够深入、对未来发展的预测有偏差等因素，而导致古镇传统风貌环境遭受外部不必要的冲击与破坏，以及诱发内部快速的、盲目的建设性破

① 宋昕．新型城镇化发展机遇下的旅游城镇化与历史文化名镇遗产保护策略——以日本长野县妻笼宿古镇保护复兴为例：中国风景园林学会2014年会，中国辽宁沈阳，2014[C].

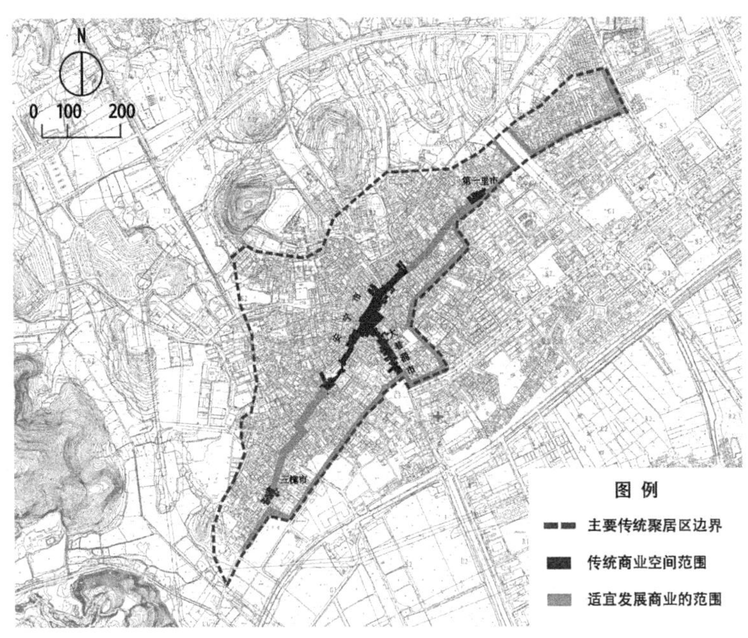

图4-35　沙湾古镇主要聚居区内适宜商业发展的空间示意
注：原非商业性质用途的文保单位、历史建筑等除外。

坏，不利于旅游开发过程中根据新发现或突发的问题进行适时地调整，此外，大规模过快的旅游开发同时也会带来巨大的资金压力，而小规模渐进式的旅游开发利用更具有可行性与时效性。

七、文物保护单位保护与利用的问题与相关建议

（一）注重与加强保护“低等级”文物保护单位

自20世纪80年代以来，沙湾镇先后开展了多次文物普查工作，尤其在进入21世纪以来进一步扩大完善了各级别的文物登入工作，距今有省级文物保护单位1处、市级文物保护单位2处、市级登记文物7处、区级登记文物46处，共计56处（表4–5）[①]。在现今的保护工作中，其中省级、市级较高级别的文物保护单位基本都得到了保护与修缮及较多的社会关注，其中大多数开辟为景点，平日里有门票收入及专人的看管与维护；而区级文物保护单位虽都以挂牌，但其中许多都仍处于“自在”状态，欠缺应有的修缮及专人的看管与维护，其中一些区级文保单位正面临着进一步恶化的窘境，现实状况不容乐观。

造成这种现象的主要原因在于：在有限的保护资源背景下，沙湾古镇前期的保护规

① 广州市番禺区人民政府文件（番府〔2012〕119号）《关于公布番禺区不可移动文物名录的通知》[Z].

沙湾古镇各级文物保护单位名录 表4-5

广东省级文物保护单位

序号	名称	年代	地点	公布时间
1	何氏大宗祠（留耕堂）	元代	沙湾镇北村承坊里	1989年6月

广东市级文物保护单位

序号	名称	年代	地点	公布时间
2	李忠简祠	明	沙湾镇东村青萝大街38号	2008年12月
3	永锡堂（“文学流芳”牌坊）	清代	沙湾镇东村	2008年12月

广州市登记保护文物单位

序号	名称	年代	地点	公布时间
4	清水井	不详	沙湾镇市中心	2002年9月
5	何柳堂故居	清代	沙湾镇北村	2002年9月
6	何与年故居	清代	沙湾镇北村	2002年9月
7	惠岩祠	民国	沙湾镇北村	2005年9月
8	何树享住宅	1947年	沙湾镇南村	2005年9月
9	何少霞故居	民国	沙湾镇北村	2005年9月
10	仁让公局	清代	沙湾镇北村	2005年9月

番禺区登记保护文物单位

序号	名称	年代	地点	公布时间
11	何文可夫妇合葬墓	元	沙湾镇北村土地岗	2011年1月
12	何子霆夫妇合葬墓	明	沙湾镇北村土地岗	2011年1月
13	炽昌堂	清	沙湾镇北村	2011年1月
14	洞泉何公祠	中华民国	沙湾镇北村	2011年1月
15	敦厚里门楼	清	沙湾镇北村	2011年1月
16	高瑶巷11号古民居	清	沙湾镇北村	2011年1月
17	光裕堂	清	沙湾镇北村	2011年1月
18	何小静、何虹烈士故居	清	沙湾镇北村	2011年1月
19	怀德堂	清	沙湾镇北村	2011年1月
20	进士里门楼	清	沙湾镇北村	2011年1月
21	骏兴门门楼	清	沙湾镇北村	2011年1月
22	三稔厅	清	沙湾镇北村	2011年1月
23	时思堂	清	沙湾镇北村	2011年1月
24	衍庆堂	清	沙湾镇北村	2011年1月
25	珠海何公祠	清	沙湾镇北村	2011年1月
26	孖井	清	沙湾镇东村	2011年1月
27	安宁东街芽菜巷巷口古民居	清	沙湾镇东村	2011年1月
28	东村北帝祠（存著堂）	清	沙湾镇东村	2011年1月
29	东村康公古庙	清	沙湾镇东村	2011年1月

续表

番禺区登记保护文物单位				
序号	名称	年代	地点	公布时间
30	东村黎氏宗祠	清	沙湾镇东村	2011年1月
31	东村武帝古庙	清	沙湾镇东村	2011年1月
32	福安巷12号古民居	清	沙湾镇东村	2011年1月
33	何氏十世祠	清	沙湾镇东村	2011年1月
34	天海黎公祠	清	沙湾镇东村	2011年1月
35	攸远堂	清	沙湾镇东村	2011年1月
36	振昌堂	清	沙湾镇南村	2011年1月
37	北村玉虚宫	清	沙湾镇沙北村	2011年1月
38	佑启堂	清	沙湾镇沙北村	2011年1月
39	本和李公祠	清	沙湾镇西村	2011年1月
40	节奇何公祠	清	沙湾镇西村	2011年1月
41	孔安堂	清	沙湾镇西村	2011年1月
42	南川何公祠	清	沙湾镇西村	2011年1月
43	西村王氏大宗祠	清	沙湾镇西村	2011年1月
44	志蕴何公祠	清	沙湾镇西村	2011年1月
45	宗濂何公祠	清	沙湾镇西村	2011年1月
46	作善王公祠	清	沙湾镇西村	2011年1月
47	水绿山青文阁	中华民国	沙湾镇北村	2011年1月
48	三稔厅旧址	中华民国	沙湾镇北村	2011年1月
49	义庐	中华民国	沙湾镇东村	2011年1月
50	东村北帝祠村	清	沙湾镇东村	2011年1月
51	黎南珍夫妇合葬墓	元	沙湾镇沙东村滴水岩 森林公园内青萝嶂第二峰	2011年1月
52	王梅湾家族墓	元	沙湾镇西村南排岗	2011年1月
53	何俟潮夫妇合葬墓	明	沙湾镇西村塔边岗	2011年1月
54	何乙三夫妇合葬墓	元	沙湾镇西村塔边岗	2011年1月
55	沙湾北村抗日烈士纪念碑	近现代	沙湾镇北村 滴水岩森林公园内	2011年1月
56	梁自牧家族墓	元～明	沙湾镇北村 青萝嶂滴水岩南竹径岗	2011年1月

划工作过于集中资源于一期旅游开发范围内的保护与整治工作，在迫切开发旅游的心态下，没有兼顾好范围外的相对“低等级”的文物保护单位。因此，当地相关部门应及时转变现有的保护观念，充分认识“保护为主、抢救第一、合理利用、加强管理”①的文物保护工作国家指导方针，沙湾古镇各级文物保护单位作为其历史文化遗产的杰出代表，理应在第一时间得到相应的保护与修缮。

（二）严格按照文物保护要求实施保护

沙湾古镇各级文物保护单位必须严格遵守《文物保护法》及其体系之下的《中国文物古迹保护准则》实施相关保护工作，所有保护措施都必须遵守“不改变文物原状”的基本原则，尽可能减少干预，采用原型制、原材料、原结构、原工艺进行认真修缮，保护的目的是真实、全面地保存并延续其历史信息及全部价值。当然参与保护的相关人员也需清晰地认识到“不改变文物原状”的深刻内涵，正如《曲阜宣言》指出：“原状”应是文物建筑健康的状况，而不是被破坏的、被歪曲和破旧衰败的现象，衰败破旧不是原状，是现状，现状不等于原状，不改变原状不等于不改变现状，对于改变了原状的文物建筑，在条件具备的情况下要尽早恢复原状，对于损坏了的文物古建筑，只要按照“四原”原则进行认真修复，科学复原，依然具有科学价值、艺术价值和历史价值②。

现今，沙湾古镇乃至全国绝大部分区域文物保护工作的问题，主要集中反映在“低等级”文物保护单位的保护实施过程中常缺乏足够的专业化指导。在我国，较“高等级”文物保护单位的保护实施过程，一般负责管理与审核的行政部门等级高、审核人员专业水平良好、审核程序相对严格、选取的修缮工作团队较专业化；而区县级别文物保护单位的保护实施过程，仅在专业水平方面，基层的责任部门、参与修缮工作的团队都显得相对薄弱，其中具有较高专业化水平的文物保护人才十分稀缺，导致一些区县级别文物保护单位的保护实施过程常缺乏足够的专业化操作。针对这种状况，要在短时期内快速地提高基层文物行政部门相关人员的专业素质与培养大批具有较高专业化水平的保护修缮工作团队显然很不现实，然而，在这个方面可以借鉴法国文物保护的先进经验，在文物的保护实施过程中，除了文物行政部门、保护修缮团队外，还可引入了第三方责任人“国家建筑师”，一般都由一些文物保护经验十分丰富的专家、学者组成，几乎文物保护实施的整个过程都需要征求他们的指导意见，以此确保整个保护过程中始终处于高专业水平的控制与引导下进行。

（三）强调合理的保护与利用

文物保护单位的保护与利用，二者相辅相成、缺一不可；保护是利用的前提，只有

① 国务院文件（国发〔1997〕13号）《关于加强和改善文物工作的通知》[Z].

② 关于中国特色文物古建筑保护维修理论与实践的共识——曲阜宣言[J]. 古建园林技术，2005（04）：4-5.

良好的保护，才能实现可持续的利用；利用是保护的目的，就是要发挥文物保护单位的价值与作用。

沙湾古镇各级文保单位保护与利用的主要问题在于：第一，物存神失，沙湾古镇许多文物保护单位仅简单保存了建筑主体结构，而其历史功能及场所精神丧失严重、内部传统元素简陋单一，正如被列入文物保护单位的众多大小宗祠，作为原宗族成员的社区活动中心，现今当地居民几乎不再使用，主要由当地政府部门管控及开发旅游，因许多宗祠内部内容单一、千篇一律，缺乏对游客足够的吸引力，平日里显得非常冷清；第二，商业化或其他使用性质的转变，正因为前期沙湾古镇许多文保单位对外开放旅游的门票收入非常不理想等因素，导致一些文保单位变相沦为商业场所，如车陂街的惠岩祠原作为“沙湾非物质文化传承基地”开发旅游，但内部缺乏合理的、应有的非物质文化氛围营造，开发成果不尽理想，现已变为饭店，又如鹤鸣街东端的光裕堂，原为何氏五世祖丁房的宗祠，近几年却无缘无故地改为道观；第三，一些文物保护单位缺乏专人看管与必要的日常维护，由于旅游收入不理想，保护资金紧张，原一些文保单位的看管者现已撤离，导致这些文保单位面临着被破坏或恶化的潜在风险。

针对上述问题，在沙湾古镇各级文保单位的保护与利用方面：首先，应丰富保护与利用的内容，面对内部传统元素简陋单一、千篇一律的众多文保单位，许多内部传统元素遗失已久、难以寻回的前提下，可以通过充分挖掘古镇内部丰富的物质文化遗产与非物质文化遗产，设置反映当地原真民俗、社会风情的各类体验馆，比如沙湾飘色主体展览馆、传统鳌鱼舞主题展览馆、“三雕一塑”主题展览馆、广东音乐鉴赏馆、传统民俗婚庆展览馆等，当然前提是这类旅游开发必须反映当地的风土人情，所有的设置品或添加品必须不破坏原真的历史环境；其次，杜绝不合理的商业化行为与随意改变原有使用性质与功能，文物保护单位应该遵守“保护为主、合理利用”的基本原则，对于转变使用性质的利用必须十分小心谨慎、严格控制，即使一些公共便民的利用也必须在不影响与破坏文物保护单位的历史环境及文化意义的前提下进行；再次，保护的同时应注重服务于当地的居民，沙湾古镇的各级文保单位既是全人类共同的历史文化遗产，也是长期以来当地居民生活中的重要组成部分，相关保护与当地居民的合理利用并不矛盾，而且文保单位的保护工作部分依赖于原使用者继承与发展其使用功能、维持其场所精神，因而，一些文保单位，正如其中最多的大小宗祠，宜延续与发扬其作为社区精神家园的历史作用，相关政府只要做好保护引导与必要的管控工作，并积极营造良好的、有序的社区活动中心氛围，既利于当地居民的物质文明建设与精神文明建设，又利于当地居民产生归属感与责任感，自发地参与文保单位的保护工作，从而有效地解决古镇一些文保单位因保护资金困难而无人看管与日常维护的难题。

八、历史建筑保护与利用的问题及相关建议

（一）挂牌保护

在《历史文化名城名镇名村保护条例》中已明确指出历史建筑为："经城市、县人民政府确定公布的具有一定保护价值，能够反映历史风貌和地方特色，未公布为文物保护单位，也未登记为不可移动文物的建筑物、构筑物。"因其中一些优秀的历史建筑将来很可能申报成功为文物保护单位，也常被称作"准文物保护单位"。

经最新一轮的沙湾古镇文物线索、历史建筑专项普查与分析，推荐文物线索17处（表4-6）、推荐历史建筑107处（表4-7），根据《历史文化名城名镇名村保护条例》可暂时都归为历史建筑。然而，如同国内许多的历史建筑，由于保护身份与地位不够明确，许多历史建筑仍不断被破坏与恶化。针对这种状况，首先，有关部门应尽快核实相关对象与及时公布入选对象；其次，历史建筑也可采取挂牌保护的方式，这其实在国内外许多城市的历史建筑保护中早有先例。

沙湾古镇推荐文物线索名录　　表4-6

序号	建筑名称	地址	现状
1	安宁轩	安宁西街10号	已修复
2	民居	安宁西街12号	部分修复
3	进士会	安宁西街	已修复
4	镇南祠	安宁西街20号	已修复
5	民居（高屋）	梅花巷12号	良好
6	恒庐	青罗大街28号	一般
7	缘德堂	安宁东街121号	较差
8	安宁广场孖井	安宁中街	已修复
9	常道何公祠建筑群	鸡翻巷1号、鸡翻巷3号	一般
10	观音堂	安宅里巷	已修复
11	何与斗故居	鹤鸣巷3号	较差
12	书塾	进士里巷13号	已修复
13	农耕生活馆	青云里23号	已修复
14	南勲衍派	青萝大街36号	良好
15	承芳里社稷坛	承芳里	良好
16	三槐里社稷坛与四方井	三槐里	良好
17	第一里社稷坛	第一里	一般

沙湾古镇推荐历史建筑　　表4-7

序号	建筑名称	地址	现状
1	店铺	安宁西街9号	已修复
2	三达巷门	进士会西侧	已修复
3	店铺	安宁西街16号	已修复
4	民居	年丰巷4号北侧	良好
5	民居	年丰巷4号	良好
6	店铺	安宁西街13号	基本修复
7	民居	（桂涌街）新华巷3号	良好
8	民居	新华巷6号	良好
9	民居	新丰巷一横巷2号	良好
10	民居	居仁巷5号	良好
11	民居	鹤皋巷6号	良好
12	民居	龙子巷5号	良好
13	民居	龙子一巷4号	一般
14	民居	元善街7号	一般
15	民居	忠心里大街太和巷对面	较差
16	民居	仁和巷2号	良好
17	民居	礼义巷5号	良好
18	民居	新丰巷1号	良好
19	民居	新丰巷三横巷4号	良好
20	民居	岐山三巷	良好
21	民居	（逢源巷）仁寿里街1号	一般
22	民居	逢源巷6号	一般
23	民居	廉让里巷二横巷3号	一般
24	民居	廉让里巷1号	良好
25	店铺	大巷涌路39号北侧	已修复
26	民居	怡伦巷2号	较差
27	民居	古轩巷	一般
28	民居	朱涌大街4号	较差
29	民居	与民巷	良好
30	民居	新街巷20号	一般
31	民居	新街巷11号	一般
32	民居	新街巷3号	良好
33	民居	升丰巷7号	一般
34	民居	大基巷横巷1号	较差
35	民居	安宁东街107号	良好

续表

序号	建筑名称	地址	现状
36	民居	忠简门巷5号	良好
37	民居	绿松巷6号	一般
38	东村老年人活动中心	东村	已修复
39	民居	街边巷1号	一般
40	民居	青罗大街17号	一般
41	东村治安队	青罗大街20号	一般
42	民居	南厅巷9号	良好
43	民居	南厅巷5号	一般
44	民居	南厅巷6号	良好
45	民居	经术路9号东侧	较差
46	民居	经术路9号东侧	较差
47	民居	经术路8号	良好
48	民居	六宅巷12号	一般
49	民居	六宅巷11号	良好
50	民居	六宅巷9号	良好
51	民居	六宅巷4号	一般
52	民居	九子巷6号	一般
53	民居	富贵巷2号	一般
54	民居	结桂巷5号	一般
55	民居	结桂巷2号	一般
56	民居	车陂街4号	较差
57	民居	车陂街10号	已修复
58	民居	车陂街7号	已修复
59	民居	车陂街14号	良好
60	民居	安宅里1号	已修复
61	民居	同德巷8号	良好
62	民居	安宅里11号	一般
63	民居	鹤鸣二横巷2号	已修复
64	民居	鹤鸣二横巷6号	良好
65	民居	鹤鸣二横巷8号	良好
66	民居	赏灯街1号	良好
67	民居	大夫第路3号	一般
68	民居	高瑶巷3号	良好
69	民居	高瑶巷5号	良好
70	民居	高瑶巷7号	良好

续表

序号	建筑名称	地址	现状
71	民居	滑石巷9号	良好
72	民居	安宅里8号	一般
73	民居	安宅里10号	良好
74	民居	安宅里11号	良好
75	民居	安宅里13号	良好
76	民居	超美堂巷5号	良好
77	民居	文林坊大街1号	一般
78	民居	鹤鸣巷5号	一般
79	民居	孝友一横巷3号	较差
80	民居	侍御坊下街13号	良好
81	民居	年丰巷1号	良好
82	民居	永安巷1号	一般
83	民居	年丰巷4号	良好
84	民居	安和巷11号	良好
85	民居	安和巷13号	良好
86	民居	安和巷17号	良好
87	民居	安和巷10号	一般
88	民居	安和巷12号	良好
89	民居	分界巷3号	较差
90	民居	分界巷2号	良好
91	民居	福祥巷16号	良好
92	民居	福祥巷11号	良好
93	民居	福祥巷14号	良好
94	民居	福祥巷2号	良好
95	民居	通德二巷7号	良好
96	民居	罗山里坑尾8号	良好
97	民居	罗山里坑尾12号	一般
98	民居	步云里11号	一般
99	都天古庙	华光路1号	良好
100	民居	承芳里三横向1号	良好
101	民居	沙梨巷5号	良好
102	民居	沙梨巷7号	良好
103	民居	深巷11号	良好
104	民居	大宅巷	良好
105	民居	坑尾直街17号	一般
106	民居	坑尾直街19号	一般
107	沙坑会场	沙坑村	一般

（二）强调多样化、专业化的保护与利用方式

目前，沙湾古镇大多数的历史建筑“老龄化”“空心化”现象十分严重，少许已开展更新利用的历史建筑又缺乏应有的专业指导，现实操作较为随意，往往对原有的历史环境产生不良影响。例如青萝大街恒庐前院随意添加照壁、内部随意刷白等。面对这种情况，沙湾古镇历史建筑未来应从多样化、专业化的保护与利用方式着手：首先，针对其中历史文化与科学艺术价值十分优秀的、将来有条件申报文物保护单位的历史建筑，应该按照文物保护单位的要求严格实施保护，在利用方面，在产权允许的前提下，可以根据其空间特性改造为乡土生活展览馆、传统工艺展览馆及各类民俗风情展览馆等，既能发挥其历史文化价值、促进古镇的精神文化家园建设，又有利于这些“准文物保护单位”的自身保护；其次，针对其中具有一定保护价值的大部分历史建筑，应采取保护与更新相结合的方式，需要专业的分析与科学的论证历史建筑中哪些部分具有保护价值，哪些部分适宜更新与改造，其中具有保护价值的部分理应严格按照文物保护的要求与原则进行保护与修缮，而其余部分可根据当前的使用需求，在专业人士的指导下进行合理、严谨地更新与改造，以适应当地居民不断进步的现代生活需求，大部分的历史建筑仍主要由作为产权所有者的当地居民合理地继承与发扬其使用功能、维持其生命活力，从而避免现今沙湾古镇大量历史建筑出现“老龄化”“空心化”的不良现象。

九、传统风貌建筑维护与更新的问题及相关建议

（一）采取内外有别的维护与更新方式

沙湾古镇传统风貌建筑，既是维持古镇历史风貌完整度的重要组成部分，同时又是当地居民长期以来的生活场所。因而，其一，针对传统风貌建筑中对于维持古镇历史风貌完整度起重要作用的外部风貌特征，诸如墙立面与屋顶等宜尽量采用原型制、原材料、原结构、原工艺进行认真的修缮与维护；其二，针对传统风貌建筑中主要影响当地居民居住质量的内部空间与内部设施，宜进行积极的更新改造，包括不适应现代生活的平面布局、通风采光、落后的生活设施等方面，尤其在提升内部使用功能及结构加固方面，如传统材料无法满足现实需求的前提下，可以大胆采用诸如钢、钢筋混凝土等新材料。

（二）引导当地居民自发维护与更新

有别于文物保护单位、历史建筑这些相对少量的历史文化遗产精品，其中的大部分由相关政府部门承担主要的保护责任，而面对沙湾古镇现存数量众多的传统风貌建筑，其维护与更新工作能否合理地、顺利地实施，重点在于：相关政府部门及机构前期应做

好积极的引导工作，之后逐步培养作为产权所有者的当地居民自发成为传统风貌建筑维护与更新的主体。起初，可以通过聘请一些专业团队对镇中传统风貌建筑中的一些典型案例开展维护与更新，致力打造既能良好地传承历史风貌，又能适合现代居民生活的新民居样板以供示范作用，借此提升当地居民对传统风貌建筑价值的认识，避免当地居民因对其价值认识不足，而导致其被盲目地拆毁与重建，从而引导当地居民逐步形成自发的、良性的传统风貌建筑维护与更新行为。

十、其他建筑的处理问题及相关建议

（一）保护与保留

在沙湾古镇的历史发展过程中，各个历史时期合理的、正当的历史贡献都应得到承认与尊重，甚至可以将一些传承历史风韵、反映地方环境与文化特色、又体现时代特征及适应现代居民生活的优秀现代建筑逐步纳入保护范畴。此外，一些与传统风貌环境相协调的现代建筑也可予以保留（图4-36 ~ 图4-38）。

图4-36　安宁东街108号适宜保留的现代建筑

图4-37　青萝大街34号适宜保留的现代建筑

图4-38　安宁中街适宜保留的现代建筑

（二）整治

“整治”为针对干扰传统风貌环境的现代建筑而采用的措施与方法，这些新建的现代建筑一般内部功能基本能够满足当地居民的现代生活需求，问题主要在于其高度、体量、形制、色彩、材料等方面与周边传统风貌环境存在明显冲突。如在沙湾古镇这类建筑存在体量过大、楼层过高、屋顶形制不协调、外墙铺贴色彩鲜艳明亮的瓷砖、金属卷闸门及铝合金防盗窗框等问题。因而，“整治”的重点主要在于这类建筑外部风貌的改造，在不影响外部改造的前提下内部功能可以基本保持不变。

针对沙湾古镇干扰传统风貌环境建筑的不同状况，通常“整治”的措施与方法主要有以下四种。第一，做“加法”。针对其中一些体量、层高方面较为协调的建筑，可以增建坡屋顶或具有当地特色的女儿墙平屋顶，更换墙外立面不协调的材料，根据当地传统的建筑装饰习惯，在屋檐、墙楣、楼层与窗框分界线等处适宜地增添灰批、砖雕、木雕等传统建筑装饰工艺，以当地传统常用的“满洲窗”替换铝合金防盗窗框，这种在铁艺中镶嵌多种彩色玻璃的“满洲窗”，既利于防盗又美观大方。在沙湾古镇实现的整治过程中，做“加法”的方式往往容易受到当地居民的接受与欢迎，原因在于其既基本维持或少许扩增了原有的建筑面积与使用功能，又提升了建筑的外部装饰（图4–39、图4–40）。第二，做“减法”。针对其中一些体量过大、层高过高的建筑，可以适当地拆除原有建筑的部分单元及降低层高（图4–41），其余外观改造与修饰方面可以同样采取上述的措施与方法，但在沙湾古镇做“减法”的方式往往易受到当地居民的排斥与抵制，现实操作难以实施，原因在于其或多或少地减少了原有建筑面积与使用功能，在沙湾古镇居住空间日益紧张、局促的大背景下，当地居民往往寸土必争，这触及了建筑持有者的根本利益，因而这种整治方法若要顺利实施，一方面需要当地政府给予“减法”建筑持有者一定的

现状

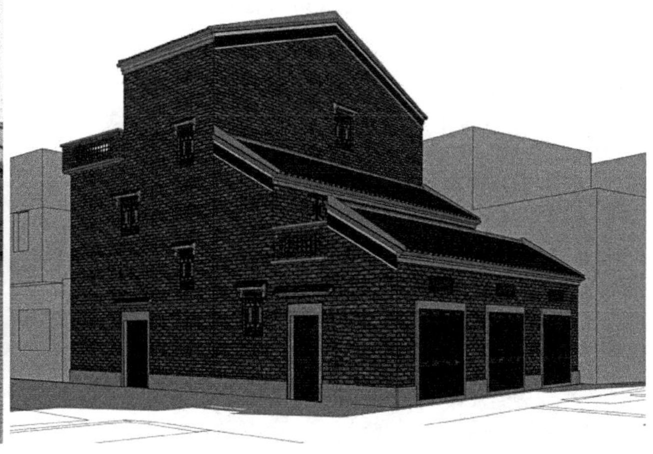
整治示意

图4–39 沙湾平安巷3、5号“加法”整治示意

现状　　整治示意

图4-40　沙湾华光路17、19号“加法”整治示意

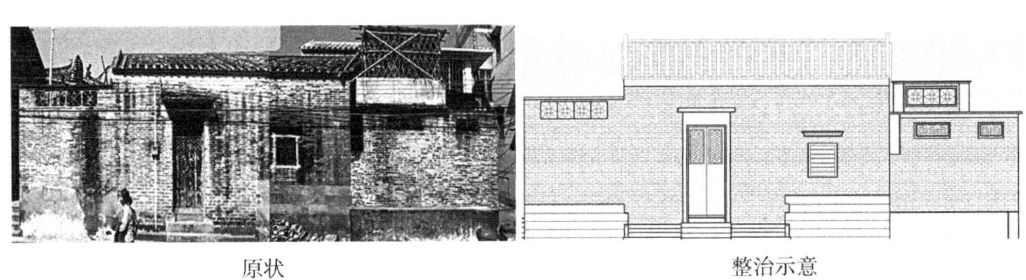
原状　　整治示意

图4-41　沙湾车陂街4号“减法”整治示意

补偿，另一方面需要对“减法”建筑持有者加强沟通与耐心地培养环境保护意识。第三，拆除。针对重要历史地段中一些严重干扰传统风貌环境又无法进行改造与修饰的建筑，应该尽可能地拆除，拆除后的原址上可以开辟为公共户外活动场所（图4–42），也可以建造历史景观补偿价值较高的、供公共使用的新风土建筑，建造的方式可以适宜采用新材料、新技术等，当然拆除工作能否顺利进行的前提是解决好私有产权问题，这主要依赖于土地置换、直接的经济与政策补偿等方式。第四，遮挡。针对一些严重干扰传统风貌

原状为无人居住的杂院

整治现状

图4-42　沙湾车陂街“拆除”整治前后对比

环境又暂时难以开展整治工作的建筑，可以暂时采用视线遮挡方式进行处理，如在其前合适距离种植易生长的翠竹、乔木等方式，待日后条件成熟再开展进一步的整治工作。

十一、散落镇中各处传统建筑构件的问题及相关建议

从20世纪50年代开始，沙湾古镇陆续拆毁了众多的优秀历史建筑，虽然这些建筑已毁，但许多传统的建筑构件仍散落于镇中各处（图4-43、图4-44），其中不乏一些工艺精品，现今仍有不少散落镇中的传统建筑构件没有引起人们的重视，基本处于无人看管的状态，未来有可能遭受进一步的破坏或面临被人偷运出去的风险。

图4-43 散落沙湾古镇中的传统石柱础

图4-44 散落沙湾古镇中的“步云里”门楼石额

因而，应尽快组织相关人员对古镇散落的传统建筑构件进行专项普查及登记工作，若原主体建筑仍存，应优先将其安置回归原处或原地保存（图4-45、图4-46），其余散落的传统建筑构件可根据自身的历史文化、艺术、科学价值及实用价值等，宜分别采取以下三种措施进行保护与利用。一是针对一些历史文化、艺术、科学价值较高与保存完整的传统建筑构件，宜采取开辟陈列馆等方式对其进行保护与利用。这种方式已在沙湾古镇安宁西街的“镇南祠”作出了积极尝试，且对到访游客颇具吸引力（图4-47、图4-48）。二是针对一些具有一定保护价值的建筑构件，在适宜的情况下可在同类建筑、场景的修复或兴建中采用，前提是其对修复或兴建的建筑、场景不存在干扰。这种再利用的方式其实在沙湾古镇历史上由来已久，例如清代沙湾王氏大宗祠重建时大部分的建筑石料就出自广州河南伍氏祠堂拆卸的旧物①。又或者将其作为景观元素，结合镇内一些

① 中国广州市番禺区沙湾镇委员会，广州市番禺区沙湾镇人民政府. 沙湾镇志[M]. 广州：广东人民出版社，2013：426.

图4-45　沙湾何氏大宗祠原处保存的旧“留耕堂”牌匾

图4-46　沙湾何氏大宗祠原处保存的旧“大宗伯”牌匾

图4-47　沙湾“镇南祠”以专馆陈列方式保护的传统木雕建筑构件等

图4-48　沙湾“镇南祠”以专馆陈列方式保护散落的传统石雕建筑构件等

图4-49　广州南海神庙利用回收传统建筑构件与材料设计的小游园之一

图4-50　广州南海神庙利用回收传统建筑构件与材料设计的小游园之二

户外公共空间进行设计，这种设计方式在广州南海神庙等国内著名的历史场所中早有尝试（图4-49、图4-50），其既能够较好地保存与安置散落的传统建筑构件，又能反映地域文化与勾起当地民众的历史记忆。此外，当地民众自发收集传统建筑拆卸下来的一些石柱础、石梁及石板用以设置户外简易的长石凳（图4-51、图4-52），平日里时有当地居民于此会友闲谈，当地有关部门只要做好登记及防止外流或私有化即可。三是针对具有再利用价值的一般传统建筑构件或材料，例如具有较高工艺水平的传统水磨青砖、筒瓦等，宜妥善保存，日后可在修复传统建筑、新建风土建筑中再次利用。

图4-51　当地居民利用传统建筑构件或材料自发搭建的简易石凳之一

图4-52　当地居民利用传统建筑构件或材料自发搭建的简易石凳之二

十二、重要历史场景重塑的问题及相关建议

在珠三角地区快速城镇化发展过程中，沙湾古镇的传统风貌环境遭受了较为严重的破坏，并在一定程度上导致本土的场所精神与文化意义减弱。因此，针对一些遭严重破坏的重要历史场景必要时可以进行适当地重塑，重塑并不一定要原样重建，因为复原的依据往往难以详实、可靠，更重要的是恢复不幸被破坏的、原真的重要历史功能，也可以是体现历史风韵、提升使用功能的新风土建筑，关键取决于这些重塑对象历史上是否真实存在过，是否有利于提升本土的场所精神与文化意义，是否有利于改善当地的人居环境。例如沙湾古镇久负盛名的“六市”之首“安宁市”，在20世纪50年代，为腾空地发展生产，盲目地拆除了其中心区的几座地标性茶楼，之后新建了一批严重干扰传统风貌环境的现代建筑，现今在原重要的历史场景所在地选择性地重塑了几座体现传统风貌的茶楼（图4-53、图4-54），它们既有历史景观补偿作用，又能适应古镇原真的生活形态，此处历史的“真实”意义远大于现实的“真实”，何乐而不为？关于重塑传统村镇中一些消失的重要历史场景，只要当地历史风土形态在一定程度上还存在，不是无中生有，就不能完全否认它的成绩。正如浙江绍兴市昔日的水乡空间形态与水乡生活形态仍部分存在与延续，部分已消逝的水乡景观区重塑项目，还获得了联合国的颁奖，成就非凡①。

当然，历史场景的重塑主要针对沙湾古镇一些破坏严重又十分重要的历史地段，其中尤其要注意：第一，不能为了急功近利地发展旅游、过分地追求经济利益，简单、盲目、机械地进行大面积的仿古改造与仿古恢复建设，在没有任何历史与事实依据下无中生有，这不仅混淆、破坏了沙湾古镇的原真性，而且忽视了现代建筑的地位与价值；第

① 常青. 历史建筑修复的“真实性”批判[J]. 时代建筑，2009（03）：118-121.

整治前

整治后

图4-53　沙湾安宁中街北立面历史场景重塑前后对比

整治前　　整治后

图4-54　沙湾安宁中街西南角历史场景重塑前后对比

二，不能忽视区域内的特征差异，如自然环境保存较好的原疍民区西南面，若在构建西面述说渔民文化的生态廊道时，必要的重塑不能被宗族区盛行的风貌统领与吞噬，而应乐于吸取疍民区传统茅寮、松皮屋小巧玲珑及融于自然的风貌特征。

十三、控高的问题及相关建议

（一）控高的问题

从沙湾古镇原控高规划看（图4-55），主要存在以下问题：（1）控高范围太小。由于过去仅对安宁西街周边小范围历史区域编制了《广州番禺区安宁西街历史文化保护区

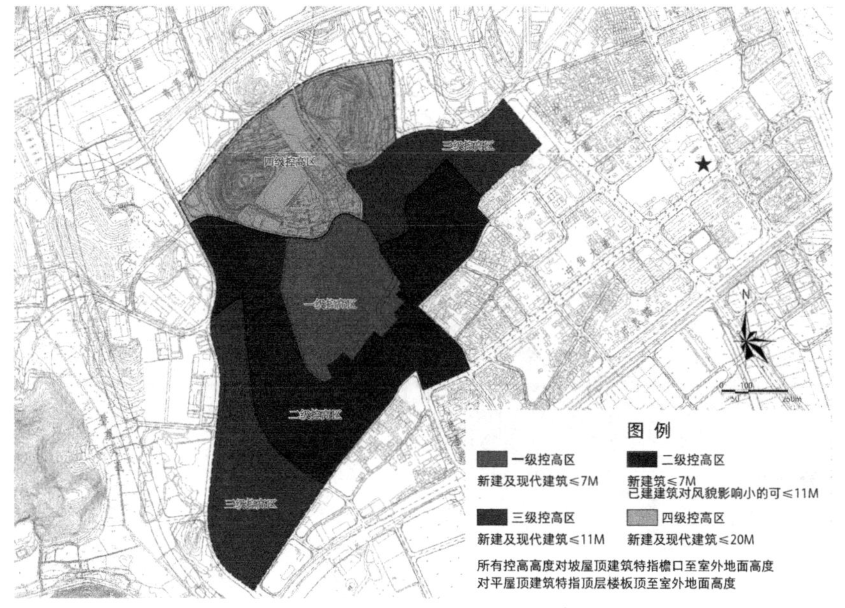

图4-55　广州番禺区安宁西街历史文化保护区控高规划①

保护规划》，因而，基于整个沙湾古镇来看，控高范围明显不足，不利于沙湾古镇整体历史风貌与整体视廊的保护。（2）各级控高区的控高限制值得再商榷。原控高规划重点在于控制核心保护范围（一级控高区）的建筑高度，以核心保护范围为中心，向外逐层控制建筑高度，共分为四级控高区，其中除小范围的核心保护范围参照了历史建筑基本高度，其余控高区虽同处于传统格局内，但因偏重于考虑现阶段当地居民对新建建筑理想的建筑高度要求，导致一级控高区以外的控高要求相对较松。传统格局内欠缺统一的控高方式，显然不利于沙湾古镇历史风貌的整体性保护。

（二）相关建议

基于沙湾古镇原真历史环境保护与控制要素综合图、镇内传统建筑层高绝大部分为1～2层（一般檐口高度≤7米、建筑高度≤10米）等因素综合分析，沙湾古镇的控高规划宜分为：（1）一级控高区，原则上檐口控高≤7米、建筑控高≤10米，即原主要聚居区“一居三坊十三里”和原真山水格局中自然环境保存相对较好的西北面围合庇护区。这有利于整体上维护良好的视觉通廊，远眺西北面秀美挺拔的青萝嶂群山，形成前村后山的舒朗天际线，针对其中少许需特殊层高的公共建筑等，经当地有关部门审批可适当放宽标准，但建筑高度最好不要超过15米，且不宜过多。（2）二级控高区，原则上建筑控高≤18米，即原真山水格局中破坏较为严重的东南面围合庇护区。该区域虽已成为现

① 由华南理工大学历史环境保护与更新研究所提供。

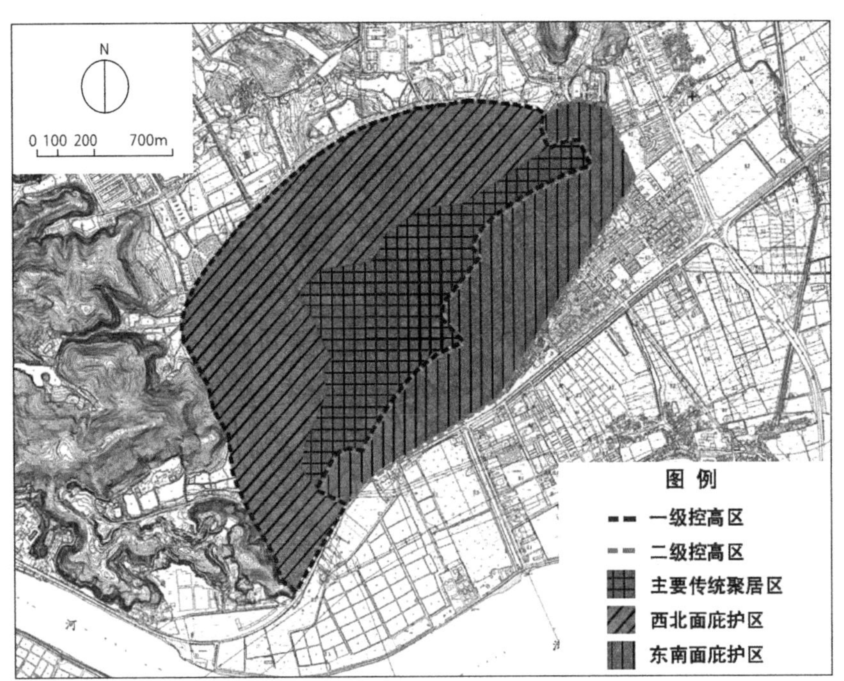

图4-56 沙湾古镇主要区域控高分析

代建筑区，但作为进入沙湾古镇主要传统聚居区的重要前导空间，仍有必要对其空间体量与秩序等方面进行适当地协调与控制（图4-56）。

十四、非物质文化遗产保护与利用的相关建议

随着社会的不断进步，沙湾古镇非物质文化遗产可持续地良性发展需要不断地创新保护与利用的方式，只有这样才能激活活力、扩大社会影响力，从而充分发挥其历史、文化、科学、艺术等价值。从国内外已有非物质文化遗产保护与利用的模式上看，主要有：博物馆等静态展示模式、舞台等动态展演模式、生产性保护模式、主题公园模式及生态圈模式等①。

沙湾古镇非物质文化遗产保护与利用具体采取何种模式，主要取决于非物质文化遗产的项目种类、特点及历史文化价值、艺术欣赏价值、经济实用价值的大小等方面因素（图4-57）。其一，针对具有较高历史文化价值的代表性实物等，宜采用较常见的博物馆等静态保护模式。其二，针对具有较高艺术欣赏价值的沙湾飘色、广东醒狮、沙湾鳌鱼舞、民间音乐演奏等非物质文化遗产项目，宜采用舞台等动态展演模式，但需要突破传统表演方式固有的时空界限。例如沙湾飘色、广东醒狮、沙湾鳌鱼舞的传统表演一般仅

① 梁明珠，杨剑. 历史村镇非物质文化遗产可持续发展研究[J]. 商业研究，2012（01）：168-171.

限于特定的民俗节庆活动进行，沙湾民间音乐演奏虽平日里时有表演，却仅局限于比较私密的、小范围的私伙局场所进行，这些传统的表演方式明显不利于其充分发挥价值、维持生命活力及扩大群众间的影响力。因而，在时间维度上，针对沙湾飘色等大型的、综合的、耗资较大的艺术表演活动可以在更多的传统节日、现代新兴节日或重大历史时刻时适当增加表演次数；针对广东醒狮、沙湾鳌鱼舞、民间音乐演奏等小型的、专项的、经济型的艺术表演活动可以结合旅游开发为到访游客每日定时定点进行表演。这种方式其实早已在国内外一些传统村镇非物质文化遗产保护与利用的实践中取得成功，例如贵州青岩古镇定时定点的传统傩舞表演深受游客喜爱（图4-58），不仅丰富了旅游体验，而且在给当地表演者带来稳定工作收入的同时，还利于当地居民自发地、踊跃地参与到传统傩舞表演的传承与发展过程中来。在空间维度上，不仅可在镇内增加固定的表演场所，而且可以通过广泛参加地域间的非物质文化交流活动、比赛等方式走出古镇对外推广，从而扩大沙湾古

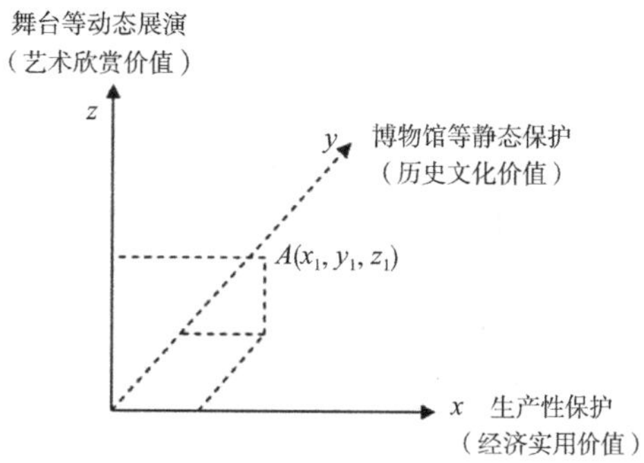

图4-57 非物质文化遗产保护三维空间[①]

图4-58 贵州青岩古镇传统傩舞表演

① 梁明珠，杨剑. 历史村镇非物质文化遗产可持续发展研究[J]. 商业研究，2012（01）：168-171.

镇非物质文化遗产对外界的影响力与吸引力，吸引更多的有识之士关注、参与沙湾古镇非物质文化遗产的保护与利用工作。其三，针对沙湾古镇具有较高经济实用价值的砖雕、木雕、石雕及灰塑等传统手工技艺类非物质文化遗产项目，宜采用生产性保护模式。上述传统手工技艺是传统建筑结构与装饰艺术的重要组成部分，是为了满足生活实际需求而生的传统行业，其不仅具有历史、文化、科学、艺术等方面的价值，同时也具有经济实用价值。因而，在尊重非物质文化遗产发展规律的前提下，可合理地创新开发符合现代市场需求及本地旅游业发展的多样化产品，在充分挖掘市场价值的过程中保护与传承当地砖雕、木雕、石雕及灰塑等传统手工技艺类非物质文化遗产。

当然，沙湾古镇非物质文化遗产保护与利用不论是采用博物馆等静态保护模式、舞台等动态展演模式，还是生产性保护模式，都宜将其与旅游业形成良性互动，既以非物质文化遗产丰富的保护与利用模式促进旅游事业发展，又借助旅游活动大力推广与宣传非物质文化遗产保护的作用与意义，相关旅游收入成为非物质文化遗产保护资金的重要来源之一。

本章小结

借鉴中国围棋布局原理中“格局”“星位”“气”“弃子”等重要思想，本章从对沙湾古镇原真历史环境存续具有重要意义的原真山水格局、原真“宗族—疍民”空间格局、原真商业空间格局、原真民间信仰空间格局、原真户外公共活动空间格局、当地常住居民主观保护意向以及非物质文化遗产等多层级原真空间格局或系统层面中分别提取了保护与控制要素，逐一探究了各保护与控制要素相应的保护方法，并进一步采用地图叠加法统一整合绘制出沙湾古镇原真历史环境保护与控制要素综合图，基于此图针对历史风貌欠完整传统村镇保护规划中反映出“圈层”式保护范围划分方法的局限性、适宜发展建设的空间欠缺梳理、保护发展实施步骤欠缺整体性与不够明晰等突出问题，分别提出了相应的解决思路与方法。此外，在回顾与总结沙湾古镇近十余年保护发展实践历程的基础上，针对保护力度的决策、保护投入与收入、旅游开发利用、文物保护单位的保护与利用、历史建筑的保护与利用、传统风貌建筑的维护与更新、其他建筑的处理方式、散落镇中各处的传统建筑构件、重要历史场景的重塑、控高以及非物质文化遗产的保护与利用方式等一些突出、重要的问题作出了深入地探讨，并提出了相应的解决思路与方法。

附录

附录1：

沙湾古镇“砌市街石碑记”内容

安宁市乃商贾凑集之区，亦一乡往来之中道也。历百余年街石颓坏，众议重修。所有石料工匠银两，系各铺主计租科合祃，犒散工等费系各铺客照户均派。至于高低阔窄，俱照旧式毫无更改。爰将捐资芳名勒石，以垂不朽。

各铺主列：

（捐款祠堂、捐款人姓名及捐款数从略）

各铺客列：

（捐款人姓名及捐款数从略）

乾隆岁次辛亥季秋谷旦，值事何公干、黎辉存、黎锡茂、何道俱、何高上、何霆公、何道探、何道弥、何道窕同立石。

附录2：

沙湾古镇何氏历代登科名录①

姓名	功名	时间与科名
何起龙 （字君泽，号恕堂）	四甲进士	宋淳祐十年（1250年）庚戌科
何斗龙 （字君望）	博学宏词省元	宋宝祐元年（1253年）癸丑特科
何子海 （名庆宗，号百川）	进士第二十九名	明洪武四年（1371年）辛亥科
何文生 （字绍彬，号素庵）	举人	明永乐二十一年（1423年）癸卯科
何善承 （字绍勋，号静斋）	举人	明永乐二十一年（1423年）癸卯科

① 中国广州市番禺区沙湾镇委员会，广州市番禺区沙湾镇人民政府．沙湾镇志[M]．广州：广东人民出版社，2013：289-292．

姓名	功名	时间与科名
何恕 （字宗贯，号松菊）	举人	明景泰七年（1456年）丙子科
何让 （字宗实，号兰坡）	举人	明景泰七年（1456年）丙子科
何騫 （字宗闵，号松洲）	举人	明天顺六年（1462年）壬午科
何炯 （字世皞，号秋田）	举人	明正德二年（1507年）丁卯科
何天华 （字克涵，号勿轩）	举人	明万历四十三年（1615年）乙卯科
何廷瑞	副榜	清雍正七年（1729年）己酉科
何廷霆 （字公丕，号显承）	武举人	清乾隆六年（1741年）辛酉科
何全 （字公歆，号镜堂）	举人	清乾隆二十一年（1756年）丙子科
何宁远 （字高荣，号南甫）	副榜	清乾隆二十四年（1759年）己卯科
何学青 （字道敷，号萝屋阳）	举人	清乾隆三十五年（1770年）庚寅恩科
何应騊 （字高骋，号研舫）	举人	清乾隆五十九年（1794年）甲寅恩科
何会祥 （字道亨，号嘉圃）	进士第十五名	清乾隆六十年（1795年）乙卯恩科
何騋 （字高贮，号艺崖）	举人	清嘉庆六年（1801年）辛酉科
何章 （字道灿）	钦赐副榜	清嘉庆十八年（1813年）癸酉科
何静鳌 （字博敷，号蓬洲）	举人	清嘉庆二十一年（1816年）丙子科
何敬中 （字博霄，号心如）	举人	清嘉庆二十四年（1819年）己卯科
何述基 （字博始，号肯堂）	举人	清道光十一年（1831年）辛卯恩科
何起干 （字博健，号惕若）	举人	清道光十二年（1832年）壬辰科顺天乡试
何廷弼 （字博揆，号右卿）	举人	清道光十七年（1837年）丁酉科
何绍和 （字博銮，号小蘅）	举人	清道光十九年（1839年）己亥科顺天乡试

续表

姓名	功名	时间与科名
何应元 （字博功，号丽生）	副榜	清道光十九年（1839年）己亥科
何廷显 （字博荣，号藻屏）	举人	清道光二十年（1840年）庚子恩科
何壮猷 （字高翻，号桐圃）	举人	清道光二十三年（1843年）癸卯科
何福基 （字博养，号穗生）	举人	清道光二十三年（1843年）癸卯科
何绍武 （字博曦，号东谷）	副榜	清道光二十三年（1843年）癸卯科
何光国 （字厚观，号宾廷）	举人	清道光二十六年（1846年）丙午科
何述经 （原名绍基，字博缅，号醉六）	举人	清道光二十九年（1849年）己酉科
何文炜 （字厚勤，号赤城）	举人	清咸丰元年（1851年）辛亥恩科
何元 （字厚烈，号清士）	副榜	清咸丰元年（1851年）辛亥恩科
何有章 （字厚秩，号孔裁）	副榜	清咸丰十一年（1861年）辛酉补行戊午科
何文涵 （字博订，号玉川）	进士第一百一十五名	清同治二年（1863年）癸亥恩科
何瀛 （字厚浥，号慧泉）	举人	清同治三年（1864年）甲子科
何寿铭 （字高元，号仁山）	副榜	清同治六年（1867年）丁卯科
何耀龙 （字厚芽，号海门）	武举人	清同治九年（1870年）庚午科
何贵龙 （字厚翊，号在田）	进士第二十四名	清同治十三年（1874年）甲戌科
何应龙 （字厚翔，号跃云）	武举人	清光绪二年（1876年）丙子科
何锡源 （字厚箫，号丽洲）	进士第一百七十名	清光绪三年（1877年）丁丑科
何思赞 （字博迈，号齐皋）	副榜	清光绪五年（1879年）己卯科顺天乡试
何桂芬 （字厚辟，号月壶）	副榜	清光绪五年（1879年）己卯科顺天乡试

续表

姓名	功名	时间与科名
何维城（字厚焯，号赤霞）	副榜	清光绪十一年（1885年）乙酉科
何天辅（字厚宜，号小相）	进士第八名	清光绪十六年（1890年）庚寅恩科
何洪标（字厚星，号爵吾）	武举人	清光绪十九年（1893年）癸巳恩科
何权之（字厚立，号可亭）	举人	清光绪二十三年（1897年）丁酉科
何焕章（号与墀，号伯文）	武举人	清光绪二十三年（1897年）丁酉科
何翔藻（字体胖，号式裴）	举人	清光绪二十三年（1897年）丁酉科
何端树（字与眷，号凤裳）	进士第二十四名	清光绪二十四年（1898年）戊戌科
何其干（字与挺，号汉楼）	举人	清光绪二十七年（1901年）庚子辛丑恩正并科
何祖芬（字乾元，号显廷）	副榜	清光绪二十七年（1901年）庚子辛丑恩正并科
何福年（字厚广，号倬云）	举人	清光绪二十八年（1902年）壬寅补行庚子辛丑恩正并科
何宝权（字与瞻，号小轼）	举人	清光绪二十八年（1902年）壬寅补行庚子辛丑恩正并科
何湛恩（字与箫，号珮玉）	举人	清光绪二十八年（1902年）壬寅补行庚子辛丑恩正并科
何炳钟（字厚恒，号卓吾）	副榜	清光绪二十八年（1902年）壬寅补行庚子辛丑恩正并科

说明：此表是根据何炳钟著《青萝何氏登科记》所载名录列出，仅载有进士8人（包括武进士）、省元1人、举人35人（包括武举人）、副榜13人。

附录3：

沙湾古镇“禁锹白泥告示碑”内容

署番禺县正堂加五级、纪录十次彭——为恳恩给示等事。现据广州府学增贡生何有祥，番禺县学岁贡生王吉人、何信祥，附贡生何官联、何逢，恩贡生李学伟，廪生李瑞、何应騊，生员何修成、黎廷揆、王灼人、何天扬、王嘉霖、何梦璋、何百川、何毓松、黎汝桥，职员黎扬、何源灏，监生何垂、何廷魁、黎松芳、何志祖、黎显著、何文进、何安邦等禀称：伊等世居本善庄，全赖左臂青龙气脉收束下关，屡有射利土棍串通外棍，将下关土名村前洲一带锹挖白泥售卖，深至丈余，大伤乡族，恳给示严禁等情到前县。当批准给示严禁，抄粘附在词合行出示晓谕，为此示谕诸色人等知悉：自示之后，尔等毋得仍前在此锹挖白泥，致伤龙脉。倘有棍徒仍踵前辙，许尔等衿老人等，指名禀赴本县，以凭究办，决不宽贷。各宜凛遵，毋违特示。

乾隆五十八年六月十八日示

抄白刻石

附录4：

沙湾古镇古树名木登记表①

古树品种	数量	坐落位置	古树规模			备注
			高度（m）	胸径（cm）	树冠覆盖面积（m^2）	
木棉树	1	“水绿山青”文阁（台基）	23	95	300	20世纪80年代遭雷击，枯毁
三稔树	1	“三稔厅”中庭东侧	10	45	50	相传于清嘉庆年间栽种
细叶榕	6	西村桃源路西侧	8～10	60～70	30～90	南北向整齐排列
木棉树	10	西村桃源路东侧	8～10	50～70	30～50	南北向整齐排列
大叶榕	1	育才小学东侧（追远堂）	13	105	130	气根绵延西向，覆盖达10m^2
石栗树	8	育才小学体育场东侧	10～13	50～55	30～50	
石栗树	2	育才小学（崇敬堂）	14～15	66	80～100	扩建校园，迁走
凤凰木	1	育才小学（诒燕、燕翼堂）	15	70	80	扩建校园，迁走
虬柏	2	西村幼儿园（孔安堂）	8～9	50～60	30～50	20世纪80年代枯毁
玉兰树	1	王家大祠庭园	13	48	80	
风眼果	1		10	55	90	
龙眼树	1	西村老人活动中心（作善祠）	10	60	130	
风眼果	4	沙湾文化中心（宝藏祠）	10～15	45～65	60～80	2000年扩建文化中心，迁走
木棉树	3	西村文溪里	13～15	70～90	90～120	20世纪80年代遭雷击枯毁
细叶榕	1	北村承芳里（社稷之神）	9	70	60	

① 由华南理工大学历史环境保护与更新研究所提供。

续表

古树品种	数量	坐落位置	古树规模			备注
			高度（m）	胸径（cm）	树冠覆盖面积（m^2）	
木棉树	4	桃源岗（斜埗头）	8～10	50～70	50～70	建民房迁走其中2株
细叶榕	1		13	110	300	
细叶榕	1		11	80	120	
大叶榕	1	桃源岗（斜埗头）	20	110	300	地处北村官巷里，“官巷归樵”为古沙湾乡八景之一
细叶榕	1		15	90	150	
细叶榕	2		16	85	200	
大叶榕	1	沙湾敬老中心北门	10	100	250	
凤凰木	1		15	60	90	
人参果	1	大夫第街北	15	65	300	1997年建民房，迁走
石栗树	1	北村鹤鸣里街（光裕堂）	14	70	45	
芒果树	2	北村村委（广德堂）	8～9	65	100	
玉兰树	1		11	45	60	
人参果	1		16	90	150	
石栗树	2		11～12	50	80～90	
凤眼果	1	北村村委后（“学陶”园）	9	60	70	
芒果树	2		13	50～60	80～90	
龙眼树	2		8～9	40	60～80	
玉兰树	1	侍御坊	12	50	120	
石栗树	2	清水井西南角	8～9	45	50～70	
凤凰木	2	“仁让公局”庭园	13	60	80～110	20世纪80年代被毁。“仁让公局”为古沙湾乡地方政权所在地旧址
三稔树	1		10	45	70	
凤眼果	1	安宁西街（福堂祖）	11	65	60	“安宁西街”为广州市文物保护重点街区
木麻黄	1	京兆小学	20	60	50	
凤凰木	1	东村青萝大街（恒庐）	15	80	50	
细叶榕	2	东村幼儿园南侧园中（忠简祠前）	11～12	75～80	90～110	
凤眼果	1	沙湾医院（肯构堂）	12	60	60	
玉兰树	1		12	45	70	
细叶榕	1		13	70	80	
龙眼树	1		12	48	60	

续表

古树品种	数量	坐落位置	古树规模			备注
			高度（m）	胸径（cm）	树冠覆盖面积（m^2）	
芒果树	1	沙湾粮所	14	70	110	
凤眼果	1		10	55	60	
凤眼果	1	西村新基大巷庭园	9	60	70	
龙眼树	1		9	50	65	
人参果	1		13	70	95	
芒果树	1		12	80	110	
南洋杉	1	东村余庆巷北	28	75	30	
龙眼树	1	朱涌大街	10	85	95	
木棉树	1	南村汇源大街北	15	75	90	
木棉树	1	南村汇源大街（“仁宝”园）	20	75	90	该园为清末民初沙湾乡“四大耕家”之首，“生利农场”场主何柱彬所属第宅之庭园。有孙中山先生长子孙科的“仁宝”题匾
芒果树	1		18	70	120	
人参果	1		17	55	80	
石栗树	5		13～15	55～75	30～50	
凤眼果	5		10～11	50～65	50～70	
凤眼果	1	植云祖大街南园巷	9	70	50	
龙眼树	1	南村幼儿园（泽荫草庐）	10	65	120	
芒果树	1		10	50	70	
玉兰树	2		15～17	70～80	70～90	
石栗树	1		15	80	80	
凤凰木	1		15	70	140	门前街道改造，迁走
凤眼果	1	植云祖大街南园巷	9	70	50	
石栗树	1	新沙湾人民医院（适园）	14	80	75	新中国成立初期改作“忠烈祠”，为纪念广游支队及沙湾乡地方武装抗击日寇而英勇牺牲的英烈。20世纪80年代改作镇政府办公所在地，现改建为医院
芒果树	1		12	85	125	
芒果树	1		15	60	75	
玉兰树	1		13	45	30	
玉兰树	1		20	50	60	
人参果	1		12	50	70	
石栗树	5		15～20	50～60	30～55	
紫荆树	1		9	68	60	
大叶榕	1	渡头龙津码头	18	95	30	“龙津古渡”为古沙湾乡八景之一
细叶榕	1		19	105	280	
细叶榕	10	建材厂路段即南山峡一带	13～18	85～105	90～250	“峡口斜阳”为古沙湾乡八景之一

注：重要树木数量总计：134棵

参考文献

[1] 中国广州市番禺区沙湾镇委员会，广州市番禺区沙湾镇人民政府. 沙湾镇志[M]. 广州：广东人民出版社，2013.

[2] 吴良镛. 广义建筑学[M]. 北京：清华大学出版社，1989.

[3] 陈志华. 楠溪江中游古村落[M]. 北京：生活·读书·新知三联书店，1999.

[4] 陈志华，李秋香. 乡土建筑遗产保护[M]. 合肥：黄山书社，2008.

[5] 彭一刚. 传统村镇聚落景观分析[M]. 北京：中国建筑工业出版社，1992.

[6] 李晓峰. 乡土建筑：跨学科研究理论与方法[M]. 北京：中国建筑工业出版社，2005.

[7] 李立. 乡村聚落：形态、类型与演变[M]. 南京：东南大学出版社，2007.

[8] 王景慧，阮仪三，王林. 历史文化名城保护理论与规划[M]. 上海：同济大学出版社，2011.

[9] 赵勇. 中国历史文化名镇名村保护理论与方法[M]. 北京：中国建筑工业出版社，2008.

[10] 俞孔坚. 定位当代景观设计学：生存的艺术[M]. 北京：中国建筑工业出版社，2006.

[11] 俞孔坚. “反规划”途径[M]. 北京：中国建筑工业出版社，2005.

[12] 刘沛林. 古村落：和谐的人聚空间[M]. 上海：上海三联书店，1997.

[13] 陆元鼎. 岭南人文·性格·建筑[M]. 北京：中国建筑工业出版社，2005.

[14] 陆元鼎，魏彦钧. 广东民居[M]. 北京：中国建筑工业出版社，1990.

[15] 陆琦. 广东民居[M]. 北京：中国建筑工业出版社，2008.

[16] 唐孝祥. 近代岭南建筑美学研究[M]. 北京：中国建筑工业出版社，2003.

[17] 段进，龚恺，陈晓东，等. 世界文化遗产西递古村落空间解析[M]. 南京：东南大学出版社，2006.

[18] 段进，揭明浩. 世界文化遗产宏村古村落空间解析[M]. 南京：东南大学出版社，2009.

[19] 常青. 历史环境的再生之道[M]. 北京：中国建筑工业出版社，2009.

[20] 单霁翔. 从“文物保护”走向“文化遗产保护”[M]. 天津：天津大学出版社，2008.

[21] 张松. 历史城市保护学导论[M]. 上海：同济大学出版社，2008.

[22] 张松. 城市文化遗产保护国际宪章与国内法规选编[M]. 上海：同济大学出版社，2007.

[23] 邵甬. 法国建筑・城市・景观遗产保护与价值重现[M]. 上海：同济大学出版社，2010.
[24] 朱晓明. 当代英国建筑遗产保护[M]. 上海：同济大学出版社，2007.
[25] 王军. 日本的文化财保护[M]. 北京：文物出版社，1997.
[26] 费孝通. 江村经济：中国农民的生活[M]. 北京：商务印书馆，2001.
[27] 费孝通. 乡土中国[M]. 北京：人民出版社，2008.
[28]（美）约翰・布林克霍夫・杰克逊. 发现乡土景观[M]. 俞孔坚，陈义勇，译. 北京：商务印书馆，2015.
[29]（美）阿摩斯・拉普卜特. 宅形与文化[M]. 常青，徐菁，李颖春，张昕，译. 北京：中国建筑工业出版社，2007.
[30]（挪）诺伯舒兹. 场所精神——迈向建筑现象学[M]. 施植明，译. 武汉：华中科技大学出版社，2010.
[31]（日）原广司. 世界聚落的教示100[M]. 于天祎，刘淑梅，马千里，译. 北京：中国建筑工业出版社，2003.
[32]（日）藤井明. 聚落探访[M]. 宁晶，译. 北京：中国建筑工业出版社，2003.
[33]（日）井上彻. 中国的宗族与国家礼制[M]. 钱杭，译. 上海：上海书店出版社，2008.
[34]（意）阿尔多・罗西. 城市建筑学[M]. 黄士钧，译. 北京：中国建筑工业出版社，2006.
[35] 陆元鼎. 中国民居研究五十年[J]. 建筑学报，2007（11）：66-69.
[36] 单德启. 论中国传统民居村寨集落的改造[J]. 建筑学报，1992（04）：8-11.
[37] 郭谦，林冬娜. 全方位参与和可持续发展的传统村落保护开发[J]. 华南理工大学学报（自然科学版），2002（10）：39-42.
[38] 罗德启. 青岩古镇的保护与实践[J]. 建筑学报，2006（05）：28-33.
[39] 车震宇，保继刚. 市县级政策与管理在古村落保护和旅游中的重要性——以黄山市、大理州和丽江市为例[J]. 建筑学报，2006（12）：45-47.
[40] 樊海强. 古村落可持续发展的"三位一体"模式探讨——以建宁县上坪村为例[J]. 城市规划，2010（12）：93-96.
[41] 阮仪三，袁菲. 迈向新江南水乡时代——江南水乡古镇的保护与合理发展[J]. 城市规划学刊，2010（02）：35-40.
[42] 谭金花. 乡村文化遗产保育与发展的研究及实践探索——以广东开平仓东村为例[J]. 南方建筑，2015（01）：18-23.
[43] 林琳，陈洋，余炜楷. 城乡有机复合的规划理念——中山市古镇村镇规划实践[J]. 建筑学报，2001（09）：4-7.
[44] 俞孔坚，李迪华，韩西丽，等. 新农村建设规划与城市扩张的景观安全格局途径——以马岗村为例[J]. 城市规划学刊，2006（05）：38-45.

[45] 赵勇，刘泽华，张捷. 历史文化村镇保护预警及方法研究——以周庄历史文化名镇为例[J]. 建筑学报，2008（12）：24-28.

[46] 袁媛，肖大威，傅娟. 数字信息技术与历史文化村镇保护[J]. 华中建筑，2015（01）：7-10.

[47] 赵红红，阎瑾，张万胜. 沙湾古镇·风韵传承——广州市番禺区沙湾镇村庄规划层面的古镇保护探析[J]. 南方建筑，2009（04）：7-11.

[48] 刘志伟. 宗族与沙田开发——番禺沙湾何族的个案研究[J]. 中国农史，1992（04）：34-41.

[49] 刘志伟. 地域空间中的国家秩序——珠江三角洲“沙田-民田”格局的形成[J]. 清史研究，1999（02）：14-24.

[50] 张成渝. “真实性”和“原真性”辨析补遗[J]. 建筑学报，2012（S1）：96-100.

[51] 王景慧. “真实性”和“原真性”[J]. 城市规划，2009（11）：87.

[52] 常青. 历史建筑修复的“真实性”批判[J]. 时代建筑，2009（03）：118-121.

后记

本书是以本人的博士论文为基础适当修改而成。在此，最想感谢我的博士生导师郭谦先生，感谢您以包容、宽广的胸怀给予我在您身边学习的宝贵机会，在您的引领和鼓励下，我由着个人兴趣与爱好开启了传统村镇保护研究。本书能够出版，离不开您的悉心指导，您严谨求实的治学态度、孜孜不倦的工作热情、宽厚仁慈的胸怀，为我树立了一生的学习典范。

本书以历史风貌欠完整的沙湾古镇个例开展原真性存续研究，提出以整合绘制原真历史环境保护与控制要素综合图的方法来替代惯用的"圈层"式保护范围划分方法和梳理出适宜发展建设的空间，以此深化、细化保护控制范围与保护控制对象，改变过去惯用的"防护墙"式的保护；宜以构建原真历史环境保护与控制要素的各级串联网络的方式来形成历史风貌欠完整传统村镇顾及整体性的、分步有序的保护发展实施步骤，以此替代过去常依据各级"圈层"范围的重要性依次开展的、欠缺整体性的、不够明晰的保护发展实施步骤。由于本书研究的侧重点在于解决过去国内历史风貌欠完整传统村镇保护规划方法中反映出的突出的共性问题，又由于研究对象相对单一，以及受本人专业背景与知识结构的局限性等因素影响，显然本书研究内容难以涵盖历史风貌欠完整传统村镇原真性存续面临的众多复杂的现实问题。此外，原真历史环境保护与控制要素具体的提取、整合方法，在未来仍有待本人及后来研究者进一步地完善与优化。

本书的最终完成离不开众多前辈的谆谆教诲，离不开师友的支持与协助。感谢开题组专家何镜堂院士、吴硕贤院士、吴庆洲教授、肖大威教授对本选题的严格把关及提出许多中肯的意见，感谢答辩组专家陆琦教授、唐孝祥教授、王国光教授、朱雪梅教授就文章结构、观点提炼等方面提出的宝贵意见，感谢在我论文调研和资料收集过程中华南理工大学历史环境保护与更新研究所师门兄弟姐妹们的大力支持与帮助，感谢何润霖先生、覃圣彬先生、李勇先生、招皑婷女士及众多淳朴的沙湾居民为我开展沙湾古镇调研提供的帮助。感谢贵州理工学院唐丽华女士、黄芳女士等对本书出版提供的大力支持。感谢中国建筑工业出版社唐旭主任、陈畅编辑提出的宝贵意见及付出的艰辛努力，保证了本书的顺利出版。

2022年5月　贵阳